分析性一体的涌现

进入精神分析的核心

[以]奥芙拉·埃谢尔
（Ofra Eshel）著

陈玲 译

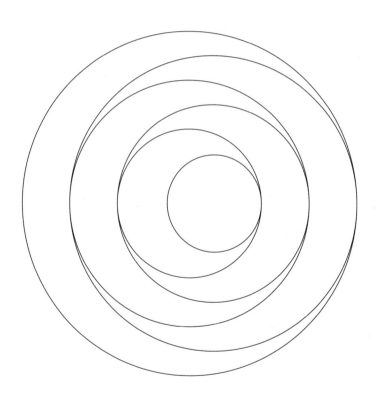

The
Emergence
of
Analytic
Oneness

Into
the
Heart
of
Psychoanalysis

机械工业出版社
CHINA MACHINE PRESS

Ofra Eshel. The Emergence of Analytic Oneness: Into the Heart of Psychoanalysis.

ISBN 9781138186347

Copyright © 2019 Ofra Eshel.

Authorized translation from the English language edition published by Routledge, a member of the Taylor & Francis Group. All rights reserved.

Simplified Chinese Edition Copyright © 2024 by China Machine Press.

China Machine Press is authorized to publish and distribute exclusively the Chinese (Simplified Characters) language edition. This edition is authorized for sale in the Chinese mainland (excluding Hong Kong SAR, Macao SAR and Taiwan).

No part of the publication may be reproduced or distributed by any means, or stored in a database or retrieval system, without the prior written permission of the publisher.

Copies of this book sold without a Taylor & Francis sticker on the back cover are unauthorized and illegal.

本书原版由 Taylor & Francis 出版集团旗下，Routledge 出版公司出版，并经其授权翻译出版。版权所有，侵权必究。

本书中文简体翻译版授权由机械工业出版社独家出版，仅限在中国大陆地区（不包括香港、澳门特别行政区及台湾地区）销售。未经出版者书面许可，不得以任何方式复制或发行本书的任何部分。

本书封底贴有 Taylor & Francis 公司防伪标签，无标签者不得销售。

北京市版权局著作权合同登记　图字：01-2024-2557 号。

图书在版编目（CIP）数据

分析性一体的涌现：进入精神分析的核心 /（以）奥芙拉·埃谢尔（Ofra Eshel）著；陈玲译. -- 北京：机械工业出版社，2024.9（2025.1 重印）. -- ISBN 978-7-111-76345-1

I. B841

中国国家版本馆 CIP 数据核字第 2024Q7F261 号

机械工业出版社（北京市百万庄大街 22 号　邮政编码 100037）
策划编辑：刘利英　　　　　责任编辑：刘利英
责任校对：张　薇　陈　越　责任印制：邸　敏
三河市宏达印刷有限公司印刷
2025 年 1 月第 1 版第 2 次印刷
170mm×230mm · 20 印张 · 2 插页 · 295 千字
标准书号：ISBN 978-7-111-76345-1
定价：109.00 元

电话服务　　　　　　　　　网络服务
客服电话：010-88361066　　机　工　官　网：www.cmpbook.com
　　　　　010-88379833　　机　工　官　博：weibo.com/cmp1952
　　　　　010-68326294　　金　书　网：www.golden-book.com
封底无防伪标均为盗版　　　机工教育服务网：www.cmpedu.com

缅怀我的父亲杰鲁哈姆（Jeruham），致我的丈夫乌兹（Uzi）。一路走来，他们总以我为傲；漫漫旅途，他们的爱常伴我左右。

The Emergence
—— of ——
Analytic Oneness

译者序

　　作者奥芙拉·埃谢尔是以色列精神分析界极具影响力的领军人物，她在本书中于精神分析的语境下探讨了精神分析性的心理治疗临床技术和理论的演化变迁，主要采用了她本人极端困难的临床案例（通常被认为是与难以抵达的或难以治疗的，甚至不可治疗的病人工作的治疗情境）进行例证。她在温尼科特"母婴一体"和晚期比昂"在O中转化"等理论的基础上，创建出了一种与"非压抑无意识"进行精神分析性工作的理论和临床工作模型："分析性一体"。本书对"分析性一体"的建构进行了精妙绝伦的阐述。

　　作者将无意识分为"压抑的无意识"和"非压抑的无意识"两大类。传统精神分析与"压抑的无意识"工作，方式是通过对移情和梦的诠释，以恢复被压抑的无意识材料，属于认识论的探索。本书中"分析性一体"主要探讨与未知和不可知的、未被体验过的、无表征的，以及无法思考的"非压抑的无意识"工作，关注生命早期创伤或关联性基本过程被扭曲以及表征能力被破坏、退行性丧失或发展失败的程度，因此与这一领域的非压抑无意识工作，需要分析师去到（抵达）病人的精神现实中最深处的核心创伤或精神灾难的区域、地带，进入创伤性的、非沟通的或原始核心的体验深处，在那里、临在，与之"同在"足够长时间，直到与这一情感现实形成"合一"，分析师和病人作为不可分割为各自主体的整体，共同穿越和活出这段漫长、艰难的体验之旅，从而走向情感新生。

作者在书中阐述了她所构建的"分析性一体"理论与主体间的"分析性第三方"和"分析性场域"理论的趋同和不同。她赞同奥格登"分析性第三方"（analytic third）的观点，即奥格登提到的"我并不认为移情和反移情是相互响应的独立实体；相反，我认为这些术语指的是一个单一主体间整体的各个方面"观点；然而，她指出，她跟奥格登分道扬镳之处在于，奥格登强调的是分析师自身的主观过往体验和记忆，在治疗中会在分析师的心智中被唤起，而她发展出的观点强调分析师在病人的主观现实中的"嵌入性"，分析师悬置自身主观现实并且让病人的主观现实强加于其身，成为病人存在与体验的部分。她赞同费罗（Ferro）关于分析性场域的说法"这个场域必须因病人自身疾病而生病"的同时，也指出她跟费罗的不同点在于，费罗强调的是分析性场域是无意识地在病人和分析师之间（在治疗中他们构成的单元内）被创造出来的，而她的观点强调不是发生在病人和分析师之间，而是分析师必须置身于病人的世界里面，具有"合一"特有的本体论品质。

概而言之，"分析性一体"进入了彻底激进的本体体验论的存在领域，实现了"在一体中转化"，它超越了"一人心理学"精神内部（驱力／结构）模型，也超越了"二人心理学"的"分析性第三方"和"分析性场域"的主体间（关系／结构）模型。"分析性一体"的建构所形成的超越和突破，是直觉（intuit），是进入（in-tu-it）病人的未得到表征的、无法思考的、创伤性的精神现实,从而与这一精神现实"合而为一"。在深度的精神分析临床工作中,这种彻底极致本体体验论的"分析性一体",往往寂然无声但又有力地"涌现",它脆弱易感,但又充满蓬勃生机。

奥芙拉·埃谢尔作为我的个案督导师,多年督导和指导我与严重困扰个案的工作,我一直被作者对人性体验的深度理解和穿透力所深深吸引,并深受她的激励与鼓舞。阅读此书,对我而言又是另一神奇而又神秘的旅程,不经意中,突如其来地会遇到某种身心震撼,一种"惊心动魄"的心灵悸动。

我希望把这部书介绍到国内,以造福我们专业人员的精神分析理论和临床心理工作,造福我们的病人和来访者。该书适合心理学专业人士、精神分析师、心理咨询师、心理治疗师以及精神科医生阅读,心理学爱好者也可以从中得到触动和启发。

本书的翻译得到了作者的鼎力支持与悉心指导,由于作者以一种独特的全新的广角维度阐述她的精神分析性思考,为了深入说明"分析性一体"的品质,她还广泛引用西方史诗、诗歌、神话、历史、哲学,以及自然科学、天文物理等领域的相关内容。要跟上作者的思路,领会我并不了解的西方文化以及其他不熟悉的领域,对我来说的确是一件非常复杂且具有挑战性的任务,加上作者用非母语的英文写作,更是增添了翻译工作的难度。所幸翻译过程中遇到的所有疑惑,我都可以就此跟作者即时沟通,她都会认真细致地予以解答澄清;该书翻译草稿在2022年完成,这一年年底在她的支持下,我们组织了一个小型阅读小组,小组沉浸在老师长达八个月的陪伴中,让我在修订翻译的过程中获得了有力的双重支持。这些都帮助我在专业上的翻译更为精准且专业,最大化呈现作者最微妙和最具原初性的思想。举例来说,"meet need",如果翻译成"满足需求"很容易与"gratify need"相混淆，无法完整呈现出"meet"一词的丰富意涵，作者解释她对"meet"这个词的使用受温尼科特影响，她说"it is more like encounter that answers a need"，因此我将"meet need / dependence"翻译成"呼应"或"响应"需求 / 依赖。"experience"在本书中大部分翻译成"体验"，有些地方翻译成"经历""经验"，用于不同精神分析语境、不同层面："经历"比较普遍化，侧重事件；"经验"更个人化，可能有一定感知和思考；"体验"趋向完整、整合的个人化状态。另外有很多句式表达没有日常用语习惯的主体或客体，或使用被动语态，以突出与"非压抑的无意识"工作的"一体"模式无分离主体的区分和分化，以及"合一"瞬间"不请自来、不期而至"的本体体验的品质。

　　作者在原著基础上有增删修正，阅读英文原著的读者可以留意到这些改动。由于本人英文水平有限，译文出现的不足和不到位之处，敬请读者批评指正。

　　感谢机械工业出版社华章分社的策划编辑刘利英给予本书的大力支持，让本书得以顺利立项和出版，感谢文字编辑周范玖玉的细致阅读，她与我保持积极顺畅的沟通，这份工作所需要的耐心和精力是可想而见的；感谢深泉心理张志勇的大力协助，是他将此书推荐给机械工业出版社，促成了该书的出版立项；感谢秦伟老师在一些术语上给予的指导意见；感谢武汉同人对我翻译工作的默默关怀和鼓励；感谢阅读团队的陪伴；感谢无数个翻译的深夜，家人的支持和陪伴。

　　心灵的旅途无限，愿我们在阅读中相遇，共享深度体验！

陈玲
2024 年 5 月于武汉

The Emergence
of
Analytic Oneness

中文版序

伫中区以玄览，颐情志于典坟。

……

课虚无以责有，叩寂寞而求音。函绵邈于尺素，吐滂沛乎寸心。言恢之而弥广，思按之而逾深。播芳蕤之馥馥，发青条之森森。粲风飞而猋竖，郁云起乎翰林。

——陆机《文赋》

值此中译本在中国出版之际，我想借用中国西晋文学家陆机在《文赋》中的优美诗句作为开篇。去年我有幸读到《文赋》的英译本，真切感受到这些诗句表达出的写作要领，超越了任何具体语言。这些诗句深刻映照了在我探索、尝试以及努力捕捉精神分析性思考和工作的精髓并把它们诉诸语言的过程中所出现的类似感受，也正是本书的核心所在。

我真切希望我已经尽可能清晰明了地表达出了我的观点，同时也表达出了这些观点的深邃和连接感。同时，我也邀请读者通过自己的临床体验和价值观，以自己的方式去探索和应用这些观点。

当代精神分析方法努力将精神分析性治疗的范围进行扩展：扩展到遭受更严重困扰和最严重困扰的病人；扩展到病人的人格和经验遭受的、具有更深困扰的方面；扩展到困难的治疗情形和深深的非沟通层面。

在过去的几十年里，精神分析性的思考在理论及临床上都已经转向创伤领域——包括个人创伤和一般创伤，直接创伤和代际创伤——并也转向强调关联性基本过程的扭曲。然而，这就要求我们变革精神分析性的思考和技术。在我看来，对非神经症性的和创伤性的心理状态进行的精神分析性的工作，挑战了传统的理论和实践，并且还锻造出"在场"（presence）和"分析性一体"（analytic oneness）的新兴维度，21世纪的精神分析不仅正朝向这个维度发展，并且也必须深入这一维度，以应对这一维度的临床挑战，同时迎接与这些挑战相伴而生的新兴可能性。

在本序中，我将简明扼要地呈现我在这方面的关键观点，一直以来我最为根本和最为重要的观点。我自身的工作和思考方式，在这些年已经转向更全面的精神分析本体论［存在（being）］。这本书为我与病人的分析性工作锻造了一个基本的本体体验论（ontological-experiential）维度。这种工作方式也与当前精神分析领域正在发生的本体论转变（Eshel，2004a，2017a，2019a；Ogden，2019）产生了共鸣，反映出了对"在体验中存在和成为"（being and becoming in the experience）而非认识论［知道（knowing）］的探索和诠释的原则的深刻承诺。基于我的临床体验，这种工作方式以两组关键术语为中心：分析师或治疗师置身于病人的体验性的精神现实内，置身于分析过程的强烈影响之中的"临在"（presencing）［在那里（being-there）］；以及随之而来的深深的"病人同分析师内在相连"（patient-with-analyst interconnectedness）或"同在"（withnessing）——"二为一体"（two-in-oneness），这样可以深化进入到病人内心最深处并与其中的情感现实"合一"（at-onement)。

近几年，在温尼科特和比昂晚期著作以及我自身临床体验的鼓舞下，我进一步绘制了"分析性一体频谱"——反映分析性工作中病人和分析师一体状态和"在一体中转化"（transformations in oneness）的变动程度的频谱。这一频谱主要关注创伤的程度，以及由于表征被破坏、退行性丧失或发展失败而导致表征能力丧失的程度。同时，它也为在困难的精神现实内开展工作开辟了全新的本体体验论（相对于认识论）可能性，这种可能性的实现所采用的是经由分析师或治疗师的临在和深刻的病人－分析师"存在和成为一体"（being and becoming-in-oneness）的方式。

分析性一体频谱包含：

（1）弗洛伊德学派被压抑的无意识——由原本可以被压抑的精神材料组成。分析性工作聚焦于认识论探索和诠释，以恢复被压抑的材料。这是最分化（differentiated）的分析性功能模式。

（2）非压抑的无意识，属于非神经症病人的和非神经症的创伤性的心智状态，由不可被压抑的，但是被解离的、被分裂出去的，并且可能变成无表征的精神材料组成。因此，处于无法忍受的和灾难性的精神创伤领域中的无意识，不再属于精神神经症被压抑的无意识。它是非压抑的无意识，与非压抑的无意识的工作就需要扩展精神分析的实践，超越精神神经症的范围，超越从前所认为的分析性工作的极限。

非压抑的无意识的范围从精神创伤性的解离和未知的非压抑领域，水平Ⅰ，到更深的非压抑且无表征的领域，水平Ⅱ，这一水平属于最未知的和无法思考的精神现实，属于人类生命最深的创伤性和非沟通层面的议题。

在非压抑的无意识中进行分析性工作，需要处于多样变化程度的病人－分析师的一体状态，从病人和分析师的二为一体（水平Ⅰ），发展到与病人的非压抑和无表征的精神现实合一（水平Ⅱ）。在未知深处，尤其是最具创伤性的未知深处，病人的情感现实主要是无法思考的、未被体验到的，以及无表征的，这就需要超越认识论的探索，置身于病人的精神现实内"存在"和"形成"，与病人最深的创伤性的、非沟通的情感现实合而为一（at-one-with）的分析性工作。也就是说，需要超越表征和认识论探索的极限，去置身于无法思考和无表征的领域中开展本体体验论的工作［到场（presentation）］。这是"分析师与情感情境本身的直觉接触"（Bion，1965，p.76），本质上这种方式绝不是要去寻求那些可以被思考、知道和诠释的东西。

至关重要的观点是，"分析性一体"能够打开难以抵达（difficult-to-reach）的领域，以推进在治疗中的体验和转化。病人同分析师或"病人同分析师合而为一"（patient-at-one-with-analyst）、心与心同在（psyche-with-psyche），就可以经受住这种毁灭性的体验，在这种状况下病人是不可能一个人待在那里，并能够独自体验到的。我相信，只有置身于病人最深的感受状态内，置身于病人的情感影响之中，病人同分析师才能获得一种新的机会，重新活出生命并突破这种大规模创伤性的影响。

本书探讨了这些新的可能性，探讨了在我们置身于非压抑的和无表征的无意识状态内工作的情况下，彻底变革我们的分析性工作，并扩展精神分析性治疗范围的新的可能性，并在临床上对此进行了阐述。

补充说明：弗洛伊德的"non arrivé"

在这方面，请允许我补充说明一下弗洛伊德的"non arrivé"（未到达）。弗洛伊德本人（1900）也观察到："在我们已经处理完与诠释工作有关的一切之后，我们才能开始意识到我们的梦心理学的不完整性……一旦我们更竭力、更深入地洞察……每条路径都会在黑暗中结束"（pp. 510-511）。

尽管弗洛伊德学派的压抑无意识占据中心地位，弗洛伊德（1915, 1923）后来也指出过，尽管被压抑的东西是无意识的，而无意识不仅仅是被压抑的东西："我们认识到，无意识（Ucs.）与被压抑的东西并不一致；确实所有被压抑的都是无意识，但并非所有无意识都是被压抑的。"（1923, p. 18；参见本书第 2 章）。

不过，除了关联到弗洛伊德有关这些观点的理论著作之外，有趣的是，我们还可以注意到，某个无法承受的大规模创伤（这一创伤是不可被压抑的）是如何进入弗洛伊德自己的写作中去的，当时弗洛伊德在罗曼·罗兰（Romain Rolland）⊖70 大寿之际，给罗兰写了一封情真意切的"公开"信《雅典卫城上的记忆骚动》（"A disturbance of memory on the Acropolis", 1936）。弗洛伊德这一年 80 岁高龄，正逢他逝世两年之前，他对一直萦绕着他的，在 30 年前对雅典卫城体验到的"去理想化感受"（feeling of derealization）进行了缜密的自我分析，他使用大量自己和父亲的俄狄浦斯竞争关系的相关细节进行了探讨。但突然间，他"停下片刻"，联想到了 15 世纪西班牙摩尔人的著名哀歌《唉，我的阿尔哈马》（"Alas for my Alhama"）中的一个奇闻逸事，讲述的是阿尔哈马城市沦陷的消息是如何传到国王博阿布迪尔（Boabdil）那里的。博阿布迪尔国王是格拉纳达（Granada）最后一位摩尔人国王，这座城市的沦陷意味着他统治的结束。他无法承认这一灾难性的沦陷，"不愿意让它成为事实"，坚决将这一消息视为"non arrivé"。弗洛伊

⊖ 罗曼·罗兰（1866—1944）：法国思想家、文学家，1915 年诺贝尔文学奖得主。——译者注

德在正文中将这一哀歌以西班牙语原文呈现，未翻译成德文，当作一种未知性质的神秘信息予以保留。

> Cartas le fueron venidas
> que Alhama era ganada :
> las cartas echó en el fuego,
> y al mensajero matara.

但他在《标准版》(*Standard Edition*)中则加入了哀歌的英译文，揭示出这场浩劫的全貌："信送达到他那儿，说阿尔哈马被攻占了。他把信件扔进火中，还杀死了信使。"(p. 246)

"non arrivé"描述了对抗无法承受的创伤性经历的一种大规模防御过程，从精神分析发展的最初开始，弗洛伊德使用过好几次，贯穿他多年来的不同时期（1894，1926，1936）。38岁的弗洛伊德是一位年轻的神经生理学家，即将成为一名精神分析师，满脑子充满了新生思想，他在最早期的论文《防御的神经精神病》("The Neuro-Psychoses of Defence"，1894，p. 48[一])中使用过这几个词，首次公开表达了他的假说。弗洛伊德跟约瑟夫·布洛伊尔（Josef Breuer）与皮埃尔·让内（Pierre Janet）谈论过一种观点，这个观点认为癔症存在一种"意识的分裂"（splitting of consciousness），布雷尔认为这种意识的分裂并非珍妮特所认为的是与生俱来的，而是他称之为"催眠状态"的产物，并且是次级的，弗洛伊德引用了布雷尔的这一见解。弗洛伊德研究了这种思考，考察了以情感和想法冲突为特征的神经症性的紊乱和精神病性的紊乱：癔症、强迫症、恐惧症，以及幻觉性精神病，在幻觉性精神病中有更极致的解决方案，其中不仅想法从情感中分裂，而

㊀ 这里（1894）用的是两个 e，即 "non arrivée"。

且想法和情感都被自我所拒斥了，其代价是完全脱离现实，"逃入精神病"（flight into psychosis）(p.59)。

"non arrivé"在弗洛伊德晚些时候的著作《抑制、症状和焦虑》(Inhibitions, symptoms and anxiety, 1926[⊖])中再度出现，描述"撤销"（undoing）创伤性的体验，"将某个事件视为 not having happened（没有发生过）（斯特拉奇指出：起初就'non arrivé'）……神经症会试图让过去这件事本身不存在"(p. 120)。

最后一次是出现在弗洛伊德1936年的著作中，谈到极度疯狂的国王博阿布迪尔，在弗洛伊德记叙未经翻译的西班牙原文哀歌时，又一次提到"non arrivé"。弗洛伊德是不是以这种方式表明"这种创伤性的未知，必须用另一种无意识的语言来言说和理解"呢？我认为，在温尼科特的"崩溃的恐惧"和比昂的"精神灾难"这些启示性的晚期观点中，"not having happened——'non arrivé'"的观点再次浮现出来，后面本书将对此进行探讨和说明。

在我看来，将温尼科特和比昂联合在一起，与此同时拥抱他们之间的差异和张力，能够产生深远的协同效应和潜在的临床发展，远远超出了他们对这些困难重重、深不可测的精神领域中的分析性工作所持的独特见解的简单组合。

结语

我认为，精神分析性治疗的核心是竭尽全力向病人的精神现实开放，特别是竭尽全力向那些超出已知和被表征所局限的精神现实开放，并且通过病人与分析师合为一体（being in-oneness）的单一本质，在未知的、无法思考的和无表征的剧痛中形成新的体验。

⊖ 同年，弗洛伊德值罗曼·罗兰60岁生日之际，给他写了一封热情洋溢的信件以示仰慕之情。

向更全面的精神分析性本体论和"在一体中转化"的转变，为彻底变革我们的分析性工作并扩展精神分析性治疗的范围带来了新的可能性。这超越了见证（witnessing）、交互关系等分析概念，甚至超越了主体间性（intersubjectivity）和分析性场域（analytic field）的理论，发展到深层的病人－分析师内在相连或"同在"，从而可以勇于进入更激进彻底的病人－分析师合为一体。

对我来说，这种工作方式已经形成了一种基本体验和语言，在与困难的精神现实工作的情况下，为扩展精神分析性治疗的范围提供了根本可能性。

还有，在更个人化的层面，我以这种方式与病人在一起工作，被病人的情感现实所触及，保持开放和内在的可获得性，让我体会到在精神分析性的工作中可以被抵达和被发现的有那么多，我们分析性的能力还可以发展那么远、那么深。

致谢

首先，我为本书向陈玲（Linda）致以最深切的谢意，她是本书及我其他多篇论文的中文译者，这些写作展现了我对精神分析进行思考与工作的方式。这类翻译工作需要投入巨大心力，且当属"为爱不辞劳苦"。我也想感谢在长达 29 周期间，每周陪同陈玲和我一起审阅及检查中译本的阅读团队——邹娜玛、阎兰、吴士豪、朱培利、汪银花。后来，陈玲、邹娜玛、阎兰和吴士豪还共同带领了在深泉心理举办的课后讨论小组。

我由衷感谢深泉心理的张志勇，他邀请我在深泉心理介绍我这种激进的新的精神分析性思考、工作和写作的方式。感谢张志勇和他的团队、同事在这一年对我在深泉的大师班课程的周到会务支持和悉心照顾，我还要特别感谢口译钱秭澍（Heath），他在课程中完成了对我的教学以及与学员之间的交流进行口译这一艰巨而重要的任务。

我还要向上海大学心理辅导中心的精神分析师秦伟博士致谢，感谢他给予我的欣赏、支持和帮助。

我衷心感谢每一位特邀嘉宾和参加深泉大师班课程的众多学员。有机会学习、探索、思考和分享精神分析性工作——特别是与更难以抵达的病人和困难治疗情形的分析性工作——中的想法、临床体验和疑问，对我来说意义重大。我感到，在我们共同思考和学习的过程中，文化和语言差异并没有成为我们的障碍，并且，用温尼科特的话说，我们"一起活出了体验"[live(d) an experience together]，我们一起活出了激发思想的体验，这丰富了我们所有人，超越了任一具体语言。

深深感谢机械工业出版社华章分社的编辑刘利英女士和周范玖玉女士，感谢她们为我的书在中国的出版所做的大量投入和精心安排。

最后，一如既往，我要向我的病人致以深深的感激之情，他们是我在未知道路上的真正伙伴。我从他们身上学到了（而且我仍在学习中）深入精神分析的核心的真正意义。

奥芙拉·埃谢尔
2024 年 5 月 19 日于以色列

The Emergence
—— of ——
Analytic Oneness

引言

分析性一体的涌现：挑战和奥秘

本书探讨并扩展了我长期以来临床工作的核心思想，这些思想或许从我最初开展病人的治疗工作时就已经存在了。这么多年来，特别是在我过去35年的分析性工作中，这些思想已经结晶发展成为我自己的精神分析性思考和写作的方式，核心是精神分析性治疗过程中分析师或治疗师的①在场和病人–分析师②内在相连或"同在"的基本功能——尤其是在更严重困扰病人的治疗工作以及各种困难治疗情境下。沿着这条路径，日益丰富的精神分析理论和临床上的影响——主要是来自唐纳德·W.温尼科特和威尔弗雷德·R.比昂（Wilfred R. Bion；尤其是比昂晚期），还有格林（Green）、瑟尔斯（Searles）、格罗茨坦、塔斯汀、博拉斯（Bollas）、奥格登和艾根这些人的贡献——为我提供了深耕这些治疗性体验的本质和意义的扣人心弦的方法。然而，对我的思考和

---

① 简单起见，在本书中，我使用术语"分析师"同时指代分析师和治疗师，除非我描述的是特定的病人–治疗师情况。

② 病人–分析师，原文是 patient-analyst，这里用连字符表示不可分割的病人–分析师一体单元。本书中用连字符表示不可分割的一体性。——译者注

工作的方式最深刻、最关键的影响,一直是且仍然是与我的病人一起活出的体验——经由和置身于精神分析情境,生机勃勃地"体验着经验"(experiencing experience)㊀。

随着时间的推移,我意识到一个不同的临床维度已经进入了我的工作,而我应该听从它的召唤。这个维度是由分析师或治疗师在病人的经验世界和分析过程的强烈影响下的"临在"[在那里(being there)],以及随之形成的深层的病人-分析师内在相连所创造的。这样,病人和分析师就锻造出一个内在相连或"同在"的新兴的崭新实体,它超越了病人及分析师各自主体性和两者的简单总和——二为一体,可以深化进入到病人内心最深处并与其中的体验合一。我还将这一过程的极端奇点称为"量子内在相连"(quantum interconnectedness)[源自物理学家戴维·博姆(David Bohm,1980)的短语"远程系统的量子互连"],以传达这种类量子的精神分析品质的体验的深刻影响。

这一根本维度具有深刻的本体(ontological)㊁-体验论的影响,为临床体验,尤其是为与更深层困扰的工作带来了显著的新的可能性。它已成为我实践、思考和展望精神分析工作的方式中不可或缺的重要组成部分。因此,我和我的病人一起,穿过"黑洞",穿过死亡、睡意、解离、消失的最后一声尖叫,穿过石化和沉默,穿过渴望和热望,进入倒错的深处,走进心灵感应梦之谜,同时置身于治疗情境的强烈影响里面(within)并与之融为一体。我开始了解到,并且随着时间的推移,我越来越深刻地感受到,分析性治疗应该抵达病人-分析师深刻内在相连的那一刻,与病人的体验形成合而为一的那一刻,在与病人最深层的创伤

㊀ experience:本书翻译为"经历""经验""体验",用于不同语境不同层面的描述。"经历"比较普遍化,侧重事件;"经验"更具个人化,有一定感知和思考;"体验"趋向完整、整合的个人化状态。——译者注

㊁ 本体论(ontology)是对存在(being)本质的研究。

性的、非沟通的或原初核心的经验接触时，这一时刻具有至关重要的转化性的意义。

在过去的十年中，我进一步发展了病人－分析师内在相连的存在和体验的这个维度，超越了"主体间性"和"见证"的精神分析概念，将其扩展为更激进的病人－分析师的"分析性一体"和"在一体中转化"。我大胆提议，病人－分析师深层的内在相连或"同在"，这种方式可以深化进入到病人内心最深处并与其中的体验合一，是可以遇见（meet①）并转化核心崩溃和精神灾难的唯一的分析性的存在状态。这个观点借鉴了我对温尼科特（1974，1965a，1967a）去世后出版的著作和比昂（1967a，1970）晚期著作中关于抵达与病人（无法思考的和终极未知的）精神现实合一以及成为一体的论述的理解。

本书使用详细的临床示例，配合理论和临床精神分析材料，描述了这些年来我的理论－临床精神分析方法的演变，描述了当分析师与病人在活出治疗的过程中于精神上相连时，所形成的知识、体验和强大效应。书中每一章都是在我力图解决我的临床体验中的某个问题、某种挣扎或某个特别令人揪心的情境的过程中产生的。这涉及本体论（存在）而不是认识论（知道）的体验维度，并且在我的分析性的技术和治疗性的行动中，汲取了存在、关联（relating）和成为（becoming②）的体验性的发展模式。因此，本书描绘了我致力于用"分析性一体"的形成及其各种各样的、有时是最激进的表达，来探索和理解在分析性在场和内在相连这一根本维度内工作的真正的体验性视角和治疗性意义。我发现，在这一维度内进行分析性工作，以我曾认为不可能的方式，深化并扩展了分析性体验的范围。

---

① meet，亦译作"相遇""呼应""响应"。——译者注
② becoming，亦译作"形成""变成""生成"。——译者注

在本书的最后一章中，我论述了温尼科特和比昂晚期的理论－临床思想与传统精神分析性工作的彻底背离，为临床精神分析带来了一场革命性的变革——从"扩展"到"科学革命"，以及"范式变革或范式转移"［托马斯·库恩（Thomas Kuhn）1962年的术语］的变迁。对我来说，比昂和温尼科特的晚期著作中的这些革命性思想，无论是在理论上还是在实践中都具有非常深远的意义，因为这些思想提供了一种形成性的母体和一种转化模式，这是关系在困扰的深层所无法提供的。我相信，从认识论和关系论的话语中暂时抽离出来的分析性一体的本体论的体验，哪怕只是在短暂瞬间，也会生成一种新的可能性的体验和语言，尤其是在崩溃、毁灭、核心死亡和空虚的状态下。在我看来，这正是精神分析的核心所在，我还要补充一句，这也正是精神分析的奇妙所在。

本书各章的轨迹是以某种特定方式，追踪了对这一维度的探索和演化，这一维度是分析性在场、病人－分析师深层的内在相连或"同在"，可以深化进入到病人内心最深处并与其中的情感现实合———从而聚焦于变动的病人和分析师的一体状态，因为这类状态在分析性工作中焕发出生命，对心理变化不可或缺。

第一部分概览

在第1～7章中，我描述了我的理论－临床方法的发展历程，以及它是如何超越近来的分析性概念"主体间性"和"见证"，扩展到可以形成合一的、更激进的病人－分析师深层的内在相连或"同在"的。

接近精神分析工作的核心意味着什么？第1章"心或者与心何干"将所罗门王向上天请求的"聆听之心"（hearing heart）（I Kings 3：9）和弗朗西斯·塔斯汀强调的体验"处于人类存在中心的心碎"引入精神

分析性的治疗。这一体验和"聆听之心"——敢于向另一个人敞开自己的心和灵魂的意愿——正是分析师艰难挣扎的核心，分析师挣扎着把他自己交付出来，置身于病人世界的困扰情感经验里面，尤其是在感知、聆听和体验病人哭喊出的创伤或崩溃的"声音"的时候。

第 2 章"在一体中转化：二为一体和合一"介绍了本书中我所发展和探索的两大临床思维主要支柱——分析师的"临在"（置身其中），以及随之形成的病人 – 治疗师深层的内在相连或"同在"——二为一体，这样可深化形成合一，这个过程中，分析师的心灵在那里，作为体验、处理和转化病人被驱逐的、无法忍受的经验的区域来使用。因此，这不是"一人心理学"或"两人心理学"，而是涌现出了从根本上不可分割为两个参与者的"病人 – 分析师一体"——超越了病人和分析师、移情和反移情的二元性的"分析性一体"。我强调了这一维度的分析性工作与其他形式的深刻内在相连是如何趋同和不同的［近年来由奥格登，博泰拉（Botella）夫妇，巴朗格（Baranger）夫妇和费罗等人发展］。

第 3 章"进入'黑洞'和死亡深处"隐喻性地应用天体物理学的"黑洞"和事件视界，来说明一种个体的人际关系现象，即个体的人际和主体间心理空间被一个中心客体所支配，而这个中心客体被体验为一个黑洞。因此，个体要么被黑洞巨大的不可抗拒的拉力所抓取，要么因害怕被拉扯到黑洞边缘而导致人际心灵空间的石化。这种人际心灵空间中的黑洞体验主要是由精神上"死亡"父母的影响所造成的，尤其是精神上"死亡母亲"对她孩子的影响（Green，1986）。这一章我介绍的是对一个在"死亡"母亲身边长大的男人的分析，这段分析，从体验和理论上都凸显出了分析师的关键作用，即分析师在与病人一起体验湮灭和死亡并实现穿越的过程中，有能力在那里并保持活力——这是一场长达数年的挣扎，如果没有抵达与病人绝望而痛苦的内心最深处的体验

"合一"的那一刻，就不可能完成。

第4章"到底是谁的睡眠？或者，夜色行动"处理分析师在治疗小节中的"睡眠"，这是一种令人困惑且不安、极端的体验，精神分析文献几乎没有对这种现象进行过描述。通过一个临床示例，其中我将自己在治疗中反复出现的"睡眠"视为一个开放的、核心的主题来处理，我从理论和临床的角度探讨了分析师的睡眠，首先是回顾和检阅了有关这一主题及相关现象的精神分析文献，然后对此提出我自己的解释，我的解释强调了分析师置身于大规模解离性过程的强烈影响中的"存在"，以及随之形成的深度体验性的病人－分析师内在相连和彼此影响的状态。这种思考解释了"暗恐"（the uncanny）和解离的概念，以及分析师自身替代性的解离体验如何缓解病人的解离性的自体体验（self-experience）。

第5章"一束'嵌合的'黑暗：一例性犯罪病人的精神分析性治疗中的在场、内在相连和转化"讲述了分析性在场以及随之形成的病人－分析师内在相连所创造的维度，几乎呈现为一种类似于移植或免疫学形式的"嵌合"抗体形式，这种抗体不会触发免疫反应，而免疫反应通常是由常规抗体对它们感知为"异质的"（foreign）元素所引发的。本章聚焦于病人－分析师内在相连的"嵌合"元素或品质——这里选择"嵌合"一词，是因其丰富的神话、遗传学、生物学、生物医学（嵌合蛋白）和精神分析性的关联蕴意——以突出病人－分析师内在相连的复杂品质，尤其是在困难的、精神病性的、精神脱落的（foreclosed[①]）、严重解离的和倒错的状态下。我对一名性犯罪病人的精神分析性治疗进行了大篇幅的临床描述，用以说明这种艰苦卓绝的治疗蕴含的"临在"、内

[①] foreclosed，亦译作"排除""弃绝""弃权""丧失"。——译者注

在相连和极端嵌合性的程度及其复杂的情感内涵。

第 6 章 "你在哪里，我的爱人？论缺席、丧失和心灵感应梦之谜" 聚焦于在精神分析背景下 "心灵感应梦"（尤其是病人的心灵感应梦）这个主题及相关现象。自 1921 年弗洛伊德将心灵感应梦引入精神分析以来，它一直是备受争议的、令人不安的 "异物"。心灵感应——远距离的痛苦（或强烈的感受）——是指两个人之间在没有使用公认感觉器官的情况下，而发生的思想、印象和信息的转移或交流。本章开篇从弗洛伊德多年来对思维转移（thought-transference）和心灵感应梦的可能性的争论开始，对这一争议性问题的精神分析文献展开了全面的历史性回顾。接下来我描述了自己多年来在分析过程中遇到的五个病人的心灵感应梦——这些梦涉及分析师当时所处的时间、地点、感官印象和体验状态的精确细节，这些细节是病人不可能通过普通的感官知觉和交流来了解的。我随后的解释综合了病人、古老的沟通和分析师三大促成因素。由于这些病人的母亲在她们自己的生命中就缺乏一个重要人物，所以每一个病人幼年时期的母亲在情感上都是缺席的，这导致了这些病人对非语言的、古老的沟通模式的固着。当分析师突然情感缺席时，病人的心灵感应梦就会成为寻找分析师的一个搜索引擎，从而阻止被抛弃的进程，防止坍塌而陷入早期创伤的绝望中。因此，心灵感应梦体现了分析过程中病人 – 分析师深层的内在相连和无意识沟通这两者的神秘莫测的 "不可能的" 极端。

第 7 章 "潘修斯情结而不是俄狄浦斯情结：论倒错、幸存和分析性 '临在'" 首先回顾了精神分析关于倒错的主要思想发展，然后介绍了我自己对倒错及其治疗的理解，这种理解是基于严重 "性倒错"（sexual perversion）病人的精神分析性治疗。我采用术语 "自切"（autotomy，借用生物学领域的术语）来描述倒错的形成，倒错是一种 "自切的"、大规模的分裂防御，是为了在暴力的、深度创伤的童年早期情境下求得精神上的幸存。因此，一种强迫性的"对仪式化创伤的渴望"随之产生——这是最后一搏的尝试，试图通过用其肉体和强度，防止坍塌而陷入恐惧、精神死亡和湮灭。倒错脚本的特定本质体现了创伤情境特定的体验性的核心品质，与此同时也体现了对创伤情境的控制、净化和否认。因此，严重倒错的世界，不再是俄狄浦斯的世界，而是欧里庇得斯（Euripides）笔下最具悲剧性的英雄潘修斯（Pentheus）的世界，一个混合着母亲的疯狂、贪婪、摧毁，以及欲望仪式所主宰的世界。从这一角度出发，我强调分析师矢志不渝的"临在"以及与倒错病人内在相连的重要性，从而与倒错同在其中（being with-in）并倾听倒错，这种方式超越了其病理，因为倒错具备幸存的功能且承载着深刻的孤独和绝望。这种方式在病人的疏离世界中创造出了一种全新的、替代性的、体验情感性的（experiential-emotional）现实，最终改变了倒错的本质。我提供了几个临床片段来说明我对倒错进行思考的起源。

第二部分概览

从第8章到第10章，我继续描述如何在"分析性在场"和病人－分析师深层的内在相连或"同在"这个维度里进行工作，深化进入到合一，这一维度的工作方式让我得以遇见、抵达和转化病人最未知的、无表征的（unrepresented）状态，主要是核心灾难（比昂的术语）以及无法思考的（unthinkable）、未被体验到的（unexperienced）崩溃和疯狂（温尼科特的术语）。

第8章"'因为你以慈悲将我的心带回我的生命中'：倒错、崩溃、绝望和死亡状态中的'临在'、激情和慈悲"聚焦于慈悲，慈悲是分析师与病人深深的困苦、湮灭和绝望的极度痛苦状态"同在"的特定方式。

这里的临床资料取自第 7 章中所描述的严重恋物 – 受虐狂病人的分析，他在第三年停止了他的倒错行为。这导致了一场极端的坍塌，他陷入深深的毁灭、空虚、精神死亡和带有强烈自杀倾向的绝望中。在这种坍塌内进行的分析工作，让病人早期生命崩溃的深层原因得以逐渐展现。最重要的是，这种方式带来了之前从未体验过的关键可能性，即有可能重新过活（reliving）病人无法忍受的崩溃和死亡——这一次是病人同分析师（俩人）一起——并且不一样的是以体验的方式安然度过。当然，用爱对结局的搜寻仍在继续。

第 9 章 "崩溃的'声音'：论精神分析性工作中无法忍受的创伤性经验" 将创伤理论和强迫性重复理论的三大贡献编织在一起，这三大贡献是：弗洛伊德（1920）在著作《超越快乐原则》（*Beyond the Pleasure Principle*）中重新阐述了他关于创伤的概念以及强迫性重复创伤性的经历和创伤性的梦的元心理学（metapsychology）理论；凯茜·卡鲁斯（Cathy Caruth, 1996）在《未被认领的经验》（*Unclaimed Experience*）一书中根据弗洛伊德文章中的一个戏剧性故事，阐述了 "哭喊出的声音，一个通过双重创口（the double wound）发出的声音"；温尼科特在《崩溃的恐惧》（"Fear of breakdown"）（1974）和《疯狂心理学》（"The psychology of madness"）（1965a）两篇论文中提出了他的关于早期无法思考的崩溃尚未被体验过而必须在分析中被体验到的独特观点。我探讨了在面对创伤时，知道和不知道（not-knowing）之间错综复杂的关系所蕴含的临床含义。特别是，我提到了从 "双重创口" 中听到哭喊出的崩溃的 "声音" 的极其困难性，与分析师在一起去体验未被体验到的东西的至关重要性。精神分析性工作抵达最初无法忍受的创伤的这个过程的核心，存在着巨大的恐怖，同时也蕴含着巨大的希望。我介绍了来自不同精神分析著作中的三个详细临床示例，并节选了弗吉尼亚·伍尔夫（Virginia Woolf）的一篇自传文章。

第10章"临床精神分析从扩展到革命性变革：比昂和温尼科特的激进影响"论述了比昂晚期和温尼科特的理论 – 临床思考及实践对传统精神分析性工作的意义深远的背离，这给临床精神分析带来了革命性变革——精神分析从"扩展"到"科学革命"和"范式转移或范式变革"（Kuhn，1962）的变迁。我重点强调比昂晚期和温尼科特的创新——在最原始起源点（primordial point of origin）病人和分析师成为一体的这种激进的本体论的体验，是为了抵达和转化病人未知和不可知的、无表征的状态，主要是核心灾难以及无法思考的崩溃和疯狂。因此，我建议将温尼科特和比昂在临床思考上引入的革命性方法称为"量子精神分析"，而量子精神分析可以与经典精神分析共存，正如量子物理学与经典物理学共存的方式一样。

The Emergence
—— of ——
Analytic Oneness

目录

译者序
中文版序
引言　分析性一体的涌现：挑战和奥秘

第一部分　置身存在深处
　　　　　——一个新维度的体验

第1章　心
　　　　或者与心何干 /2

第2章　在一体中转化
　　　　二为一体和合一 /17

第3章　进入"黑洞"和死亡深处 /35

第4章　到底是谁的睡眠
　　　　或者，夜色行动 /57

第 5 章　一束"嵌合的"黑暗
　　　　一例性犯罪病人的精神分析性治疗中的在场、内在相连和转化 /84

第 6 章　你在哪里，我的爱人
　　　　论缺席、丧失和心灵感应梦之谜 /108

第 7 章　潘修斯情结而不是俄狄浦斯情结
　　　　论倒错、幸存和分析性"临在"/139

第二部分　崩溃的"声音"

第 8 章　"因为你以慈悲将我的心带回我的生命中"
　　　　倒错、崩溃、绝望和死亡状态中的"临在"、激情和慈悲 /173

第 9 章　崩溃的"声音"
　　　　论精神分析性工作中无法忍受的创伤性经验 /195

第 10 章　临床精神分析从扩展到革命性变革
　　　　比昂和温尼科特的激进影响 /226

致谢 /263

参考文献 /265

第一部分

置身存在深处
一个新维度的体验

> 不管我们的精神分析性体验有多深,这也仅仅是这一奥秘的冰山一角。这就是神奇,我们瞥见的,不过是它背后的一点浮光掠影而已。
>
> ——《比昂在布宜诺斯艾利斯》
> (*Bion in Buenos Aires*, 2018/1968)

> 进入深处,甚至更远,超越我们以为我们所能到达的深度,这件事意义非凡。
>
> ——梅尔·莫洛夫斯基
> (Merle Molofsky, 2012)

The Emergence
——— of ———
Analytic Oneness

第 1 章

心
或者与心何干

走进精神分析性工作的核心意味着什么？在本章中，我将从临床和理论两方面深入探讨这个问题给我带来的至关重要的意义和体验。

聆听之心

诗人保罗·策兰（Paul Celan）○被（大屠杀）灾难性现实所折磨，他极度渴望触摸到"大他者"（Other）："以他的存在走向语言。被现实打击，而仍探寻现实……朝向立场开放的、职业性的某种事物，也许是朝向一个可寻址的你（You），朝向一个可寻址的现实。"他大声疾呼说一首诗"可以是装在瓶子里的一条信息，发出的时候并不总是满怀希望，相信在某个地方、某个时候，它可能会被冲到陆地上来，也许是冲到心脏地带（heartland）上来"（1958，p. 596）。1970 年，绝望而悲痛欲绝的策兰在塞纳河的冰冻水域投河自尽。

但是，他表达的关于希望和信心的、关于他要去援以"朝向一个可寻

○ 保罗·策兰（Paul Celan，1920—1970）：原名安切尔（Antschel），犹太人，德语诗人，父母死于纳粹集中营，策兰本人经历过多年流亡生活，患有精神分裂症。

址的你"和可寻址的"心脏地带"的有力话语，在我体内激起了强烈回响。这些话语与神话故事中的专有词组"聆听之心"连接起来，多年来一直吸引着我的想象和思考，并为我的临床理解开辟出了一个空间。小学时代我读到所罗门王的故事：所罗门王请求上天给他一颗"聆听之心"，让他能够判断人民（I Kings 3∶9），我对这一专有词组"聆听之心"曾感到很困惑——心怎么能听得到呢？多年来，"聆听之心"的奇迹一直伴随着我的精神分析性工作，形成我临床思维的一个基本面向，让我去面对创伤（Caruth，1996）或崩溃（Winnicott，1974）的"声音"，同时伴随我的还有温尼科特、塔斯汀和艾根的重要观点。（Eshel，1996，2004a，2012a，2014，2015a，2016a，2017b；本书第9章）

我曾提出（2004a，2015a），"聆听之心"只有通过敢于向另一个人类敞开心扉和灵魂的意愿才能实现。因此，这正是分析师艰难的、有时极其艰难的挣扎的核心所在，分析师必须——全心、全情、全意（Eigen，1981）——把自己交付出来置身于病人世界的不安的情感经验里面，保持开放和调谐，感知、聆听和感受病人的创伤与崩溃中发出的哭喊"声音"。因为创伤"总是在叙述某个伤口，它发出呼喊，给我们发出定位，试图告诉我们一个无法用其他方式获得的现实或真相"（Caruth，1996，p.4）。这些年来，我逐渐认识到，在每一次治疗里面，在其最深刻的本质中，都有一种哭泣，恳求着，甚至是尖叫着，要不就是被扼杀、被噤声，销声匿迹、被湮灭了（Winnicott，1974），这种情况会抓住并紧紧攥住分析师，必须要有分析师的"聆听之心"（Eshel，2015a，2016a，2017b；本书第9章）。

塔斯汀的"心碎"——或者，"当心都能碎了，谁还需要心呢"⊖

于是，进入我"心"思考的是弗朗西斯·塔斯汀的"心碎"（heartbreak）。20世纪90年代初，我开始接触到英国精神分析师弗朗西斯·塔斯汀的著作，虽然我并没有从事她主要描写到的自闭症儿童的治疗工作，

⊖ 出自《与爱何干》（*What's love got to do with it*，Tina Turner，1984）。

但她的著作影响了我对精神分析性治疗,尤其对严重困扰病人的工作进行思考和实践的方式。我不仅受到她的观点的影响,还受到她表达这些观点的独特风格的影响——她在她的所有书中都采用了这些意象:"创伤性的身体分离的黑洞"⊖(1972,1981/1992,1986,1990)、"抵御原始极度痛苦的保护壳"(1990)、"从根本上说,存在着一种比死亡更可怕的恐怖"(1972)。还有,她所描述的"处于人类存在中心的心碎"(1972)的文字尤其吸引到了我。她在她的第一本书中有力地描述了这一点,最后以有点儿难以捉摸的笔调结尾:

> 分发施舍物看起来像是同情(sympathy)和善良(kindness)的行为。对材料的操作,处理往往极其干练和娴熟,可能看起来像是创造性的活动。但这些都并非创造性的想象力或关怀的作品。要做到这一点,处于人类存在中心的心碎,必须在不断扩大的发展中成熟的环境中,一次又一次地被体验到。对精神病儿童的照料需要对此已经有过体验的人。
>
> (1972,p. 83)

"当心都能碎了,谁还需要心呢"——在我读着塔斯汀的文字时,蒂娜·特纳(Tina Turner)的这句歌词在我脑中响起。闯入我脑海里的,还有塔斯汀在她的最后一本书(1990)中提到的一位经验丰富的精神科诊所医学主任,对于一位年轻精神科医生对待病人的方式,他如此告诫道:"你永远都不应该收这样的病人。这些病人会把治疗师的心弄碎的。"但塔斯汀这些年(1991,1994)毫不犹豫地放弃了她早期的一些关键思想,但保留了"破碎的心"(broken-heartedness)的观点——从她 1972 年的第一本书一直到 18 年后 1990 年的最后一本书。塔斯汀在她的最后一本书中提到,上文提到的那位年轻精神科医生被上级训诫后,来向她请教关于病人的问题,由于她从自闭症儿童身上已经学到的东西,她"……能够帮助这位精神科医生看到,之所以这些病人有把治疗师的心弄碎的危险,是因

⊖ 后面我会写到这点(Eshel,1998,2016b;本书第 3 章)。

为病人他们自己就是'心碎的'。这种'心碎'超出了我们通常所说的意思。破碎的感觉深入到他们存在的结构中……他们的'存在感'受到了威胁。湮灭就在眼前凝视着他们，他们必须铤而走险，与之搏斗。为了与之搏斗，为了覆盖住他们的破碎，他们发展出'自闭'的石膏模型。这种定型的密封经验召唤着心灵的死亡……对他们的极度痛苦的感知的理解帮到了我们"。（1990，pp. 155-157）㊀

塔斯汀多年来对"破碎的心"的深刻理解，与我多年来对精神分析中"聆听之心"的意义的研究旅程交汇在一起，形成了此刻的心心相遇（a meeting of hearts）。

弗洛伊德写道，分析师"必须将自己的无意识像接受器官一样转向病人无意识的传输，必须调整自己以适应病人，就像调整电话接收器以适应麦克风的传输一样"（1912，pp. 115-116）。比昂说："如果分析师准备倾听，睁开眼睛，竖起耳朵，打开感官，开放直觉，就会对病人产生影响，可以眼见病人成长。"（Bion，1990/1974，p. 131；也被 F. Bion 引用，2016，p. 106）我认为，"聆听之心"是分析师提高接受能力的一个至关重要的部分，并强调分析师敞开心扉的关键必要性。再加上塔斯汀的"破碎的心"概念，正是分析师或治疗师的心，聆听并"一次又一次体验到处于人类存在核心的心碎"，在病人的信息传递受到难以想象的破坏时尤为如此。在这里我提出的正是这双重的"心"。分析师聆听"破碎的心"和体验"破碎的心"具有至关重要的品质，为抵达人类心灵破碎的巨大痛苦并与之相遇带来一种不一样的可能性。

塔斯汀（1986，p. 12）写道："我曾呼吁诗人和作家帮助我完成这项任务……我们需要被他们整合的美学拥抱所包围。"现在，我想通过乌戈里诺（Ugolino）伯爵在地狱深处（*The Divine Comedy*，1472）对但丁和维吉尔讲述的悲惨、恐怖的故事，并通过我自己的案例，探讨聆听心碎、体验心碎，以及与心碎待在一起的临床意义。让我从但丁开始。

㊀ 塔斯汀描写了"心碎"病人的极度痛苦，这些病人发展出"自闭"的石膏模型把他们的破碎覆盖，很贴合温尼科特关于早期崩溃或疯狂的观点（1974，1965a，1967a）。塔斯汀她本人提到了温尼科特对"崩溃恐惧"的思考（1990，pp. 154，156）。

《地狱篇》中的但丁和乌戈里诺——未被呼应（unmet）的一颗破碎的心的哭泣

但丁的《神曲》（*Divine Comedy*）⊖写于 14 世纪初，至今仍被广泛认为是西方文学最伟大的经典之一，该书以第一人称描述了但丁穿越三处亡灵世界的旅程：《地狱篇》（*Inferno*）、《炼狱篇》（*Purgatorio*）和《天国篇》（*Paradiso*）。但丁穿过地狱和炼狱的向导是他所敬仰的一名伟大的罗马诗人维吉尔，维吉尔从精神和身体两方面保护他免受旅途中的恐怖，而他在天国中的向导则是他的理想女性、他年轻时的爱人比阿特丽斯（Beatrice）。⊖不过但丁并不想写寓言诗，他写的是"一本详细而准确的旅程日记……（其中）最突出的主题是自然主义的精确描述"（Stav, 2007, p. 59），有具体的物理描述和丰富的视觉意象。

《地狱篇》用超过 34 章的篇幅，以繁重而痛苦的细节叙述了但丁和维吉尔的地狱之旅。他们一圈接一圈地往下穿过九层地狱，地狱中充满了邪恶、恐怖折磨和无休止的哀叹，每一圈都代表着邪恶、恐怖和极度痛苦的递增。最后，地狱的最后一圈，也是最底层的圈，"万恶之最低点"，是背信弃义圈——在但丁眼中，背叛是终极罪恶——按照背叛的类型这一圈被分为四个部分：叛亲、叛国或叛党、叛客、叛恩主。根据背叛的形式，背叛者被以多样变动着的程度永远困在浩瀚的冰封湖——科赛特斯湖中（来自希腊语 Κωκυτός，"哀歌"），湖中充满了心碎的声音。这里，第 33 章，地狱之旅倒数第 2 章，乌戈里诺伯爵向但丁讲述了他的可怕故事，这是《地狱篇》中的所有人物所讲述的故事中最长的、最悲惨的一个。

这是一个骇人听闻的故事，开头是一个令人毛骨悚然的场景：但丁和维吉尔（在第 32 章的结尾）在冰封湖中看到一个人从后面啃着另一个人的脑袋和脖子，"就像人饿了啃面包一样"。但丁询问是什么导致了如此残忍的行为，"啊，你以这样野兽般的举动表示/对你吃的这个人的仇恨，/告诉我为什么"（Canto 32, p. 185）。这名男子抬起头来，擦了擦嘴唇。他自

⊖ 形容词"divine"由《十日谈》（*The Decameron*）的作者薄伽丘（Boccaccio）后来添加。
⊖ 在天国的最后阶段，但丁的向导是克莱尔沃的圣伯纳德。

称是比萨的乌戈里诺伯爵,那一个男人则是告发了他的鲁杰里(Ruggieri)大主教,他开始讲述"绝望的悲伤,压在我的心上"。尽管乌戈里诺因政治背叛而被判在地狱的最底层永世不得超生,但他并没有试图为自己的罪行开脱;他讲述的是他和他无辜的孩子们被残酷杀害、活活饿死的可怕日子。

乌戈里诺因叛国罪和他的四个儿子一起被囚禁在一座高塔里,有一天晚上他梦见一个男人,那人是一个领主,也是带着猎狗的主人,正在追赶一只狼和它的幼崽,猎狗把它们抓起来撕成碎片。他从噩梦中醒来,感到一场灾难即将来临,他听到他饥肠辘辘的孩子们在睡梦中哭泣。但当清晨来临时,他们得知不但没有人送来食物,塔楼监狱的大门反而还被锁上了,他们被留在那里饿死。乌戈里诺默默地看着他的儿子们,他的心随着儿子们的哭泣变成了石头,直到他最小的儿子安塞尔莫(Anselmo)害怕地问"父亲,你为什么这样瞪着眼睛,你怎么啦",他才缓过来,但乌戈里诺整日整夜都没有哭,也没有回答。第二天,当他在"他们的脸上看到我自己的面容"时,他悲痛地咬着自己的双手,孩子们以为他这样是因为饥饿,于是他们提出让他吃他们的身体,就是他生给孩子们的身体。面对这样的折磨,乌戈里诺一言不发,和孩子们在接下来的两天里全都一直默默无言。在他们受苦受难的第四天,他的儿子迦多(Gaddo)倒在父亲脚下,大声呼救:"我的父亲,你为什么不帮助我们呀?"然后他死去了。剩下的三兄弟在接下来的两天内相继死去。乌戈里诺变成了"瞎子和疯子",他在他死去的孩子们的身上摸索着,随后两天,他一直呼唤孩子们的名字,"那时,饥饿比悲痛的力量更强大"。(Canto 33,pp. 186-188)

乌戈里诺最后说的饥饿比悲痛的力量更强大,这一说法有两种解释:一种解释为,乌戈里诺饿疯后吞食了他孩子的尸体;另一种解释为他不是由于悲痛,而是由于饥饿气绝身亡的。无论如何,乌戈里诺结束了他的故事,继续啃着鲁杰里的头骨。"他的眼睛鼓了起来,/他再次用牙齿咬住头骨,/他的牙齿咬在头骨上,就像狗牙一样结实。"(Canto 33,p. 188)

在这一点上,文中出现了严厉但非个人化(impersonal)⊖的诗句,诅

⊖ 非个人化:意为不是针对个人,而是泛指受难者。——译者注

咒比萨，希望比萨倒台，"如果乌戈里诺伯爵被认为 / 背叛了你们而让你们失去了城堡，/ 你也没有权利让他的儿子们遭受这样的折磨。/ 他们由于年龄幼小都是无辜的，/ 你这现代的底比斯人啊！"（Canto 33，p.188）但丁和维吉尔继续前进，进入背叛第三圈。

这里发生了什么？为什么乌戈里诺在讲述了他的可怕故事后，立即恢复了之前的食人行为？近年来，"见证"这个概念在临床精神分析性思考中越来越盛行，尤其是在创伤案例中（Caruth，1995；Grand，2000；Reis，2009；Stern，2012；Amir，2012）。见证是一种专注的在场，让受到创伤的人能够面对创伤。因为创伤使幸存者与世隔绝、脱节、孤独和迷失，同时没有人可以求助——"创伤幸存者在自身消亡的时刻仍然是孤寂的……在其无法逾越的孤寂中附身"（Grand，2000，p. 4）。雷斯（Reis，2009）令人信服地拓宽了见证的概念，并提出"正是分析性的邂逅让创伤的重复具有了沟通的品质，即向另一个人发送定位，而不是无意义的复制"（p. 1359）。

在但丁的经典文本中，见证的最基本特征是"到场"：但丁对乌戈里诺提问是出于真正的求知欲——是一种专注的倾听。在结尾处，乌戈里诺无辜的孩子们受到了可怕的惩罚，让人感到不公，发出了愤怒的呼声。那么，这里错过了什么呢？为什么在这一切之后，乌戈里诺会立即恢复之前无情的食人行为？

也许答案就在乌戈里诺两次对但丁有情感关联的时刻中。第一次是但丁问乌戈里诺是什么导致了他残忍的食人行为之后，他开始说道：

> 你要我重述
> 压在我心上的，一种绝望悲痛
> 甚至只要想起来，在我开口说之前
> 但是如果我的话要成为一粒种子 / 或许长出……
> 你就要一边看着我说一边哭。

（Canto 33，p.186）

他告诉但丁，他从一个狼和它的幼崽被猎狗吃掉的噩梦中惊醒，害怕

一场灾难即将来临,又听到他饥肠辘辘的孩子们在睡梦中哭喊,但是在说完这些之后,这一次(第二次)他对但丁说的是:

> 如果你想到在我的心中所感到的事
> 都不心痛,那你可真冷酷无情;
> 如果你不哭,你向来为什么事情才哭啊?

(Canto 33,p. 187)

因此,在一开始,乌戈里诺需要的就是在他诉说时但丁的倾听,在听他讲述心中的绝望悲伤时但丁为他哭泣。但是,很快,这转变成了乌戈里诺对一个聆听着的、感觉着的和体验着的人类的渴望,这个人愿意且能够与一颗处于痛苦、恐怖,以及绝望中的心相连,当这个人听到这颗"破碎的心"的哭喊声时也会哭泣流泪(Caruth,1996;Eshel,2012a,2015a,2016a;本书第9章)。

我建议将这种更深刻的关联品质称为"withnessing"(同在),而不是"witnessing"(见证)(Eshel,2013a,2016a;本书第9章)——通过深深的和根本品质的内在相连,通过灵到灵(psyche-to-psyche)、心到心(heart-to-heart)的方式,与受严重创伤的病人无法忍受的痛苦经验同在,置身其中。这里需要的是"同在"的在场,而不是免除责任。但是困难的是如何让无法忍受的哭喊触动我们。维吉尔为了使但丁在恐怖的地狱之旅中幸存下来,从精神和身体两方面护持着他,但丁想继续前进,最后结束他们在《地狱篇》黑暗深处的旅程,因为但丁的目标是救赎他自己的灵魂,并能够抵达他永恒的爱和天堂。在我看来,乌戈里诺破碎的心的最后一声哭泣——就在希望被放弃之前的最后一声哭泣——仍然未被呼应。

案例:眼泪之门

我现在想通过我自己的案例来进一步阐述聆听、体验"位于人类存在中心的心碎",以及与之同在其中意味着什么。

本是个28岁的年轻男子,身材高大、体格健壮、英俊潇洒,来我这里接受精神分析性治疗，是因为过去两年他经历了长期的抑郁危机，原因是女友背叛了他，离他而去。他经历过两次失败的心理治疗，最后都因治疗师建议他去接受药物治疗而终止。

我问了一些问题，他神情恍惚地描述了和女孩之间发生的事情。总有女孩对他有好感，对他"投怀送抱"，但一两个晚上后，她们就会离去。只有这个叫朱莉的女孩留下来了，坚持继续交往，说她是爱他的。在一起三个月后，她决定出国。他没有反对，甚至还觉得松了口气。她离开约一个月后，她信中的口吻变了，信件也越来越少，直到最后她不再写信给他。三个月后朱莉回国时，她告诉他，在国外时她和别人有过一段感情，虽然已经结束，但她断然拒绝回到本身边，尽管本一再恳求她回来再试试。她说，从她的角度来看，本的事情已经定论。他开始不分昼夜地给朱莉打电话，有时诉说、恳求她回来，他感到这样很羞辱，但又无法停止这么做，有时拨通了电话他也根本说不出话。每天晚上，他都在她家周围游荡好几个小时，喝得酩酊大醉、嗑药、发呆，跟踪她：她在家吗？她几点关灯？她几点上床睡觉？她有别人了吗？

尽管他考上了一所大学，但他几乎没有上过课，所以那两年他的考试全挂科了。他有时做一些随意的、主要是在晚上的简单零工，来支付他的部分开销。这是一场严重的、全方位的情感和功能危机。

在他告诉我这些之后，接着在这第一次访谈中，我又问了他一些信息性的问题，并得到了信息性的回答，似乎没有什么可以说的、可以谈论的或有关联的了。我任何继续要求和鼓励他说话的努力，最终都是结束在同一个无意义、空虚和徒劳的地方。"zilch[1]。"他对任何东西都如此重复回答，好像话也不是跟人说的。没有什么会引起他的兴趣。他的学业？"zilch。"——他对所学的东西不感兴趣，对其他任何领域也不感兴趣。服完兵役后他曾环游世界长途旅行，那些去过的地方呢？"zilch。"和朋友出去？"zilch。"工作？"zilch。"治疗？"zilch。"不管怎么说，在他以前的治疗中，他们已经告诉了他所有的一切，这"对我而言也是 zilch"。当我放

---

[1] zilch：意思是微不足道的事物或人物、无、零。——译者注

弃了提问，尝试鼓励他说话时，空洞和沉闷的沉默占据了上风。不是他不说话的状态，而是这个"zilch"潜入了言语和沉默，潜入了每一个角落，无处不在，无边无际，没有出路；就好像在他的精神装置的活力存在着一个无法修复的缺陷。"zilch."一片荒凉的情感荒原。只有围绕着朱莉的房子的那种夜静更深的、与世隔绝的、无休止的、绝望的游荡，也许是因为她，离开了他的她，是唯一能冲破这虚无的那个人。

这样过了两个半月后，我想，如果他的治疗师是一个年轻些的女治疗师，在年龄上与他的世界更接近的人，也许更具力比多、更具活力的东西可能会帮助治疗进展。或许，我也已经心生厌倦了。因此，我向他提供了更换治疗师这个选择。但他立即回答说，他无意去见任何其他治疗师，无论年龄大小，这就是他最后一次尝试治疗了，而且，他根本不知道为什么他还在尝试。

就这样，我们又继续治疗了一个月。渐渐地，他在夜间游荡的次数明显减少了。然后，在治疗将近四个月之后，他告诉我，他看不到继续治疗下去会有任何意义。没有什么可以改变，现在是年终考试时期，他最好还是把时间花在学习上。在之后一次见面时，我接受了他的决定，只要求他在情况恶化时给我打电话。大约三周后，他打电话来。他告诉我，他所有考试都挂科了，有些考试他甚至没有去参加，而且他又开始在朱莉家周围夜间游荡了。

我们恢复了治疗。

在这之后的治疗期间，本做了一些不同的尝试。他把朱莉从国外寄给他的信带过来，读给我听，试图和我一起寻找和发现什么时候发生了什么事、什么时候她不再爱他了、出了什么问题，以及这一切到底是为什么。他带来了她出国前拍的照片：照片上是一对佳偶，朱莉深情地看着他。

在这几个月里，他围绕着朱莉的、治疗中的"游荡"，取代了他在她房前屋后的夜间游荡。他有了新女友，但她也在两周后不再见他。再一次，一段恋情突然终止。在他那帅气逼人的外表与任何一段无法理解又不可避免的关系坍塌之间，再次出现了这种可怕的鸿沟。

在这一阶段的治疗进行了大约三个月后，有一次他神情疲惫地来做治疗，说晚上他几乎彻夜未眠，因为他和一个比他大几岁的女人在一起，他们相识于一间酒吧，但是他不想继续和她交往了。由于她想认真交往，所以他不想伤害她。当他想找一个人时，她和他一样绝望。也许他会在孤独和喝醉的时候再和她出去几次。他补充说，他没有去上课，他不喜欢上课，什么也不想要。他问我能不能躺在我房间的躺椅上。他躺下来了，问了一句："怎么看不到你呢？"然后他一声不吭地躺着，一动不动，直到这一个小时结束，他的身体看上去修长又僵硬。我想（虽然我不确定）他已经闭上了眼睛。在治疗结束前一刻他醒来，然后走了。

接下来的治疗中，他一句话都没有说。我感觉是之前治疗中任由他随波逐流的状态吓到了他。在下一次治疗的前一天，他来电告知不来了。他不想继续治疗了。我请他来，好让我们谈谈这件事。

他来了，一开始就说，他不想再接受治疗了。这与他被灌输的男子气概背道而驰，让他很恼火。然后他陷入了沉默。后来，他说那周他曾给朱莉打了电话，朱莉告诉他，她不想和他说话，他不再是她生命的一部分了，随后她挂了电话。他不想再接受治疗了。我跟他说，这个时候他在某些方面如学习、工作、爱情上，都还没有什么进展，他不能就这样离开治疗。他说："没关系，我会去别的地方或者找其他人。"但我感觉到，他不能在这种状态下离开。与前一次他想离开治疗形成鲜明对比的是，现在我正以一种我无法理解的倔强，为这次失败的治疗而战，告诉他我不能让他如此离开，无处可去，让他带着如此绝望而毁灭性的感觉，这违背了我的专业职责和作为人的责任。当我说这些的时候，我感到眼泪涌上了眼眶。

他看着我，看到我的痛苦，几乎是动容地说（我想是这样）："你是所有心理学家中，唯一关心我的人。我知道这与你无关。但你就是不明白——我把自己弄丢了。我弄丢了自己。没有机会找回来。一点儿机会也没有。"

"给我，给治疗，一年的时间，"我说，"你是四月初开始接受治疗的。那就坚持到明年四月，如果那时治疗对你还是没有帮助，你想走开的话，我不会再说一个字。"

"我是四月初来的？"他问道，"那是我出生的时候。"我们一起查看了我的预约簿，的确，发现他第一次来治疗是他生日的第二天。

在对时间的这种新的、令人惊讶而又纠缠的感受中，有某种东西已经进入了治疗，让我注意到，每三四个月，治疗就会出现一次危机。朱莉也是这样，和他在一起三个月之后出国，四个月后背叛了他。他是在生日的那个时间开始接受治疗，那么在他出生的第一年，出生的四个月后，发生过什么事情吗？那个时候有什么东西被阻止并隔绝起来了？不过那是什么情况呢？

我提出了一个我通常不太会提的建议，让他去问他母亲，在他四个月左右大的时候发生过什么事。起初他拒绝了，说："我这样问有什么用？就算是这样，我告诉你又有什么用？"我告诉他，现在我对他有了不同的认识，在看过这些信件，了解了每一段关系反复出现的令人费解的坍塌之后，现在我已经知道了他的痛楚和苦恼。

他说他"脑子里有一些场景"，他无法关联上。但当我问他在想什么时，他无法忍受我的问题。我不应该问他问题的，我应该说出我的想法，然后他会纠正我。我们对此达成了一致。后来我读到这些话时问自己：他是不是在告诉我他没有能力思考，没有能力注意到那些无法思考的事情呢？

他没问他母亲，他来到下一次的治疗。我等着他的回答。他终于开口了："我怎么能问这样的问题，太奇怪了，我该怎么跟她说呢？"我建议他告诉她"是治疗师让我问的"。于是他这样去问了母亲，回来后他跟我说，母亲对他的问题感到非常惊讶，告诉他那时确实发生过很可怕的事情，她从未提起过。她愿意现在告诉他，但他真的不想听，所以她请求他和我的允许，将那时发生的事情直接告诉我。他同意了，我也同意了。随后我收到了她一封沉痛的长信，信中她讲述了本在三个月大的时候，患上了痉挛性支气管炎。她通宵达旦地把他抱在怀里走来走去，害怕他丢了性命，而他挣扎着呼吸，喘着气，几乎窒息。一个月后，也就是他四个月大的时候，比他大一岁的哥哥感染了脑膜炎。哥哥病情危重，所以母亲守在哥哥的病床边，整整三个星期都没回家，在此期间也没有去看本。母亲终于回家后，本既没哭闹，也没高兴起来；他没有生病，只是彻底安静下来，她原以为万事大吉了。还有，她补充到，她自己太累了，无暇顾及任何事情。随后几个月，她自己也经历了一段极度疲惫和抑郁的时期。她已没有办法承受更多了。

我读了这封信，意识到正是在这里他已经永远放弃了，在情感上他已经消亡，变成了如此"对我来说就是 zilch"。但当我把他母亲写的这些东西读给本听时，他坐在那里，面无表情。"我知道这触动了你，"最后他说，"但对我没什么影响。那是很久以前的事了。这没什么。对我来说就是 zilch。"

不过，在接下来的治疗期间，有一点儿自由的氛围了。他的话多了些，提出了"自我毁灭的想法——伤害你自己，就是为了伤害那些曾经伤害你的人，你对他们很生气，他们应该感觉不好，他们应该感到责无旁贷"。但是在 3 月底，在他勉强同意延长的 4 个月快要结束时，他逐渐退缩而封闭。言辞干涸。4 月初，他告诉我，一年已经过去了，没有任何变化，所以他要停止治疗。

这次我没有争辩。我说："你遵守了约定，对此我表示感谢。"我轻柔地补充道，"我很抱歉，尽管我们都付出了巨大努力，但我还是没能帮到你。"

治疗终止了。

大约 5 个月之后，本打电话告诉我，他要在大学上夏季学期。起初我没搞明白这件事情的意义，但接着他补充说，他之所以选择上夏季学期，是因为他想在次年 3 月之前完成学业，就像这次他已通过了所有的年终考试一样。我意识到，情况正在发生变化。

3 个月之后他又打电话过来。他告诉我，他已经顺利地读完夏季学期，他将在 3 月完成学业。3 月，他再次打来电话，告诉我他通过了所有期末考试。他交了一个新女友，同样一周后女孩提出分手。他认为自己应该恢复治疗。我们安排在 4 月重新开始，时间在他（30 岁）生日的前一天。

回到治疗的第一次见面，他静静地吟唱了一首埃胡德·巴奈（Ehud Banai）⊖的歌，我以前从未听过："这个男孩 30 岁了，发着高烧，没有工作，也没有爱情。"当他唱到副歌的时候，眼里噙着泪水：

⊖ 埃胡德·巴奈，以色列歌手。——译者注

请快点儿，给我的心脏缠上绷带

在你让我躺下安睡之前

告诉我曾经是那个孩子，

淋第一场雨，我是多么快乐啊。

从那以后，治疗持续了好几年（一年后，在他的要求下转为分析）——这段治疗沉重、艰难、消耗心力，但幸存下来了。

结语：心碎与突破

与另一个人在一起感受或一起体验"人类存在中心的心碎"的品质，很难用语言表达，用提供解释的方式也很难不削弱这种品质。但我相信，正是分析师或治疗师这种非常特殊的在场品质，对创造深刻的变化至关重要。

就像临床示例中的本一样，"心碎"病人身上铭刻着早期崩溃的印记（Tustin，1990；Winnicott，1974，1965a，1967a；Ogden，2014），在崩溃的情况下，大规模的防御组织已经封闭和消除了这一无法思考的极度痛苦和恐怖的体验。因此，崩溃作为一个未被体验到的（unexperienced）、未过活（unlived）的，以及死亡的部分，潜藏在心灵中，深深地编织进他们存在的心理结构中。因此，治疗中至关重要的是分析师在那里、同在其中，体验到这一未被体验到的破碎。这种在一起的感受或"同在"在场，创造出一种根本可能性，即病人同分析师一起经受这种无法忍受的心碎，这是病人无法独自去到那里，也是病人无法独自体验到的。采用米特拉尼（Mitrani）的概念"接受移情"（taking the transference）（2001，2015），我要说的是，分析师或治疗师"接受"了心碎。或许，我们接受移情的能力，从来都没有我们和这些"心碎"病人在一起的能力那样重要。

我的病人本还是个婴儿的时候，他的母亲无法忍受被她所遗弃的婴儿的极度痛苦，也无法承受当时令人备感煎熬的生活状况，这导致了本内心的破碎和体内的情感荒芜，这一切都深入到了他的存在和关联的结构中。因此，重点在于允许无法思考的极度痛苦，在治疗情境中逐渐被体验到和被承受——这个分析师,与病人在一起承受和体验,并且也为病人承受和体验这些很早就已经发生过,但无法被体验到,也无法被经历到的痛苦、恐惧、丧失、心碎和绝望的感受。本在我为他的哭泣中找到了他消匿的最后一声哭泣。通过我对哭泣的用心聆听和体验,他慢慢变得能够面对他全方位无休止的"zilch"之下所埋葬的赤裸裸的可怕"心碎"。

欣谢尔伍德(Hinshelwood,2018,p. xviii)写道:"直觉一颗破碎的心在受苦,需要……嗯,就是,去受苦。"因此,最后,请允许我除了采用神话故事中的"聆听之心"和弗朗西斯·塔斯汀的"心碎"之外,再加上艾根(1993)著作《带电的钢索》(*The Electrified Tightrope*)中极具他个人文风的结束语:

> 我想知道是否所有治疗师都感受到了这项工作的神圣元素。我猜有许多治疗师,以这样或那样的方式,确实感受到了这一点。在这个行业中,我们面对的是破碎的生命和心碎,我们带着自己破碎的心来如此处理。然而,我们发现,在我们的病人和我们自己的内心,心连心连心(heart within heart within heart)……在零(null)点发现如此丰富的事物,总是超出我们能够接受的,这是多么令人心潮澎湃的体验。
>
> (pp. 277-278)

聆听-心-于此(Hear-heart-here)。

意义的世界与临床体验的世界在此交汇,成为精神分析性工作核心的核心。这些将持续产生回荡,贯穿本书始终:在治疗中至关重要的是一起在那里、聆听并体验"处于人类存在中心的心碎,这种心碎必须在不断扩大的、不断成熟的环境中一次又一次地被体验到"——这一次是病人-同-分析师(俩人)一起忍受这一体验,从而以不一样的方式安然度过。

The Emergence
—— of ——
Analytic Oneness

第 2 章

在一体中转化
二为一体和合一

从我最初作为一名年轻的临床心理学家在精神病医院工作以来，尤其是我在获得精神分析师认证后的 30 年里，我逐渐意识到"分析师在场"的重要意义。在精神分析性工作的过程中，我逐渐成为一名精神分析师，而我仍然在路上，在"成为一名分析师"的过程中。这些年来，在这条路上不断涌现出新的体验和理解，它们塑造、深化并改变了我对分析性治疗的态度。最深刻和持续的影响来自我与病人一起活出的经验。与此同时，精神分析在理论及临床上的影响，也为我提供了深入研究这些分析性体验的本质和意义的重要途径。然而，即使是从我早期与病人治疗工作的最开始——没有后来的理论阐述——我就在内心深处感觉到，万物得以起源和发展，以及万物得以返回的根本核心，就是分析师的在场，一种至关重要、不可或缺的在场。这是一种深刻和基本的体会，从那些早年岁月中就已经涌现出来，那就是，如果没有另一个心灵的在场，就不可能有真正的情感生活，也不可能有真正的治疗。在贫瘠、孤立和孤独的状态下，人类的心灵不可能存在和繁荣，心灵的修复也不可能以鲜活和真实的方式进行。对我来说，治疗的根本途径是分析师有能力和有意愿"在那里"，同在其中，这种深深的可获得性和对病人体验的"吸收性"（Phillips，1997），能够让病人和分析师（俩人）一起过活体验（Winnicott，1945）。

随着时间和体验的推移，我意识到，基于分析性在场以及随之形成的病人-分析师内在相连或"同在"的精神分析性工作，开启了分析性功能的另一个维度——一个涉及更具包容性的分析性工作模型的根本维度。这为扩展精神分析性治疗的范围，尤其是扩展与更严重困扰病人的精神分析性治疗的范围带来了新的可能性。

这将是一种什么样的分析性在场和"同在"

"临在"和置身其中

我现在将介绍和阐述分析性功能这一新维度的关键术语。起点是分析师"在那里"或者"临在"，置身于病人的经验世界里面（同在其中），置身于分析性过程的强烈影响里面。基于我的体验，我认为在治疗工作中，大规模见诸行动外（acting out）、见诸行动内（acting in），以及活现（enactment）的命运，很大程度上取决于分析师把自己交付出来"在那里"、待在这些见诸行动情境的强烈冲击里面并与之融为一体的意愿和能力（1998a，1998b），基于此，我首次发展出这种处理这些见诸行动情境的工作方式。随后，我把这些观点扩展应用到与难以抵达的精神分裂样病人、自恋病人和严重倒错病人的治疗中，也扩展应用到各种困难的治疗情境（2005，2007a，2009，2010，2012b，2013a，2013b；本书第5、7、8章）。

本质上，"临在"是分析师对于在治疗过程中形成一个嵌入性的、基本的和持续的功能性在场的必要性的一种深深的接纳——由此，从内部体验、承受、处理并逐渐转化病理性的自体-他者联系（self-other relations）和防御的重复循环。在难治性病人的治疗和在困难的治疗情境及活现中，虽然"临在"可能会发挥其全部潜力，但是它只是每个分析情境的一部分。"临在"是在场的一种首要品质——一种多功能的在场或深深的可获得性——聚焦于经验贴近（experience-near）的调谐、接受、抱持、涵容、情感反应，以及保护，而不是提供属于分析性关系的诠释，尤其不是提供属于病人－分析师分离性（separateness）的诠释。我认为"临在"涉及上述能力和功能，但"临在"体验是一种高于能力和功能的品质，必须将其视为分析性体验本身的一个方面。从根本上来说，"临在"是一种内在相连的关联性（relatedness），而不是一种交互的关系（relationship），"临在"集中体现了与分析师在一起活出来的这一分析性体验的本体（存在）品质，而不是认识论和诠释性的品质。就此而言，费罗描述的"分析师在治疗中的存在方式……没有特定的诠释性休止"（2005，p. 44）与"临在"很相似。分析师把他自己交付出来，成为病人持续的情感现实和心理过程的一部分。⊖病人和分析师"一起过活体验"（Winnicott 1945，p. 152；参见Ogden，2001⊖）。

分析师的在场或"存在"是临床情境的核心，对此在我脑海中浮现出温尼科特和格林的独到见解，为这个观点增添了令人信服的论据。温尼科特（1971a）在一次长时间段的治疗进行了两小时后，给他的病人做了一个难忘的诠释，诗意而简朴地表达了这种"临在"的品质：

> 万物生发而又凋零。这就是你已经死过无数次的死亡。不过，如果有个人在那里，有个人能把所发生过的返还给你，那么经过这种方式处理的细节就会成为你的一部分，而不会凋亡。
>
> （p. 71）

在脚注中，他补充道："那就是，自体感……除非被某个信得过的人观察到，并且被镜映回来，还有，这个人必须不负这份信任且呼应（meet）

⊖ 在此背景下，我想补充博拉斯（1987）对移情的两种基本类型的区分：第一种移情涉及的是病人及其客体；第二种移情源自（分析师和病人双方的）接受的能力。这是一种存在的状态，其中分析师作为病人心理过程的一部分发挥作用，从而促进创建新的内部客体和自体体验。"在这类移情中，精神分析师反移情任务是要允许自己被病人指定为某种角色，而不会去做诠释，除非病人需要诠释。"（p. 256）我发现处理这类反移情非常贴合我的"临在"理念。

⊖ 奥格登（2001a）优美地充实了该层面的温尼科特的思想："一起过活体验"，让这个短语引人注目的是"过活"（live）这一出乎意料的词语。他们并不是一起"参加""共有""参与"或"进入"一种体验：他们一起过活体验。在这句话中，温尼科特言下之意是（尽管我认为他在写这篇论文时并没有完全意识到这一点）他正处于转化精神分析的过程中，这既是一种理论转化，也是治疗关系的转化（pp. 226-227）。

这份依赖，否则自体感就会消失。"(p. 71)

40年后，格林（2010）在他的最后一篇文章中，用这一段阐述了温尼科特作品中存在的概念，而且，特别至关重要的方面是，存在是如何与毁灭、凋零或非存在（non-being）对立发展的。格林让我们意识到，这远不止是抱持或涵容。鉴于温尼科特的最后遗作，格林强调：

> ……凋零和反思之间的链接成为一种复活形式，通过他者的在场，被感知为得以幸存的一次机遇——他者已经把死亡碎片整合为一个新的、活生生的统一体……送回他用来新整合的这个情境……
>
> 在这一情境中，他者试图尽可能近地跟主体待在一起，而没有跟他发生混淆……而在早期阶段，主体和客体没有区别（difference）。
>
> （2010，pp. 14-15）

关于对存在的体验——以及这种存在对抗着毁灭、凋零和非存在——的这些有力论述，非常贴合那些因躯体的和（或）精神的死亡和非存在，而对他们的分析师和他们自己造成压倒性影响的病人的情况。

就此，比昂在其自传《记住我所有的罪过》（*All My Sins Remembered*，1985）中以及后来弗朗西斯卡·比昂（Francesca Bion，1995），都特别提到了比昂在伦敦的大学学院医院研习期间认识的一位杰出脑外科医生威尔弗雷德·特洛特（Wilfred Trotter）博士，比昂非常钦佩他。比昂对他与病人在一起的在场品质印象特别深刻。比昂写道，特洛特

> 带着谦逊之心饶有兴致地倾听，就仿佛病人的发言来自那知识自身的源泉。我花了好多年的经验才了解到实情的确如此。……被寻求帮助的医生有机会亲自耳闻目睹疼痛的起源。
>
> （Bion, 1985, p. 38）

对我来说，分析师在那里，置身于病人的体验里面，密切关注着病人，聆听着和察看着"疼痛的起源"，其实，这正是"知识的源泉"。

病人－分析师内在相连或"同在"

通过分析师的"置身其中的临在"（presencing within）（以及温尼科特［1954a，b］和巴林特［Balint，1968］所理解的不断进化的治疗性的退行），病人和分析师进入了另一个体验领域——病人－分析师内在相连或"同在"的领域。病人能够将无法忍受的、分裂出去的内在经验，转移－投射（transfer-project）进另一个心灵，这个心灵在这里被当作一个体验、处理和转化的区域来使用。因此病人同分析师一起锻造出深深的体验情感性的内在相连，诞生出一个活生生的治疗性实体，这个实体在根本上不可分割为两个参与者。从这个角度来看，这不是"一人"心理学或"两人"心理学，而是分析师和病人心理上内在相连的过程，然后生成了一个超越他们各自主体性和两者的简单总和的新兴的崭新实体——一个内在相连、"同在"或"(俩人)一起"的实体（单元或存在）。二为一体——一个超越了病人与分析师、移情与反移情之间二元性的一体。

这种方式不太强调"难以抵达的病人"，而是强调"难以抵达的病人和分析师内在相连或同在"。这种内在相连意味着改变病人（以及分析师）一直存在的精神空间。他们内在相连的心灵存在——从分析师愿意把自己交付给这种内在相连的意愿中产生——创造出了一个实际的、非线性的（协同［synergic］⊖和超越的）新可能性，可以接触、同在、体验、涵容，并且影响到迄今仍未知的、解离的、分裂的、无法思考的存在和关联领域。因此，在与更严重困扰病人工作和在困难治疗情境中时，这一点极其重要，甚至不可或缺（Eshel，1998a，2001，2004a，2004b，2005，2006，2009a，2009b，2010，2012b，2013a，2013b；本书第1～8章）。病人同分析师同在，让体验、耐受和穿越这些在原来的环境中无法忍受和无法思考的焦虑得以实现，因为分析师与病人一起忍受和体验，并且也为病人忍受和体验这一重新过活的早期创伤。

此外，"临在"和内在相连超越了交互层面和病人－分析师关系（客

⊖ synergic/synergism/synergy（来自希腊语：syn-together+ergon-work）——两个或两个以上结构、试剂或物理过程的协同或紧密关联作用，以至于联合作用大于各自单独作用（《斯特德曼医学词典》［Stedman's Medical Dictionary］，p. 1540）。

体或主体关系)层面,甚至超越了主体间性,为接触基本的(环境性的)关联性,为接触存在和成为的形成性的体验、纠正早期过往经验,以及促进新生的情绪发展提供了机遇。用温尼科特(1954a)对治疗性退行的论述,就是:

> ……抵达并提供了一个开始的地方,我称之为从那里得以运作的一个地方。自体被触碰到了。主体于是跟基本的自体进程(self-processes)有了联系,建构了真正的发展,而从这里发生的一切都被感受为真实。
>
> (p.290)

在过去十年中,我进一步发展了病人-分析师内在相连的存在和体验的这个维度,并超越近来的"主体间性"和"见证"的精神分析概念,将其扩展到更激进的病人-分析师深层的内在相连或"同在",从而深化进入合一。得益于比昂晚期著作和温尼科特遗作的理论支持,我已经强调了在最原始起源点病人和分析师成为一体的激进的本体论的体验,就是为了能够抵达和转化病人最极端的解离、未知、无表征状态——主要是无名的恐惧和灾难以及无法思考的、未被体验到的崩溃和疯狂。我从我的分析性体验中逐渐学习到,只有这种激进的分析性一体,才有可能抵达最具创伤性的黑暗深处,在那里,病人无法思考的、未被体验到的崩溃和消匿的最后一声尖叫才能开始存在(2015b,c,2017a,b,c;也见本书第二部分)。

我还将这种病人-分析师深层的内在相连称为"量子互连",借用物理学家戴维·博姆(1980)的短语"远程系统量子互连",以传达这种类量子精神分析品质的体验的深刻影响。病人-分析师深层的内在相连唤起了量子物理学的革命性思想⊖,即:观察者和被观察者的不可分割性、观

⊖ 在别处(Eshel,2002b),我阐述了这一"量子过程"的具体意义。经典物理学(和经典心理分析)基于观察到的线性因果关系、决定论、连续性,观察者与被观察对象截然分离的假设,量子物理学则基于粒子最基本层次的本质不可分割性和不确定性。因此,量子物理学的基本主张在分析过程的这个维度上找到了其对应物,在这个维度上,病人和分析师是一个内在相连的单元(unit),原则上是不可分割的(也见本书第10章)。

察过程和观察条件的关键形成性的效应，以及我们在粒子水平上所感知的分离世界背后的无间断完整性（Bohm，1980；Godwin，1991；Sucharov，1992；Field，1996；Mayer，1996a；Kulka，1997；Botella & Botella，2005；Eshel，2002b，2005，2006，2010，2013a，2013c，2016b，2017a；本书第10章；Gargiulo，2016；Suchet，2017）。精神分析的这种统一对应物可以描述为精神分析的"隐含序"（Bohm，1980）。

正如量子现实一样，治疗创造了精神现实，并且超越了对病人已经存在的、被压抑或被掩盖的情感现实的揭示或破译。这种观点，主要关注分析性过程中，不同类型的知识、体验和存在方式——不是病人为中心的"一人"模型或交互的"两人"模型，而在于活出（或不能够活出）这个过程的时候，分析师与病人的心灵内在相连时所形成的知识、体验和强大效力。

T.S. 艾略特（T. S. Eliot，1940）用寥寥数语表达了发展进入深层的内在相连的精髓：

> 进入另一强度
> 为了更进一步结合，为了更深的交流
> 穿过这黑暗冰冷和空虚荒芜……
>
> （East Coker，p. 204）

案例：第一次说出来

本书每一章都以某种具体明确的方式描述了我的临床体验，即置身于这种强烈影响的过程中，而最终涌现出内在相连或"同在"，这样可以实现在我和病人（me-and-the-patient）内的转化。在此，我想描述一下我第一次向人表达这些在我内心发展出的新生想法，甚或是向我自己的表达。我想这是真正个人化的、激烈的挣扎。

丹，一个40岁的男人，因受抑郁长期折磨来找我接受精神分析性治疗。他是业界公认的才华横溢的天才，尽管如此，这些年他无法办妥任何工作项目，哪怕是那种最简单、要求最低、最没创意的项目也完成不了，这导致了他的抑郁期越来越长，抑郁发作越来越频繁。每一个项目，无论在开始时他有多少意愿和热情，每次都会被搁浅或者中止，仿佛每次他不是放弃就是被放弃。

他结过三次婚，离婚三次，有三个孩子，跟每任妻子都有一个孩子。第一段婚姻持续了五年，但是结婚第三年，在第一个女儿出世后，他跟另一个女人建立了关系，断断续续地和她同居。这段关系在他离婚后不久就破裂了。他的另两段婚姻分别都持续了两年左右，当他来找我做治疗时，是在另一段恋情戛然而止之后。但是他声称他寻求帮助的原因是抑郁和工作失能，而跟女人的那些关系并没有让他产生困扰。

来找我之前，他接受过两次心理治疗，每次都是持续约一年半终止，抑郁都没有得到缓解。治疗开始时，他就知会我，他被安排两年半后出国工作一年，从事一个他已经承诺下来的项目，但是回国后他可以恢复治疗。

详细介绍治疗过程超出了本书的描述范围，因此我只描述要点。在治疗的第二年年初，丹第一次顺带提了一下，在他出生前后，他的父亲就已被指派到国外担任外交职务，在国外数年。后来，在丹两岁左右时母亲去和父亲团聚了，把丹留给她姐姐照顾，她姐姐的孩子年龄与丹相仿。当母亲回来的时候，大概是过了七个月的样子，她已经怀着他的弟弟，处于妊娠晚期。这些细节被他说得好像并没有什么特殊意义，而是在我进一步询问他时，这些细节才浮出水面。他的确不知道母亲离开的时候他多大了，母亲离开了多久，当她回来的时候他多大了。他说他确实没感觉到这些对他有任何情感意义。他补充道，他的姨妈很善良，把他照顾得很好，不管怎么说，他只是个孩子，因此为什么他们要跟他说些什么呢？在他以前的治疗中，这并没有成为一个议题！而且，事实上，这个议题也很难被进一步探究，反思，或赋予意义。当我尝试把这个议题同他跟女人的关系、戛然而止的项目、他两年半之后被中断的治疗、治疗中出现的各种议题等联系起来时，他的反应中都没有任何真正的兴趣，没有任何关联，没有任何情感共鸣，表示这些对他也没有任何情感意义。他会礼貌而厌倦地说"是的，听上去很有道理"或者甚至是"听上去很有意思""那又怎样呢"。话虽如此，他还是定期认真地来接受治疗，而且，在治疗的头两年中，他逐渐摆脱了最初曾经非常明显的深度抑郁，抑郁没有再复发。他也开始对新项目萌发出新的想法和热情，并很乐意跟我谈论这些，尽管他还没有把它们付诸实施。

两年后，他即将出国一年的议题凸显出来。他实事求是地提到这个议题，并认为这已成定局。与此同时，他用他一贯简洁超然的方式陈述道，他认为治疗帮到了他，"帮到了他的抑郁"，现在离开治疗或许是憾事。此外，在过去几个月里，他跟一个女人发展了新恋情，而在此之前持续一年中他没有谈过恋爱，哪怕萍水相逢的关系也没有。

所以，他筹划缩短在国外预定的逗留时间，设法成功缩短为六个月，即使这意味着工作会密集艰苦得多，经济收入会更少。然而，尽管这是一项严肃的工作，但是在治疗中，他只是轻描淡写地谈起这件事情，仿佛在发表一份事实报告，不带任何感情色彩，几乎是暗地里地，仿佛在某种程度上这让他吃了一惊——于他于我都无法理解，无法关联。当我试图对此进行关联的时候，他总会说"我对此没感觉"，然后结束这个议题。

当他以一种毫无情感的方式说话和反应时，而我，在我这边却发生着感受。在计划中断治疗之前的三个月里，我满脑子都是他。他似乎渗透到我的每一个毛孔里——我找不到其他句子来描述。大多数情况下都不是包含内容的想法，而是些影像。我反复看到他、他的脸、他的表情、他的样子、他在我们上一次治疗中说过的话。就好像我的思想和感觉中有什么东西，一次又一次被拽向他那里。

在他启程前一个月，在这般心潮澎湃之下，我参加了在伦敦举行的一个周末研讨会（也是先前安排好的一次短时间的治疗中断）。在那里，我找了资深同事厄玛·布伦曼·皮克（Irma Brenman Pick）女士做了次督导，我告诉她这个情况。她倾听着，然后毫不迟疑地告诉我，我必须向他诠释，他即将离开我的方式，正如他离开他之前所有女人一样——再一次，他正在离开一个带着他的孩子的女人。"不，"我不由自主地说，并试图把我的想法和感觉组织成语言，"我认为这不会抵达他那里。这些都是他所熟知的事情，从女人和治疗师们那里，他已经听到好多次了。或许，如果我允许自己感受这些感觉，如果我倾听并思考这些感觉，我会从我的内心，不是那些熟悉的话语，而是从内心，从真实、沉痛的感觉里，从他自己无法去感受的被遗弃和被抛弃的感觉里，了解到想来很重要的东西。"

她听完后说："你是一位勇敢的分析师！"接着我们又谈论了很久，不同的是，谈到的不再是什么是应该被迅速诠释的，谈到的是内心的伤口、被抛弃的痛苦感觉，以及对崩溃和瓦解的恐惧——谈到的是一个孩子想要母亲和他在一起，而不是离开他，他想要母亲跟他说话，关联他的那些感觉，至少应该有那么一个人认同他的感觉。但是他被抛弃了，没有被理解认同，所以就没有能够内化一个有情感、有共情理解力的成人，这个成人盼望和他在一起或是理解他被抛弃的感觉。因此从此"没感觉"（not-feeling）就成为防卫他自己的唯一方式，成为不会因被抛弃而疯狂、不会分崩离析和崩溃、不会再次在那里存在的唯一方式。永远也不会再次发生。

离开的时候夜幕已降临。伦敦的雨淅淅沥沥地下着，我漫步雨中，思绪万千。我不确定自己是否"勇敢"，尽管听到这样的评价我感觉不错。如果我自身的实际生活充满了抛弃，或许我就承受不了压倒性的被抛弃的感觉。但我感觉到，我说了一些真实的重要的东西，不仅是对我自己，也是对她，我第一次在我的内心找到如此清晰的表达——发自我内心的一种截然不同的触及和了解，感受到这个病人或许无法感受得到的感觉，但是我，分析师，能够感受到，并能够倾听来自抛弃的话语，进入抛弃的话语。而她倾听了。

有些东西我们只有通过与他者同在的内在相连才能够了解——不管是在治疗中，还是在督导中。

我要说的是，那些我的病人的痛苦的、无法忍受的、被驱逐的，以及被否认的丧失感、渴望和复仇的感觉，那深刻的往昔内心破裂，如此强大，并痛苦地被切实感知到，它们投射进我的体内，"搁置在那里足够长时间"，让我的心灵去体验并调和这些感觉，从而使得病人能够将这些感觉取回并将它们重新内摄（Bion, 1959）。我把这些感觉带进我自己的体内，带进我的存在，带进我的渴望，伴随它们全部的澎湃洪流，如同一个真实的、新鲜的、情感的潮汐，在我内心汹涌，"与我们濒于崩溃或者某种精神灾难边缘的感受相和"（Bion，1975，p. 206）——从而在我的内心，在当下，整合分离、抛弃，以及渴望，犹如一个渴望的孩子，犹如一个渴望的母亲。

我相信，我的病人的心灵感知-知道-吸收（sensed-knew-absorbed）了这一切，没有诠释，没有言语。在他出国的六个月里，这么多年第一次，他成功完成了项目，而且平生第一次体验到了渴望。重回治疗后，我们又持续了五年半的治疗，他慢慢发展出了执行和完成任务的能力，而且，随后甚至也能去做那些他想要做的和喜欢做的项目。他有了记忆和激情。而且，从一开始几乎是暗地里并且没有表现出情感，他逐渐巩固了出国前就已经开始的恋情，这成为他生命中第一段稳定的、亲密的关系，也是唯一的关系，从那以后一直保持下来。

进一步思考：在"O"（一体）中转化

现在，我想进一步阐述我的主要论点，即分析师有意愿和能力，与病人同在，冒险去摆脱已知的、规定的、内在分离的立场，将病人与分析师同在的方式带入体验维度，带入在深度情感上信息丰富的，甚至也是神秘而具有真正转化性的体验维度。

多年来，我遇到过一些精神分析学家用来强调病人-分析师连接（connectedness）的深刻形式的各种术语：格林伯格（Grinberg）的"'趋同'状态"（1991，1997）；希明顿（Symington）的"共同人格"或"共同实体"（1986）；利特尔（Little）的"基本统一体"（1986）；瑟尔斯的"共生性关联""共生性卷入"和"治疗性共生"（1965，1979）；拉克尔（Racker）的"心理共生"和"统一体"（unity）㊀（1968）；奥格登的"主体间的分析性第三方"和"统治性的分析性第三方"（1994）。

㊀ "分析师必须在反移情中实现某种统一体（unity），特别是与病人从自身拒斥或分裂出去的那部分实现某种统一体，这样病人才有可能在精神结构内建立起统一体。"（Racker，1968，p. 174）

近二十年的贡献包括：奥格登（2009）对比昂"需要有两个心灵来思考一个人最不安的而在以前是无法思考的想法"这一观点的建构（pp. 97, 100）；博泰拉夫妇（Botella & Botella, 2005）描述分析师"作为双重者的功能或工作"，超出了"已然知道"的反移情意义，因此可以访问病人无法表征（unrepresentable）的领域，要不然就会保持创伤性的未知而无法抵达（pp. 82-83）；德姆乌赞（de M'Uzan, 2006）的概念"心理嵌合体"——一种新的"骇人实体"从被分析者和分析师无意识心智的交织中涌现（p. 19）；此外，巴朗格夫妇的《合流工作》(*The Work of Confluence*)（2009年译为英文），以及费罗的"双人场域"（1999，2009，2010；Ferro & Basile, 2009）的概念，强调了一种新的本体（identity）——分析性场域（the analytic field）——的形成，是无意识地在病人和分析师之间（在治疗中他们构成的单元内）被创造出来的。费罗（2010）说："这样的描述说明了一个根本要点，即为了痊愈，这个场域必须因病人自身疾病而生病。"(p. 418)

在此，我想指出我所提出的分析性一体的维度与主体间性（奥格登的术语）和分析性场域理论是如何趋同和不同的。虽然我同意费罗的上述基本观点，但"临在"和"同在"或内在相连的分析性体验，并不是发生在病人和分析师之间，而是极尽可能地发生在病人的世界里面。沿着同样的脉络，我赞同奥格登"主体间的分析性第三方"的观点，他说："我并不认为移情和反移情是相互响应的独立实体；相反，我认为这些术语指的是一个单一主体间整体的各个方面。"（1995, p. 696f）然而，我跟奥格登分道扬镳之处在于，他强调的是，分析师自身的主观过往体验和记忆，在治疗中会在分析师的心智中被唤起。我发展出的观点是强调分析师在病人的主观现实中的"嵌入性"，尤其是作为必要的功能性在场，实现的方式是分析师悬置他自身的主观现实并且让病人的主观现实强加在分析师的身上。分析师因此成为病人存在与体验状态的部分，达到精神上形成类似于移植或嵌合抗体的程度（Eshel, 2012b；本书第5章）。或者，换言之，分析师同在于病人的主观现实中，类似于透视图中向"消失点"后退。正是这种分析师"临在"、内在相连或"同在"和合一的特有的本体论品质，为存在和体验带来了一种新的可能性，而这种可能性是原本已不存在或被排除了的。

为了进一步支持这一思考，我想补充精神分析师佛默德（Vermote，2013）提出的处理未知（the unknown）或无思考事物（the unthought）的心理功能整合模型。根据马特·布兰科（Matte Blanco）和比昂的著作，佛默德确立了三个不同心理功能区或模型，用来描述精神分析工作的范畴和可能的心理变化范围，每个功能模型对应分化的变动程度、不同的主要精神分析模式和对分析师的不同临床意义。

模型1——理性（理性是次级过程）——俄狄浦斯式的、理解无意识（Ucs.）系统（Freud，Klein）。这是病人与分析师的分析性功能运作最分化的模型。

模型2——在K（知识）中转化——涵容者－被涵容者（container-contained）[一]、遐思、梦工作、阿尔法功能（Bion，Marty，de M'Uzan，Bollas，Botella & Botella，Ogden，Ferro）。

模型3——在O中转化——处理心理功能之最无思考的（unthought）、最未知的（unknown）、最未分化的（undifferentiated）区域（Winnicott，Milner，late Bion，late Lacan）。

真正的、赋予生命的心理改变发生在激进的体验层面，发生在无表征和不可知（比昂称之为O，意为"Origin"）的层面；[二]而对未知事物的认识论探索，发生在模型2，即在知识（K）或梦思维（dream-thought）中转化，则停留在表征层面。因此，"在知识中转化"是对某事物的想法（thought），这件事尚未被思考过，而"在O中转化"是产生了一种新体验，只能"被'生成'（be 'become'）'，但是它无法被'知道'"（Bion，1970，p. 26）。[三]并且它在移情的非分化（non-differentiated）水平上"生

[一] 涵容者－被涵容者，意思是指涵容或被涵容的"人或物或场景等"。——译者注

[二] Bion，1965，p. 15。根据纳维尔·希明顿（Neville Symington，2016），比昂称其为O，代表"本体论"（个人研讨会，Tel Aviv）。温尼科特（大概在1968年）将这两个词结合起来写成"本体论起源"（ontological origin，p. 213）。

[三] 让我在这里补充一下马特·布兰科（Matte Blanco，1975）的话："如果观察者的注意力仍然集中在第一层次，即意识层面，那么他只会察觉到具体个人；如果他让自己被潜在的层次所渗透，这个无限将在他面前展现其自身，尽管是以一种无意识的方式。拥抱这个无限系列（序列）那里就有一个统一体：类或集合。反过来，这是作为一个统一体存在的。"（1975，p. 175）

成"（Vermote，2013）。

我相信，置身于分析性在场以及随之形成的病人-分析师深层的内在相连或"同在"这种维度内的工作，可以深化进入合一，从在 K 中转化，下沉到在 O 中转化——是第三种、最未分化和最根本的分析性功能模型。对我来说，这种与病人最未知的情感现实-O 形成分析性一体的激进模型，已经主要与无法思考的早期崩溃和精神灾难连接上了（见本书第 10 章）。

因此，近年来，我构想并提出了分析性一体频谱——病人-分析师一体的变动程度的频谱，处于分析性工作中不同无意识的或未知的状态内以及非沟通层面。分析性一体频谱主要关注的是创伤的程度或关联性基本过程的扭曲程度，以及表征能力，被破坏、退行性丧失或发展失败的程度，同时为在困难的精神现实内开展工作开辟了新的本体体验论［相对于认识论（epistemological）］的可能性。

（1）弗洛伊德学派被压抑的无意识——由原本可以被压抑的精神材料组成，其中"梦的诠释是通往心智无意识活动知识的康庄大道"（Freud，1900，p. 608）；也就是说，这个层面的工作是一种认识论探索，目的是通过对移情的分析和诠释以及对梦的诠释，来恢复依附在不可接受的被禁忌的愿望、幻想和记忆中的被压抑的材料。

然而，纵然弗洛伊德学派的被压抑的无意识占据中心地位，弗洛伊德本人（1915，1923）也指出过，尽管被压抑的东西是无意识的，而无意识不仅仅是被压抑的东西："我们认识到，无意识与被压抑的东西并不一致；确实所有被压抑的都是无意识，但并非所有无意识都是被压抑的……我们发现我们自身因此面临着有必要假设第三无意识，它不是被压抑的。"（1923，p. 18）

（2）非压抑的无意识，属于非神经症病人的和非神经症的心智状态，由不可被压抑的，但是被解离的、被分裂出去的，并且可能变成无表征的精神材料组成（Levine，Reed & Scarfone，2013；Vermote，2013；Bergstein，2014；Eshel，2017a，2019a）。因此，处于无法忍受的和灾难性的精神创伤领域中的无意识，不再是属于精神神经症被压抑的无意识。

它是非压抑的无意识，与非压抑的无意识的工作就需要我们努力去扩展精神分析的实践，超越精神神经症的范围，超越从前所认为的分析性工作的极限。其范围从精神创伤性的解离和未知的非压抑领域，水平Ⅰ，到更深的非压抑且无表征的领域，水平Ⅱ，属于最未知和不可知的、无法思考的精神现实，属于人类生命最深的创伤性和非沟通层面的议题。

在非压抑的无意识中进行分析性工作，需要多样变化程度的病人－分析师的一体状态和在一体中转化，从病人和分析师二为一体（水平Ⅰ），到与病人的非压抑和无表征的精神现实合一（水平Ⅱ）。

水平Ⅰ　无法忍受的创伤性的未知停留在部分表征或弱表征水平——"是或不是"和记忆的"阴影"（Eshel & Zeligman，2017），可以用分析性表征进行转化，方式是通过比昂学说中分析师的遐想、梦－思维和涵容能力、主体间性和分析性场域模型，以及科胡特自体心理学（1984）中的"替代性的内省"（vicarious introspection）来实现——这些都是"在K中转化"（Vermote，2013）；因此，通过病人同分析师的二为一体，即便是一个人心智解离的状况，也能（俩人）一起实现了解和转化。

水平Ⅱ　而在心灵无法忍受的最深不可测和无法思考的创伤领域，尤其是精神灾难的巨大未知（Bion，1970）和早期崩溃（Winnicott，1974，1965）的情况下，病人的情感现实主要是无法思考的、未被体验到的、非压抑的和无表征的。这就需要超越表征的范围，超越分析性思考、做梦（dreaming）和涵容（K），抵达存在——本体体验论的分析性工作，即在那里（临在），同在于内心最深处创伤性的精神现实之中，与病人最具创伤性的情感现实合而为一[⊖]。这就是"分析师与情感情境本身的直觉接触"（Bion，1965，p. 76），本质上有别于对可以被思考、被了解和被诠释的东西的追寻方式。

对我而言，这种存在、成为，以及强烈体验的基本方式在比昂的话语中得到了有力的表达："没有反移情，根本就没有那回事，只有自由漂浮注意（free-floating attention）……这样你就把自己暴露在全部治疗

⊖　与……合而为一（be at-one-with）。（Bion，1967，1970；Winnicott，1971，p. 94）

中……尽可能地接受……（接受）这种体验所带来的冲击，这时你实际上就在那里，这时你真正置身其中。……这种方式带来了截然不同的事物。"（1967/2013，pp. 85-86）

因此，未知的深处，尤其是最具创伤性的未知的深处，病人的情感现实主要是无法思考的、未被体验到的和无表征的所在，这就需要——顾名思义——超越认识论的探索，抵达这样一种分析性工作：同在于病人的精神现实内，与病人内心最深处的情感现实合而为一。无法思考的事情是无法被思考的，只能与分析师一起或以合而为一的方式重新过活和穿越。

20世纪末到21世纪初以来，当代精神分析已经从经典的"一人"心理学（佛默德的模型1），转变到在病人和分析师两个主体之间产生的主体间性和分析性场域理论（佛默德的模型2）。但在温尼科特和比昂晚期的思想的支持下，我提议更进一步的思考方式，即超越主体间性和分析性场域理论，到达更激进的病人－分析师一体（patient-analyst being-in-oneness）。从精神内部模型到主体间模型的转变需要跃迁出"一人"心理学的假设，我建议我们再跃迁一次，从限于病人和分析师二元产生的场域模型假设（Tennes，2007；Eshel，2014，2016b，2017a），跃迁到存在和成为一体（being and becoming-in-oneness）的模型假设，这种一体是在最原始起源点形成的分析性一体，病人和分析师两个主观参与者从更根本的意义上来说是不可分割的（Grotstein，2010）。这也是一种转变，从了解病人体验的情感现实（K），转变到与作为关键起始点的病人体验的情感现实（O）合而为一。不同的体验世界因这些不同的方法论模型而打开，我们越是对它们开放，它们就愈加开放。

最后，我将用三个引人入胜的观点作为结束，这些观点风格迥异，但是都与病人－分析师深层的内在相连和合一以及其属于体验的品质密切相关。首先，法国分析师纳赫特（Nacht）和维德曼（Viderman）（1960）的"整体分析情境"和"移情情境中的前客体世界"的包容性概念，包含了朝向更原始形式的分析性体验的运动：

> 有时，在分析过程中，我们会抵达精神结构更深、更隐秘而恒定的层面，其特征是对绝对结合（union）的强烈需求……让我们承认，同样的渴望……仍被埋葬在每个个体心理结构的深处，不为人知。……我们同意，从严格意义上来说，移情的动力来自人类对客体关系的永恒追寻。……但是，整体分析性的情境，或许超越了基本的移情动力，到达了归入为最初原始体验的存在并表达出其本质的地方。从这个角度来看，将分析性的情境描述为本体论的体验是合情合理的。
>
> （pp. 385-386）

当时，弗洛姆（Fromm，2000）于1959年的纽约演讲中强调了分析师和病人之间的一种"中心关联性"(central relatedness)：

> 我可以把另一个人解释为另一个自我、另一个事物，然后就像看待我的车、我的房子、我的神经症——无论是什么——一样看待他。或者，我可以从我就是他的角度，从体验、感觉着这个他人的角度，关联这个他人。这样，我确实就没有考虑我自己，这样，我的自我（ego）确实就没有站在我这边了。但是全然不同的事情发生了。我称之为我和他之间的一种"中心关联性"……
>
> 当我使用"中心关联性"这个概念的时候，我的意思是从中心到中心的关联性，而不是从外围到外围的关联性……所发生的是，我有一种联合感，一种共有感，一种一体感。
>
> （pp. 174，177，178）

将近50年后，亚当·菲利普斯（Adam Philips）以其独特的语言风格确认了深度连接的维度：

> 但想想看——俄狄浦斯的禁忌什么都不是。与这种连接品质唤起的禁忌相比——现在，这才是禁忌。它暗示了一种连接的能力，这种连接远远比俄狄浦斯之爱更令人害怕。它深刻得多，激进得多。边界在哪里？弗洛伊德的自我概念在哪里？它势不可

挡。如此迷人，充满希冀，又令人无法抗拒。

（转引自 Mayer，2007，p. 270）

以小说片段结尾

为了进一步表达"形成"深层的内在相连和合一的精髓，我再次转向但丁的《地狱篇》中与这些观点相关的言辞简洁而富有想象力的表达。

但丁（1320）在《地狱篇》中，最为生动地捕捉到了我在本章中描述的在场和深刻"同在"的精髓。全篇但丁自始至终都在罗马诗人维吉尔的引导和保护下，他们一圈又一圈地穿过九层可怕的地狱。这就是但丁同维吉尔内在相连的最关键时刻，维吉尔和但丁，"比以往任何时候都更害怕死亡"，这一刻必定要被巨人安泰斯降到最后一圈地狱的底层——"万恶之最低点"。已经被巨人的手控制住了的维吉尔对惊恐万状的但丁喊道："靠近点，让我带着你走。"然后把他自己和但丁捆在一起。（canto XXXI：134-135，p.181）巨人就这样把他们放进了底坑。与此类似，我提议分析师和病人成为一捆，以穿越这一"坍塌"而与病人情感现实的"最深的状态同在"（Eigen，2006，p. 138），这种状态主要是未知的、无法思考的和未被体验到的，是一种太过于可怕以至于无法独自体验到的恐怖。

The Emergence
—— of ——
Analytic Oneness

第 3 章

进入"黑洞"和死亡深处

当你凝视着深渊时，深渊也在凝视着你。

——尼采，《善与恶的彼岸》
(Nietzsche, *Beyond Good and Evil*, 1886, p. 279)

本章探讨了分析中与病人自体母亲或他人关联性的大规模、吞噬性的死亡相遇的艰难历程，我隐喻性地将其命名和描述为人际心理空间的天体物理学"黑洞"。我将展示与一位病人的分析过程，这位病人打开了深不可测的死亡和空虚，我也将描述为了与这一"黑洞"体验相遇，为了在这些压倒性的死亡和空虚深处里面找到深刻理解，并在分析性工作中存活下来，我所进行的探索和挣扎。这里强调的是病人-分析师作为一个整体，在令人窒息的、摧毁性的分析过程中存活下来，并且分析师有能力（和挣扎）在那里并保持活力，与病人一起体验并穿越湮灭和死亡——这是一场长达数年的挣扎，如果没有抵达与病人绝望而痛苦的内心最深处的体验"合一"的那一刻，就不可能完成。

理论 – 临床背景

"黑洞"

"黑洞"这一术语已经应用到了精神分析领域(Akhtar,2009)和天体物理学领域(Hawking,1988,1993;Gribbin,1992)。这一术语的起源,可以追溯到很多年前印度加尔各答的一间地牢,1756年6月20日,146名被俘士兵被监禁在这里,其中125人一夜之间死亡。人们把这个没有归路的恐怖监狱命名为"黑洞"。

我会首先讲述黑洞在精神分析中的应用,然后详细阐述天体物理学中的黑洞,特别是它在本章中的隐喻用法。

精神分析中的黑洞

塔斯汀和格罗茨坦使用的术语"黑洞"指的是婴儿早期创伤的性质以及陷入虚无和无意义的坍塌,这些情况导致了原始精神困扰。"黑洞"最早由比昂(1970)应用于临床,形容精神病人的"婴儿期灾难"。塔斯汀和后来的格罗茨坦,两人都是比昂的被分析者,他们发展并扩大了这个术语的使用范围,塔斯汀将其用于自闭症儿童,格罗茨坦将其用于精神病人和边缘人群。

塔斯汀(1972,1986,1990,1992)认为"黑洞"经验是心因性(psychogenic)自闭症的一个非常重要的元素。她描述说她从四岁大的自闭症病人约翰(John)那里了解到了黑洞,[一]她的所有著作中都提到过约翰。塔斯汀认为,自闭症作为婴儿对在极早期过早与原初母亲躯体分离的创伤的一种反应,被婴儿体验为一种无法忍受的断裂,从而留下一个抑郁、绝望、愤怒、恐怖、无助和无望的黑洞。自闭性的密封和纠缠是对抗"黑洞"型抑郁的保护性反应,这些孩子用自闭的客体(或形状)或者用混乱的客体来封堵黑洞。

[一] 据塔斯汀和她的追随者(Spensley,1995)称,在物理学家约翰·惠勒1968年引入这一术语之前,自闭症小男孩约翰使用过这个术语。

格罗茨坦（1986，1989，1990a，1990b，1990c，1993）沿袭了塔斯汀的观点，进一步发展了黑洞经验这个概念，并将其应用于患原始精神障碍的成年病人，同时加入了天体物理学的概念（"奇点"和"事件视界"），用来强调黑洞的"惊人效力"。他认为黑洞现象是这些病人精神病性的内部心理空间的根本体验——一种无穷无尽的、无底的空虚，充满了原初的无意义、虚无、无序、混乱和无名恐惧，那是母亲曾经在过却被过早夺走的地方。精神病性的病人看似已经（隐喻地）跌入黑洞并被这场灾难性经历所摧毁，而边缘病人存在于黑洞边界上，持续体验着从黑洞边缘坠入其骇人内部的威胁和拉扯。

后来，我（Eshel，1998a；Akhtar，2009）将天体物理学的黑洞和事件视界在精神分析领域的隐喻应用范围，扩展应用到受困扰不大的个体的人际现象上，这些个体的人际/主体间性的心理空间被一个本质上被体验为黑洞的中心客体所支配。在这方面，我认为天体物理学的黑洞和事件视界（Hawking，1988，1993；Gribbin，1992）是个再恰当不过的比喻了，我现在就来描述一下。

天体物理学中的黑洞

美国物理学家约翰·惠勒（John Wheeler）于1968年提出了天体物理学术语"黑洞"，描述了早在1783年首次推测的关于黑暗、不可见的恒星的想法，激发了天体物理学研究和理论的发展以及科幻小说的创作。"这是一个天才之举：这一命名确保了黑洞进入科幻小说的神话。它还为以前没有一个满意名称的事物提供了一个明确的名称，从而也激发了科学研究。"（Hawking，1993，p. 105）

黑洞是由一颗垂死恒星的大规模坍缩引起的一系列事件。最终，当恒星缩小到某个临界半径，即无穷小的尺寸和几乎无穷大的密度（"奇点"）时，其引力场就会变得强大到光都无法再逃逸——因此它是黑色的。根据相对论，没有什么比光传播得更快；因此，如果光都无法逃逸的话，其他任何东西也无法逃逸。一切都被引力场拉回，"产生了一个时空区域，在这个区域里，无限强大的引力挤压令物质和光子都不复存在"（Penrose，

1973，转引自 Gribbin，1992，p. 142）。

黑洞的边界——事件视界——由未能逃逸出黑洞的光线在时空中的轨迹形成，这些光线永远盘旋在黑洞的边缘。

> 另一种观察方式是，事件视界，黑洞的边界，就像阴影——即将来临的厄运阴影——的边缘……事件视界的作用相当于黑洞周围的单向膜：物体，如宇航员稍不留神就有可能穿过事件视界坠入黑洞，但是没有任何东西可以穿过事件视界逃出黑洞。我们可以用诗人但丁源于地狱之门的话来描述事件视界："所有希望都抛弃了进入这里的人。"任何穿过事件视界坠落的东西或人都将很快到达无限密度区域和时间的尽头。
>
> （Hawking，1988，pp. 98-99，110）

因此，坠入黑洞已经成为科幻小说的恐怖故事之一。

我发现，用天体物理学的黑洞和事件视界作为隐喻，捕捉到了个体的根本体验，这些个体的人际/主体间的心理空间被一个本质上被体验为黑洞的中心客体所支配。他们要么被黑洞巨大的、不可抗拒的拉力所牢牢抓取，要么因为害怕被拉扯到黑洞边缘而石化在人际心理空间中。我对这个术语的应用不同于塔斯汀和格罗茨坦对黑洞的阐述。他们描述的是原始精神障碍中内部心理空间的本质，而这种内部心理空间是由婴儿期与原始母亲过早分离的灾难造成的。与他们不一样的是，我用天体物理学的黑洞隐喻一种人际现象。我用这一隐喻来说明黑洞体验的本质，如同个体的情感亲近、爱和亲密关系领域中"即将来临的厄运阴影"，而这些个体在他们的社会和职业生活中的其他领域运转良好。这种阴影在这里让人联想到"客体的阴影"（Freud，1917，被 Bollas 采用，1987），"笼罩人一生的（基本错误的）阴影"（Balint，1968，p. 183），尤其是"母亲（精神）缺席的阴影"（Green，1986，p. 154）。

"死亡"母亲如同黑洞

我即将要呈现的分析会有力阐述这一点，在临床工作中，我逐渐意识到，人际心理空间中的黑洞体验主要由精神上的"死亡"父母，尤其是法国分析师安德烈·格林（Andre Green，1986）所描述的"死亡"母亲的阴影或影响所造成的。谈到精神上的"死亡"母亲，最根本要素并不是母亲真实、突然的死亡或分离造成了母亲的在场创伤性的、过早的中断，而是这个母亲不在场，她沉浸在那空空的哀伤、抑郁和死亡的内部世界中，儿童就成长在这样一个母亲身边。于是，儿童的人际情感世界被母亲精神上的死亡以及压倒性的空白和空虚的感受所支配了。母亲空空的哀悼和抑郁给儿童造成了对母性客体大规模的去贯注（退缩），造成了"与母亲客体关系纹理中的心理洞（psychical hole）"（Green，1986，p. 151）以及对母亲的无意识认同，与此同时，次生的仇恨和色情性兴奋在空虚的深渊边缘滋生。随之而来的是，除了爱的丧失，还有意义的丧失，因为儿童的行为和母亲的反应之间存在着完全无法解释的缺口。因此，儿童"可能会想象这一错误与他的存在方式有关，而不是与某种禁忌的愿望有关；事实上，这就对他的存在形成了禁忌"(p. 152)。

鉴于母亲和母子关系在儿童的情感世界和人际世界的发展及其自体表征和客体表征的发展中都具有极其重要的作用，这种经历会带来全面影响，对此各种不同理论都有大量论述（Stern，1985；Benjamin，1988）。面对婴儿对凋零的恐惧，母亲能够从情感上予以倾听和关联、摄入和处理（Bion，1959），并能够以协调可靠的抱持和涵容做出回应；能够提供感受、爱、生命和响应性，而在"死亡"母亲的情况下，婴儿的这些基本需求并没有得到响应。相反，儿童人际/主体间的情感空间被"死亡"母亲所占据和支配。此外，在母亲情感和精神死亡以及空白和空虚的压倒性感受的冲击下，儿童产生了一种绝望的、强烈的需求，想要母亲和他自己重焕生命。他倾力想要去治愈她，让她活过来。他怀着巨大渴望想要修复这种核心的、根本的关系，并且通过这样的方式修复他自己，修复他的自体。用格林的话来说，他是"在死亡母亲的帝国之下……她的幸存经济的囚徒"(ibid., p. 156)。

正是"死亡"母亲的这种强大冲击力，促使我使用天体物理学的黑洞的隐喻来描述这种情况——黑洞，由一颗垂死恒星的大规模坍缩而形成，由于黑洞的巨大引力，靠近黑洞的一切都会被吸入而湮灭，因而任何东西都无法从中逃逸。我使用人际心理空间中的黑洞这一隐喻，来刻画由没有生命的母亲导致的牢牢抓住的、拉扯的、湮灭的洞体验，而没有采用格林的关于空白的"心理洞"或奎诺多兹（Quinodoz）的不存在的"洞客体"（hole object, 1996）作为隐喻，因为后两个隐喻所刻画的是静态的洞体验。在"死亡"母亲的影响下，个体要么会被抓取和围困在她吞噬性的、窒息的内心世界中，要么就算是成功挣脱了她的影响，也会在人际空间中石化和瘫痪，因为他们面临着再次被拉回母亲的死亡这一迫在眉睫的威胁。因此，他们无法形成爱和亲密关系。在格林的观点（1986）中，这是"因为（他们的）爱仍然被抵押给了死亡母亲……其中心位置被死亡母亲所占据"（p. 154）。我想补充的是，每一次亲近接触都会唤起"死亡"母亲在他们精神和身体内铭刻的压倒性体验。

根据天体物理学的隐喻，我们可以认为：那些在"死亡"母亲强烈影响下的个体被困在黑洞内部，无法逃逸出黑洞的毁灭性过程；那些成功让自己挣脱的人则"永远盘旋"在黑洞的边缘，在事件视界的区域中，因面临着被拉回边缘而吸入黑洞的威胁而瘫痪，这个过程正是他们人际世界的核心。然而，保持一定距离的观察者不会受到黑洞的任何影响，因为从黑洞发出的无论是光或任何其他信号，都不会到达他那里。

用天体物理学的黑洞作为隐喻体现并且强调了这些问题，我认为这对这些病人的分析至关重要。分析能否提供所需要的巨大反作用力，将这些病人从黑洞或从"死亡"母亲强大的、紧紧抓住的、摧毁性的效力中解救出来？还有，分析师（如果不是一个遥远的观察者）能在这个吞噬的、湮灭的死亡冥界（world of deadness）中幸存下来并在这个冥界中产生影响吗？

我现在将描述一则分析，我发现我在分析中就是在努力解决这些问题，并且在此我会对这些问题进行更完整的讨论。在展开讨论之前我将阐述在吞噬性的灭亡、虚无，以及死亡强烈主宰下的分析性邂逅中，我能够是什么和不能够是什么，我能做到的是什么和不能做到的是什么。

分析

介绍性评论

在以色列,由于大屠杀和无数次战争,许多精神分析和心理治疗都会接到那些在精神上死亡的父母身边长大的人们。有许多(精神上的)"死亡"母亲,在孩子出生前后曾一度感到突破和战胜了死亡,但她们很快再度陷入抑郁、空白和死亡的深渊。由于缺乏处理情绪的其他机制,她们往往也极为好斗;因而她们的孩子就在这样一个毁灭、死亡的世界中长大,在一个为了存活而挣扎的世界中长大,这些孩子不得不成为替生命中的灾难和残酷提供爱、活力、同情和补偿的那个人。以下介绍一则分析,案例主人公在"死亡"母亲的身边长大,这对他爱的能力以及发展情感亲近与亲密的能力都产生了巨大影响。

亚当,一位33岁的肿瘤学家,之所以来接受分析是因为他对跟女性建立持续关系深感无力。到了30岁之后,他开始对此感到隐隐不安,他不确定这是源自社会的期望,还是他自己的期望。由于他相貌英俊,又非常聪明,找到可以与他共度良宵的女人并不难,但这些关系只会持续一两夜,之后他会结束来往,就算是偶有旧情复燃,关系也会很快再次结束。

他形容自己在工作领域专业高效,只不过在情感上比较脱离。不管怎样,他认为这是他的职业特点。

亚当是独生子。他母亲经历过欧洲大屠杀,但他对母亲那段岁月的遭遇几乎一无所知。只是到了分析的第七年,他才敢询问母亲一些关于她家族的细节。就在那一次,他才发现母亲有一个曾被征兵入伍的哥哥,后来失踪了,而他一直以为在大屠杀中已经被杀害了的外婆,其实战后一直留在欧洲。直到他六岁那一年,人们才得到外婆死于癌症的消息,而此之前她音讯全无。

母亲没有给他母乳喂养。在他出生时,她的双手就患上了严重的湿疹,因此除了给他擦洗外,母亲几乎不去触碰他。她总是生病,患有溃疡、甲状腺功能亢进症、高血压、慢性便秘,噩梦连连,饱受折磨。亚当对于童年记忆最深的是，好多年的好多个夜里，母亲在噩梦中尖叫。然后他会偷偷溜进厨房去吃母亲藏起来的饼干。这让母亲非常生气，她会骂他是个坏孩子，没良心。从童年开始，好多年他都反复做同一个梦，梦里一个时钟像节拍器一样嘀嗒作响，母亲的尖叫声在这一背景中回荡。

他的母亲有洁癖。进屋后，他就得换衣、脱鞋，并反复洗手。母亲经常和邻居吵架，经常和他父亲那边的亲戚（母亲她自己没有家人）吵架，也经常和父亲吵架，因为她觉得父亲站在他们那一边。他回忆起他如何竭力阻止她的尖叫和阵阵号哭，分散她的注意力，让她平静下来，只是因为他害怕会被外面的人听到，那就太丢人了。

亚当的父亲一心扑在工作上，工作时间很长，回家很晚。有几年他出远门工作，只有周末才回家。因此，亚当经常一个人与母亲待在家里，忍受着她的情绪、疾病、爆发、疼痛和孤独，他害怕把朋友带到家里来，也害怕去朋友家而把母亲一个人留在家中。

他十八岁时开始服兵役，离开了家；退役后他去了另一个城市读大学，再也没有回到父母家里住过。

分析（每周四次）持续了七年。在这里，我将聚焦于生病的、凋零的、"黑洞"母亲的这个方面，这是分析的核心。

分析大约一年后，亚当在情感上变得没那么脱离了。这一变化开始慢慢表现在他与女性的关系上，最明显的是表现在对他医院病人的态度上。这在他与一名病人，一位癌症晚期的年轻女性的交往中表现得尤为突出。他试图把她拉向生命、拉向活下去的意愿。他称赞她有一双美丽的眼睛，在她瘦弱的脸和秃顶的头的衬托下熠熠生辉。他联系到了她的家人，当她的小儿子问起她的病情时，他为不能告知这个男孩他母亲的病情有多严重而深感难过，因为这一家人坚持不让他告诉这个男孩真实情况。她去世后，他参加了她的葬礼，接着就出现了以前没有过的严重抑郁反应。

然后他体内似乎有一道堤坝决口了。几个月后，他对另外两名女病人产生了强烈依恋——先是一位年轻女性，接着是一位年长女性——两位都受癌症折磨，正在接受强化化疗。他陪她们去做所有治疗和检查，甚至陪她们去其他医院。他支持她们，竭力增强她们的体力和精神力量，只要她们打电话，无论白天或黑夜，他都随叫随到。

到分析的第三年快结束时，一位孤独的年长女性（一名内科医生）来医院接受手术和化疗，她成了亚当一心投入的最高目标。他全身心地投入对她的照料中，当她住院或去另一家医院接受新的治疗时，他会陪床好几个小时，阅读每一条可找得到的与她的病情有关的信息。当她的病情缓解时，他陪她去她出生的地方做了一次告别之旅，两人一起拜访了她的故人和故地。后来，她的病情恶化了，但即便她是在其他科室接受治疗，他也一直在医院陪着她。他空闲时间的每一刻都跟她在一起，投入她的疾病中，投入她临终前的剧痛阶段，投入她的凋零中。

他所有的时间、关怀、感情、激情和承诺都只奉献给了她——给了这个病重的、凋零的女人，为她的生命而战。当她变得越来越虚弱，陷入了漠然和死亡，她的眼睛合上了，他无法忍受她正在远离他的感觉，无法忍受她即将逝去的感觉，无法忍受她正"任由她自己死去"的感觉。他恳求她睁开眼睛，看着他，不要死去，不要离开他。生与死的挣扎至高无上。

为她的生命而战，亚当全身心投入其中，持续了一年多。尽管在整个过程中，他每次治疗都来了，但分析似乎变得毫无意义。似乎我只能被事件的过程所席卷，只是在那里，在那些与癌症治疗相关的大量细节中。我觉得我说不出什么真正有意义的话。我是不是正在背负着一个孩子挣扎着想被母亲接纳的绝望努力和瘫痪无力，而这个母亲已经身心充满病痛和死亡？我的诠释听起来越来越微不足道、毫无价值、空空如也——我说的这些话没能抵达什么地方或触动什么，落入的是一片虚空，没有激起任何情感共鸣。看上去不可能有任何关联，没有任何办法可以进行沟通，没有空间可以进行理解和反思。没有什么可以对抗这个与死亡抗争的封闭世界，也没有什么可以闯入这个封闭世界。我最终变得沉默，无语。

然而，随着时间的推移，我越来越清晰地感觉到，也越来越清晰地了解到：正是分析所提供的抱持、保护和涵容，让亚当能够完全投身于这个凋零和死亡的世界，这是他以前从未敢做的；正是分析所提供的抱持、保护和涵容，让锁在他体内的创伤性的过往得以大规模地重新活现，在那里，有一个病得奄奄一息的他者的阴影，压倒、吞没和扼杀了与之相关的任何人的存在与活着的权利；正是分析所提供的抱持、保护和涵容，让拯救垂死女人并使其恢复生机，这一根深蒂固的幻想的可能性得以实现。

实际上，这种情况的描述我只听到过一次，那是在一次特别困难的治疗之后。这次治疗是亚当结束两周的预备役回到医院后进行的，他发现，除了他的三名病情恶化的病人外，还有一位儿时的女性朋友，是他从小学到高中的同学，也被诊断出患有癌症。一整天他马不停蹄地在一个个病床间奔波，在他来做分析的时候，他发狂地说："我认识的所有女性都患有癌症。"我感到他的世界，完全由为生命而战的癌症女性组成，这个世界以巨大的强度向我席卷而来，或许是因为我已经远离这个世界两周了，所以我的感受更加强烈了。我发现自己在往后缩，使劲靠到椅背上，好像在尽量与他保持距离，与这个疾病和死亡的世界保持距离，竭力远离这个世界，好让自己远离这种恐怖对我身体和心灵的冲击。我说："今天的房间里全是癌症。"

第二天亚当来治疗时，他看上去病恹恹的，脸色苍白。他说："昨天，当你说'房间里全是癌症'时，我感到了你的惊慌。我整晚都不舒服，彻夜难眠，全身高烧。我害怕你会消失，离开我，害怕你想要从这个治疗中走开。现在你和我在一起，贴近我的灵魂……我需要你才能熬过这一关。"

在这里，亚当需要我是一个有帮助的、持久的、现存的在场，他不必顾及我自身的需要或要求；为他，我独自在我体内为他去吸收、忍受并修通他无法忍受的投射以及他的（和我的）死亡世界。而这就是现在我成为的样子。

亚当全身心投入，为病人的生命而战，他完全沉浸其中，不知疲倦，坚持不懈，直到最后……当她最终死去时，他仍然感到空虚，感到很挫败，感到受了蒙骗，不过不再有罪疚感。他觉得自己已经做了力所能及的一切。深刻的古老罪疚感消失了。

在他的病人去世后的好几个月，那里都是一片虚无，就好像他的巨大努力没有留下任何东西——只有一种徒劳无功和迷失方向的感觉。后来，他和一名年轻女医生开始发展恋情，这个女医生过去整整一年都在帮他。

俩人如胶似漆；他们敞开心扉，畅谈人生，即使有时言辞激烈，但是他感觉他们能够交心。他们开始朝夕相对，步入婚姻；然后她怀孕了。对他来说，每一步都充满了困难和疑虑，但他感受到在这个女人心中，在她与他的关系中，有很多的爱意、关怀与力量，他们相处融洽。

他的妻子怀孕期间，他们感到抚养孩子和肿瘤学两者不可兼得，于是他们决定停止从事肿瘤学方面的工作。他们决定一年后出国，专攻另一个领域。生命似乎温和而不可阻挡地渗入亚当的世界，死亡的拉扯正在减弱。

尽管这些都没有削弱亚当对他的病人的深刻承诺，但他现在以一种不同的方式献身于她们，没有像过去那样将时间和情感消耗殆尽。他有两名相处时间最长的癌症病人，年轻一点儿的那名女病人觉察到了这点，并对此有反应。在他结婚休假前一周，她看着坐在床边的他，尽管对他生活中发生的事情一无所知，但她难过地说："你去过你的日子了。"对她有点尖锐的言辞，他直言不讳地说："难道这不是我们都在努力做的事情吗——好好过日子？"然而，她坚持说："但你已经学会过日子了啊。"

距离分析结束还有一年的时间，在这一年中，第二次与"死亡"母亲的黑洞相遇——这是更进一步的篇章，也是大规模的，却又不一样。虽然第一次遭遇的是母亲的凋零，但这一次，是这个"死亡"母亲的母性身份给他内心留下的巨大且深不可测的空虚，所以他渴求和热望不一样的母性。这次相遇完全集中在他与我的关系上。用格罗茨坦的术语（1993）来说，之前一直是"背景移情"（background transference），现在则是"前景移情"（foreground transference），在前景移情中，分析师作为一个令人满意同时也可能是拒绝的、令人沮丧的客体，清晰凸显在前面。

在这一年中，亚当一直无休止地纠缠着要我告诉他我的感受是什么，至少对他的感受是什么。现在，他已不再倾其所有热情要把生病的女人从死神那里拯救出来，所以建立联合生命的任务也已变得轻松，现在他所面临的是内心的空虚感和虚无感。他没有强烈的情感，没有激情。他的"爱是脆弱的"，并且他"失去了所有激情"，他觉得分析并没有解决激情与感受缺失的问题，原因是我没有告诉他我的感受。他说："我必须听到你说出感受，这样我才可以感受到，这样我才能体验到拥有感受，才能被这些感受所触动。如果你没有感受的话，我怎么能有感受，怎么能够认同感受呢？你已经给了我这么多——你的关注、你的关怀、你的稳定，那么你为什么不把这些也给我呢？六年半以来，你都能给我，现在却不能了吗？！"

纵观第七年分析的前半年，在这种持续不断的巨大张力下，我用以下几种主要诠释方式回应亚当对我的感受的要求。第一种诠释是，他坚持要我告诉他我的感受，源于他的需求重新过活，就是在他小时候，他母亲从未跟他谈起过她自己，这位母亲，她的过去和感情都被屏蔽了，并且他也没有得到他想要的母亲的触摸。因此，他必须知道我是鲜活的，有感觉，给予他回应。亚当对这种诠释的反应是试图与母亲谈论她的过去，实际上也确实收集到了有关她的哥哥和母亲的新信息（如前所述），但他父亲很快阻止了他，因为他担心回顾过去会刺激到母亲。不管怎样，即使亚当跟他母亲说着话，他还是感觉到内心仍强烈渴望听到我说出我的感受，这种渴望并没有减少。对曾缺失的对触摸的需求也并没有平息。他需要"接触（我的）感觉"，需要大量的情感回应；他需要"一种能修复所有感受的感受"。而且，如果我不说出我的感受，他就会停留在他内心的死亡和虚无里。

我提供的第二种诠释是，他把我置于一种类似于他小时候的处境中，不断地被要求做点什么，来填补存在于这个他者体内的空虚。现在，他让我面对的，正是他曾经面对过的一个空空如也的、磨牙吮血的、索求无度的形象。

第三种诠释是，由于分析即将结束，与我的分离即将到来，他害怕我的存在会减弱并逐渐消退，他害怕索求无度的、饱受大屠杀蹂躏的母亲会再一次占据他的内心。因此，他不得不从我这里拿走一些东西，以便用最具体的方式与他在一起。

我尝试过的第四种诠释是，他害怕他的感受，害怕他内心中情感的苏醒，害怕疼痛，害怕依赖，害怕想要某个人，因此他想要我成为那个能感觉到和展示出感受的人。

亚当听着这些诠释以及许多诸如此类的说法，有时表示认可，甚至间或进行补充。但他对我的依附、对我的感受锲而不舍的苛求和执着，以及关于要听到我的感受的绝对的、令人窒息的坚持，都丝毫没有改变，我对此的体验是侵入性的、共生性的，有时是压倒性的和无法忍受的。特别是在我把他因我"没谈感受"所面临的困境，与他生命中一直以来的言语缺乏和情感真空联系起来时，就会出现这种情况。"就是这样，"他说，"这里我不能再忍受另一个深渊了。情感之于灵魂，就像血液之于身体。我需要你的感受来让我拥有感受……我需要感受对感受的触碰……或许，如果我发疯，散架，摔成碎片，你就会做出不同的反应，你就会变得富有情感。也许这是因为你接受精神分析训练的缘故，你学到的一些东西——让你不能把你的感受告诉病人。"

现在，我将描述一节治疗，我相信这节治疗是亚当对我无尽的、全方位的、令人窒息的渴求和苛求的转折点。这一节治疗的后半段，亚当又情绪激动地说道："你没有告诉我你的感受。我曾说过，而你也同意，病人内心的改变会带来分析师内心的改变。你内心的改变在哪里呢？从一开始你就善解人意，富有同情心，但你从未把你的感受给我。把你分析性的防御放在一边吧。一朵花必须有阳光雨露才能绽放。我必须有你的感受才能继续成长。我在一本书中读到，母亲赋予情感并予之以名称，婴儿就会与母亲的情感链接起来。我母亲做不到。我空空如也。它就得在这里！我必须拥有你的感受！我都快要哭了，如果我不告诉你，我甚至都不知道你有没有意识到。"听起来他的情绪很激动。

当他说出这些饱含情感的话时，我感到我自身内在的反应在发生着变化。这一次，他的话语比以往任何时候都更加以一种不同的、陌生的、感人的方式触动了我——不是将它们视为一成不变的、无休止的、令人窒息的苛求，而是越来越多地让我确信它们的正确性、正当性、本质性，越来越多地让我确信它们是对一个有感觉的、鲜活的母亲的强烈的、绝望的、深切的渴望——并且触动了我的心。这时房间一片寂静，我寻找一种方式来表述我内心的这些感受，对我自己也是如此，然后我说道："我感觉你完全正确。只是我做不到。"我悲伤地说出这句话，深深地感受着这痛苦、这剥夺和这丧失，我企望我能够消除这些，但是我做不到。

这节治疗一直沉默到结束，当亚当起身准备离开时，他趔趔趄趄，走到门口的时候差点儿摔倒。

来下一节治疗的时候，他情绪非常激动，立即问我为什么做不到。"我不是找你要爱，我只是要你说出感受。"

他告诉我，前一天晚上他异常激动和多疑。"激动是因为如果你理解了我的感受，就有可能继续下去，也有可能给到我自己了。"他还平生第一次感受到了对他尚未出生的孩子的爱。但他又起了疑心："……既然我们的治疗快结束了，或许你现在就是想安抚我一下而已，所以我好怕被引入歧途。我无法忍受那个样子！这对我来说太重要了。你也看到我的反应了。"

从这时起，亚当的说话方式大不一样了。他的巨大索求和压力缓和下来，强烈的渴求没有再遇到空白。我以前说过的话现在开始在他心中引起共鸣，或许就像他说的话已经触及、触动和影响到了我一样。尽管他一直在说他需要我的感受，但他的话语中却有了一种悲伤的接受。对于他与母亲在一起时从未拥有过的一切，以及对于他所需要的感受，我也无法以他所需要的方式给到他，因为这是一种分析性的关系。对这些他感受到的痛苦和失落，也有了真正的哀悼。他说："我现在对这些事情感到平静些了，但这很难。如果我想要母亲的抚摸，她的乳汁，她对我的响应——那是不可能得到的。这对我来说简直就是一场灾难。所以后来我什么都不想要了。我只是给了每个人我的触摸，我的美好，但我的内心被封锁住了。在这里，与你一起，我再次打开了这个孩子，这个孩子需要且极度渴望拥抱、渴望爱，而在这里也无法实现，这让我很伤心……就像心脏里有什么被堵住了，不得不绕道。有其他替代方式，但好难，而且也不够。"

现在分析是一个匮乏的地方，一个为过去没有发生，而未来也不会发生的事情哀悼的地方，但不再有虚无和彻底的死亡。虚无（nothingness）已经转化为"无物"（no-thingness），一种情感和思想可以进入的缺席，可以被感受到，可以被思考（Bion, 1970；Grotstein, 1990a）。在这些治疗小节中，我敏锐地觉察到，他和我自己都在尝试体验感觉意义和真实的重要东西，而不再有空虚和空洞相关的那些根本感觉。

分离的感受现在开始浮现出来。"你消除了我的怨气。我现在没有什么好抱怨的，没有什么好哭的了。但现在，其他哭声开始被听到——好害怕孤身一人。我害怕如果没有这样和你在一起，会是什么样子，你在这点上真的像神一样。在这里我不再是毫无遮挡的了,我没有什么好畏惧的。你就是那个缓冲器,所以我是受到保护的。"

然后在分析快结束的时候,他说:"我会怀念你在我身后平静的呼吸声。对我说的那些东西,你的微笑,甚至大笑……我呼吸并活在其中,呼吸并活在与你在一起的这种幻想已经为我做到、已经在我体内建立起来的一切事物之中,它们在我体内复活了,拯救了我。"

分析结束的这一年年底,亚当出国前的最后一个月,与他在一起时间最长的两名癌症病人——年轻和年长的这两名——都去世了。她们的死亡,以最彻底和最具体的方式证明了,从"死亡"母亲身上解放出来是多么艰难,与罪疚、遗弃、疼痛、焦虑和悲伤的痛苦情感之间有多少纠缠。然而,也许正是因为生命和活下去的权利已经在他内心牢牢扎根,他可以继续前进了。

临行的前一晚,亚当给我写了一封告别信,信中他引用了狄兰·托马斯(Dylan Thomas)的一首诗:《死亡并非所向披靡》(And Death Shall Have No Dominion)。我认为对于他,对于分析,以及对于我自己都具有特别的意义:

> 死亡并非所向披靡……
> 将所有结果都折分掉,它们却不会破裂;
> 死亡并非所向披靡。

(1933, p. 55)

讨论

在黑洞和死亡深处

1.(俩人)一起幸存并且活出来

"在开始一段分析后,我期望分析能够继续,从分析中幸存下来,最后结束分析。"温尼科特如此写道(1962, p. 166)。我已经叙述了我如何开始一段分析、如何继续下来、如何从分析中幸存、最后结束分析,或者更准确地说，这是一段由我们，由病人和我开始、继续、幸存和结束的一次分析，"（俩人）一起活出体验"（Winnicott，1945，p. 152）。

我首先要阐述的理念是，病人和分析师双方都要在病人死亡和摧毁性的内部世界中分析性地幸存下来，并且活出病人内在的死亡和毁灭的世界，而主要是分析师要能体验到分析的死亡和摧毁性，并且从中幸存下来。从弗洛伊德（1910）提出的精神分析应发生在病人感受和被压抑材料的"邻近区域"内开始，"分析师要接近病人的内部世界"一直是不同精神分析学派很多年来的一个重要主题。对此引发了一些至关重要的问题：分析师如何能在"邻近区域"（Freud，1910）或"经验-贴近"（Kohut，1984；Ornstein and Ornstein，1985）中存在？当面对黑洞体验——被巨大的死亡效力所抓取、吞噬、扭曲，以及湮灭的体验时，分析师如何能够去受到病人的痛苦、恐怖、无法忍受的内在客体及精神疾病的影响（Brenman Pick，1988）和被侵入，分析师如何能够摄入、体验（Bion，1959）、感受、思考和共享这些，仿佛这些就是自己的一部分的（Grinberg，1991）？

关于那些因"黑洞"和"死亡"母亲的经验吞噬分析师的病人，如何接近他们的世界并受之影响，分析师体内必定会发生一场激烈的挣扎。靠近或置身这个世界意味着会被困在和被吞噬在死亡冥界之中。保持距离意味着与病人的令人窒息的世界和深深的、湮灭性的核心体验没有情感接触；意味着置身其外、保持疏离、不受影响，因此，在我看来就不可能发生任何变化。

格林（1986）主要讨论了与这些压倒性的、令人窒息的情境有关的技术性问题。对于在"死亡"母亲身边长大的病人，他"甚至建议修改分析技术"，因为分析师的沉默"只会固化对母亲空白哀悼的移情"，对摧毁和仇恨进行诠释是次级的，且这种诠释"永远接近不了这一系列的原初核心——母性原初客体的核心去贯注"，这造成了"心理洞"（p. 146）。格林他更倾向"温尼科特（1971）在《客体的使用》（"The Use of an Object"）一文中所表述的立场"。格林只在一个段落中对分析师的感受进行了情感上的关联，切中要害：

"死亡"母亲拒绝再次死去。分析师经常对自己说道："这一次搞定了，老妇人真的过世了，他终于能活下来了，我也可以稍稍喘口气了。"然后，在移情中或在生命中出现了一个小小的创伤，都会给这一母性形象注入新活力，如果我可以这样说的话。这是因为她是一条千头蛇，而人们相信对她的每一击都把她的脑袋砍下来了；而事实上，只是砍掉了其中一个脑袋而已。那么这头野兽的脖子在哪呢？

（1986，p. 158）

　　回到亚当这个临床示例，我认为，毋庸置疑的是，在这段分析中，"死亡"母亲的巨大威力被遏制住了，甚或被战胜了——格林把"死亡"母亲描述为千头蛇，因为在移情中或在生命中的任何小小的创伤，都会给她注入新活力。无论是她对病人的强烈抓取和不可抗拒的拉力这个方面，还是病人从实际上解放自己，为他自己建立起生活的能力这个方面，都是如此；这种情况经受住了在分析和现实中，他与我一起体验到的创伤。

　　然而，使用分析师反移情中的死亡体验，产生言语象征的意义，将其作为诠释最终提供给病人（Ogden，1995），在这里并没有发生——尤其在亚当完全沉浸在为凋零的癌症病人的生命而挣扎的那一年多最困难的时期中没有发生。我被死亡、凋零和挣扎着要去拯救的那个黑洞所捕获、噤声、陷于瘫痪了，这种情况完全主宰了这段分析。看上去"需要比诠释更重要的东西，才能促成这个病人的心灵变化"（Stewart，1992，p. 138）。

　　那么，实际上是什么在这里起了作用呢？我将尝试用语言表达我在这段分析期间和之后的感受和想法——对分析性地幸存与保持活力的体验的基本动力学作用的想法。

　　接受这段分析的病人曾是在"死亡"母亲（在情感上和身体上都病了的母亲）身边长大的孩子，从婴儿时期起他就受到母亲内部疾病和死亡的世界的影响，就像是一个拉扯、扭曲、吞噬和湮灭的黑洞。为了保护他自己免受"死亡"母亲的强烈影响，他冻结了他的自体体验，冻结了对母亲的爱、感受和响应性的渴望与渴求：

> 与此同时出现的是一种无意识的假设（这可能成为一种意识层面的希望），经验更新的机遇将会晚一点出现，在这种情况下，失败情境将能够被解冻并被重新体验到，个体处于退行状态，这发生在一个能对需要进行充足适应的环境里。
>
> （Winnicott, 1954a, p. 281）

的确，在分析所提供的抱持环境中，亚当走出了他脱离的（detached）、被冻结的自体状态，重启了他内心生活中最深刻的、最激烈的和最可怕的激情——那是他埋葬已久的渴望，即渴望修复原初关系，以最具体、最彻底绝对的方式将母亲从死亡中拯救出来，从而也拯救出他的自体。我卷入其中，最终被完全淹没在凋零和死亡的世界中，这正是他的体验核心。他迫使我去了解和感受跟一个病重垂危的女人在一起的感受是什么；他迫使我去感受当通过理解、通过接触、通过诠释都无法接触到一个人，而只能通过面对实际的凋零和见诸行动，才能接触到这个人时我自己的瘫痪失能；他迫使我被死亡、主宰了我和分析的身心方面的恐惧所淹没，在意识到什么都无法阻止正在发生的一切时，被其带来的无助感所淹没。这是一种非常真实的对死亡和凋零的强烈影响的了解和体验，对被捕获和被困在黑洞体验中的了解和体验。不会有什么能留下，只有死亡和幸存之间原始的、命运攸关的相互作用。

我现在意识到，这是与病人的自体及客体的世界和历史的一次极深刻的体验性的交汇。这种内在相连的在场对分析性过程至关重要，因为分析师在那里，乐意接受病人毁灭性的体验，没有对此关上大门或回避，努力耐受和修通令人痛苦的反移情的感受与死亡并且幸存下来，最终改变了病人对存在和关联的基本体验。在自体同他者（self-with-other）内在相连的体验内，黑洞的吞噬性的死亡变成了一种事物，它可以被感受到，可以与之待在一起，并且慢慢地，随着时间和努力，被涵容、被活出来，并从中恢复（Eshel, 2013a, 2016a；本书第 8、9 章）。

但是当语言和情感表达的所有可能性都在死亡和幸存之间的搏斗中被石化和扼杀时，病人会感到他并不是独自一个人，分析师与他同在吗？与病人同在，以一种不受诠释束缚或不用诠释辩解的方式在他湮灭的世界中幸存下来，这足够吗？

我相信足矣。在我看来，这样的体验并不仅仅是表征（represent），而且它们还呈现（present）了一些根本性的东西。我遇见、体验到，并深受病人的摧毁性——首先是他客体世界之庞大的、令人窒息的摧毁性，然后是他贫瘠的空虚——的影响，没有报复，也没有逃走或否认（Winnicott，1971）。我不是一个远距离的观察者，站在黑洞体验之外。我就在那里、同在其中、受影响、被触动。正是我深受影响和保持活力的这种交集，促成了接触、幸存并过活——既是他的，也是我的——自体同他者分析性体验中的现存事实和情感现实。

以这种方式，累积性的分析性体验逐渐提供并实现了一种替代性的被过活的内在相连，在这个过程中，病人不再持续为焦虑和死亡所驱使，不再为被毁灭或具有毁灭性的恐惧所驱使，也不再为对客体的罪疚感所驱使。因此，这种方式影响并转变了从他的自体-他者关系的历史中衍生出来的黑洞范式，这种范式一直作为他的存在和关联的中心场景而存在——斯特恩（Stern，1995）称之为由主观上被过活的与他者同在的体验所形成的"与他者同在的图式"（Schemas-of-being-with-other）和"与自体同在的图式"（Schemas-of-being-with-self）。

我发现玛格丽特·利特尔（Margaret Little，1981）的话有力地表达了这些想法：

> 在某种状态下，一切都与幸存或未幸存（non-survival）相关……只有经历一系列对病人来说精神现实的湮灭，但又能让他发现自己和他所关联的客体（在分析中是分析师）两者都实际幸存下来了的体验，才能在任何程度上改变这种状态（p. 139）。对这些领域进行分析意味着回到尚未个人化的（not-yet-personalized）状态，并留出时间来完成心灵的工作，这意味着体验性地穿越湮灭和死亡，然后再次展现自身，只是这次不一样了。
>
> （p. 152）

"体验性地穿越湮灭和死亡,然后再次展现自身,只是这次不一样了。"——这句话概括了我对这种分析的核心体验:在分析师与病人一起体验并穿越湮灭和死亡的过程中,借助分析师的抱持和涵容性在场而产生转化性的体验。天体物理学家和科幻小说作家会在这里使用术语"虫洞"——在其指引下穿过黑洞的湮灭性效力,从而有可能通过黑洞,在空间的另一处活着出来的一条内部隧道。在我看来这是一个引人入胜的类比,即将分析中(由持续的分析性功能所抱持和涵容的)穿越湮灭和死亡的内在之旅类比为"虫洞",因为根据天体物理学家们的观点,虫洞需要坚不可摧的定力才能建构或保持开放、稳定,以及可穿越性。

我逐渐相信,面对湮灭性的死亡和凋零,同在其中和穿越时空的分析性幸存——分析师的这种"等待"托住的是信念、希望和爱(Eliot, East Coker[⊖], 1949, p. 200)——是在用生命的效力为治疗和病人充电。

2. 拯救的可能性和"合一"时刻

然而,在长达数年的挣扎之后,还是有一些东西错过了,这种挣扎就是在分析前五年里,一直挣扎着抱持、涵容,以及幸存于大规模的、压倒性的死亡与凋零的世界,这个世界不仅席卷了生命,也席卷了治疗。在分析第七年上半年,我们挣扎着与亚当母亲的死亡给他内心留下的巨大的、深不可测的空虚和虚无在一起,与他想要拥有一个不一样母亲的巨大渴求和热望在一起。我们似乎还没有抵达"这一系列的原初核心"(Green, 1986, p. 146)。或者,用塔斯汀(1972, 1990)的话来说,位于他的存在中心的心碎尚未被体验过。

比昂(2005a)在其第二次罗马研讨会(1977年7月9日)中,感人地描述了"拯救的可能性"的觉醒,以及病人对错过这种可能性的恐惧:

⊖ 《东库克》(*East Coker*)——T. S. 艾略特《四个四重奏》(*Four Quartets*)之一:
 我对我的灵魂说,静下来,不怀希望地等
  因为希望也会是对于错误事物的希望;不带爱情地等
  因为爱情也会是对错的事物的爱情;还有信仰
  但信仰、希望和爱情都是在等待之中。——译者注因此分析师，在危难的喧嚣、分析的失败、那种对话的无效之中，仍然需要能够听到这种恐惧的声音，它标明了一个人开始希望自己可能被拯救的方位……在此之前，这一恐惧已经沉沦，可以说是，沉入了压倒性的抑郁和绝望的深处。

（p. 21）

亚当不懈地要求我通过告诉他我的感受来修复他的空虚，尽管我给出了许多诠释，但这种令人窒息的渴求式的坚持没有任何改变。难道正如比昂所言，"所说的这一切，只是模糊地希望某个人或东西会出现，这个人或东西能够理解他在传达什么，并能够提供正确的精神营养"（p. 20）？

只有当我与他为了情感幸存所发出的绝望的哭喊完全待在一起，并说出"我感觉你完全正确。只是我做不到"，这种不懈的、令人窒息的坚持才会发生改变。是不是这一刻满足了他的希望：有一个人能真正理解他，他是有可能被拯救的？

我收到了许多对这节治疗的经过深思熟虑的和颇为有趣的回应与诠释。包括将其视为"相遇时刻"（moment of meeting, Stern et al., 1998）；情感体验的一刻，即在这一刻我感受到了，并说出了他所期待已久而一直都没能从他母亲那里得到的那些话（Marcus, 1999，私下交流）；或者，在治疗关系中，我成了那个不知所措的孩子，在他母亲的病痛、凋零和索求无度的世界中挣扎，不过现在我正在实行亚当他自己无法做到的一种"自由行为"（Ofarim, 1998，私下交流）。然而，对我来说，首要且最重要的是"合一"的那一刻，一种深刻的内在相连，始料不及地深化为与亚当内心最深处的情感的核心现实（即空虚和对一个有感觉的母亲的绝望恳求）合而为一。我完全置身于这个情感现实里面，以一种深深的感知去存在，去了解。当我对他说"我感觉你完全正确。只是我做不到"，实质上我是在说，我希望我能做到，我很难过我做不到，因为我感受到了——我的心感受到了——他的丧失、痛苦、匮乏、心碎和绝望的深度，感受到他所说的需要确实是最正确的、最需要的、最基本的。这是一次量子级的跃迁，经由的途径是一种深刻的心到心、情到情（feeling-to-feeling）的连接。这是"用一个人的整个存在,'全心、全情、全意'允诺的一种体验方式"（Eigen，1981，p. 413）——这是一种信念工作,是与灾难性的影响相遇的唯一存在状态（Eigen，2012）。这一刻过后,治疗过程发生了本质的改变。

格罗茨坦（2010）在撰写关于婴儿期创伤和长期阻抗的一篇文章中坚称,与治疗更健康的人格不同,治疗被分裂出去的、"被遗弃的病人"的过程"……涉及分析师遐思（reverie）中的移情－反移情的不可分割性,涉及分析师'成为'病人的极度痛楚和极度痛苦的能力……比昂称这种现象为'在分析师体内发生的在O中转化'"（p. 25）。

的确,分析师和病人之间的深刻内在相连,以及与病人内心最深处的情感现实－O合而为一,在处理更严重困扰的病人和非常困难的治疗情境时,可能会全面发展其转化潜能,从而为扩展精神分析性治疗的范围提供新的可能性。因为只有以极大的强度与病人无法解决的极度痛苦合而为一,才能抵达这些内心最深处的被湮灭－正在湮灭（annihilated-annihilating）的状态,从而在黑洞和死亡的深处创造出一种新的体验。

而且,我寻思,所有的分析性治疗都必须（至少）抵达与病人的体验合一的那一刻、病人－分析师成为一体的那一刻,这样就供应了一种转化模式,是"关系"和"在知识中转化"在创伤性的或原初的核心体验的深层所无法提供的,难道不是这样吗？

The Emergence
of
Analytic Oneness

第 4 章

到底是谁的睡眠

或者，夜色行动[一]

> 然而在每个重大事件里——在其活生生的行为中，毋庸置疑的是——在那里，一些未知但合乎理性的事物，在非理性的面具下，其特质正崭露头角。若想要出手，就击穿面具吧！正如囚徒如何能够不突破围墙而冲出去呢？
>
> ——赫尔曼·麦尔维尔，《白鲸》
> （Herman Melville，*Moby Dick*，1851）

多年来，我一直认为临床情境中的极端体验是对一个人所持技术和固有知识的挑战。这些极端体验激发了我们的探索和挣扎，唤起了我们的聪明才智和创造性的行动，有时候会引领着我们去扩展，甚至是去超越我们的理解和所拥有知识的边界。这些极端体验是我们必须渡过的内在卢比孔河（Rubicon）[二]。

[一] 《夜色行动》(*Night Moves*，1975) 由阿瑟·佩恩执导，稍后将在本章进行引用。

[二] 卢比孔河：Rubicon，历史上是意大利和高卢的界河，公元前 49 年，凯撒违规带兵越过卢比孔河，从而不可避免地引发了战争。被用来比作一条与过去相切割的分界线，穿越历史演进的大部分重要节点，选择渡过它意味着毫无退路，只能尽全力孤注一掷，同时将事态的未来发展交予宿命。——译者注

然而，写下我自己在治疗过程中睡着的极端体验，与我写过的任何其他主题相比，都要我更多地去面对自我暴露与隐匿之间的冲突和考量：一方面，我很希望交流、分享和重新思考这个让我很感兴趣又感到迷惑的治疗经历；另一方面我又心存顾虑，感到保持沉默和对更私人化的、私密的真相有所保留是更安全的做法。因此，我首先要引用麦克劳林（McLaughlin）的论文《昏昏欲睡的分析师》（"The sleepy analyst"）结尾的一段鼓舞人心的陈述：

> 我认为，如果我们能够更自由地谈论和研究我们的全部反应，我们就可以对我们工作的方式以及分析手段的变迁获得更多的了解。分析师在工作日所经历的从警醒－到－睡眠（vigilance-to-sleep）连续体经验，为这一对话提供了丰富的内容。
>
> （1975，p.381）

然而，与此同时，其他的声音也浮现在我脑海中。艾根（1996）生动表达了他所持的更为摇摆不定、犹豫不决和小心谨慎的感觉：

> 如果我们提供我们最充分和最真实的奉献，那么我们的职业社会环境撑得住我们吗？专业的交流在多大程度上……有助于人格和文化的真正成长？我们需要相互碰撞、过招、相互沟通和非沟通（non-communicate）、彼此相互影响，获得真实的一致性/不一致性。但是我们能够承受多少暴露呢？我们敢做多少，或者我们有多大的权利去挑战呢？
>
> （p.84）

还有当时80岁高龄的比昂（2005a）在第六次罗马研讨会（1977年7月16日的上午）谈道：

> 在我看来，实际参与到体验中的分析师就有机会决定是否要尝试去交流——正如他在这里所做的那样——以及我们是否有能力听到和理解这样的交流。如果他要交流这一体验，那他该用哪一种语言呢？能言善辩就行吗？……无论如何，如果他敢将他的

体验公之于众，去跟人交流而非独自揣摩的话，那就需要勇气。这可能需要相当长的一段时间……

(p. 64)

本章就是在这些不同声音之间的张力中产生的。写这一章的初衷是希望促进分析师之间的对话，这种对话基于极端分析情境中分析师们亲身经历的真实确凿的、不安的反应和体验（参见 Searles，1959，p. 285；Marcus，1997，p. 240；Coen，2000，p. 449）。但更为重要的是，我写下本章是出于我对分析性过程中惊心动魄的强度的浓厚兴趣，甚至是敬畏和着迷，分析性过程是在每一次精神分析性的努力和病人 – 分析师的关系（relation）中，一次又一次地，被（再）创造和发现的——以一种特定和独特的方式，常常是始料不及和未知的，有时甚至是神秘的方式——将两个参与者席卷其中，并激起他们情感的波澜。

"笼罩其中"

这些摘自瑟尔斯的话语，为我捕捉到并清晰有力地勾画出分析性"临在"体验的基本要素，这就是我对治疗过程进行思考的核心。

瑟尔斯（1965）写道：

……（依然）直到更本质上，去看到病人和治疗师多大程度上沉浸在治疗的洪流、进程中，并被席卷着冲向前方。……不仅仅是病人，他（治疗师）也被过程、治疗过程所强烈影响。……这……太强大了，无论病人还是治疗师都根本无法轻易将其偏转……远离它正趋于……为其自身形成的汇合的通道。

(pp. 36-37)

在"这一过程的强烈影响下"存在的这一复杂、艰难和神秘的本质、随之而来的病人 – 分析师深层的内在相连（作为分析过程的一个固有特征），以及尤其是病人的内部世界对分析师的深刻影响，共同构成了我对治疗期间分析师的睡意（sleepiness）（并非只是分析师个人的疲惫）进行思考的更广泛而基本的语境。

从这个更广泛而基本的介绍性语境出发，我将进入本章的主题——分析师的"睡眠"（sleeping）。首先我将让临床材料来发声，描述"我在治疗中的睡眠成为一个开放议题"的临床序列，紧接着我将描述我在标志着治疗展开的这个过程的强烈影响下的体验。然后，我将在讨论中回到睡意，试图更全面地理解这个现象。

临床资料

背景

克拉里很不情愿地来我这里接受治疗，之前她在一位女性心理治疗师那里接受了长达两年、每周两次的面对面治疗，对治疗师已经产生非常深的情感依恋。克拉里当时30岁出头，出生在南美，姐妹三个中排行老二，年龄间隔三岁。她的妹妹六个月大时身患重病，成为一个植物人，之后生命延续了九年。克拉里12岁那年，也就是在妹妹被留在了一家收容所，全家移民到以色列的两年后，妹妹去世了。克拉里20岁结婚，但她和丈夫的关系很难处，对性感到恐惧。她离开了丈夫，和一个女人在一起生活了九年，这段关系还算稳定，但因受制于伴侣的强迫性思虑，她感到沉闷不堪。她最初寻求治疗是因为在海湾战争期间多次严重焦虑发作。那段治疗给了她最温暖的支持，准确来说，还促成了她人生的一大转折——她决定要生孩子，但是她认为孩子应该在父母陪伴下成长。因此，她决定离开一直与她生活在一起的这个女人，找个男人谈恋爱。

始料未及的是，就在这个节骨眼上，克拉里的治疗师被告知，出于家庭方面的原因，她得在数月内离开以色列。治疗师担心在如此关键的决策阶段抛弃克拉里将会带来的影响，所以她请我接管克拉里的治疗。当时我没有可提供的治疗空额，所以还无法接管，于是我建议把她转介给另外一位治疗师，但是克拉里的治疗师坚持让我接管，因为她觉得我有足够的力量在这个愤怒的、暴风雨的时刻治疗克拉里。最终我同意了，条件是六个月后开始治疗。

在我们进入治疗工作之前，在她的治疗师的建议下我们见了一次面。在那次谈话中，她对我表现出一种不情愿和拒绝的态度，怀疑地扫了一眼做分析用的躺椅——即使她将要来这里接受每周两次的面对面治疗，就像她一直在接受的治疗那样——她说永远不会去一个精神分析师那里接受治疗，而她来的唯一原因是她的治疗师如此热情地推荐了我。我只说了我理解用这样的方式变动治疗的确很困难。在谈话结束的时候，克拉里核实了我未来几年都没有出国的长期计划，然后我们确定了开始治疗的日期，我让她提前一个月给我打电话。然而，当她按照约定在五个月后给我打电话时，我仍然无法如期开始治疗，只能在两个月后开始。

当克拉里来开始治疗时，她显得很失落和抑郁，不像我们第一次见面时她的样子。在过去的几个月里，她一直很孤独，一方面是因为她原先的治疗已经结束了，另一方面是因为她和女性朋友的关系也终结了，她的朋友也已经与另外一个女人建立了新的关系。治疗开始后，她很快平静下来，很明显，正在进行治疗的这个事实让她越发感觉被抱持住了。

在接下来的治疗头两年里，她形影相吊，与从前的女性（女同性恋）圈子断绝了联系，但她还是决意找个男人认真谈恋爱。渐渐地，她告诉我她一直反复梦到她所谓的"暴力之梦"（dreams of force）㊀——这种可怕的梦她以前做过，但是现如今越来越频繁地出现。在这些梦中，她总是处于卧室这样的熟悉环境中，这时陡然间一切都暗下来，带着一种强烈的、不祥的恐怖感。她通常会试着做点什么——起床，开灯——但是做不了，好像人变得凝滞、瘫痪了。然后，她会被一股巨大的力量紧紧抓住，这股力量对她的胸部，尤其是对头部施加了一种可怕的、挤压性的压力，让她动弹不得。她知道，挣扎无济于事；她所能做的就是俯首就擒，一动不动地躺着，直到这股力量偃旗息鼓，这样它才会放过她，而不会杀死她，然后她努力继续呼吸——只是为了活命。㊁

㊀ 暴力之梦：这里的"force"指的是一种强大的力量实体，不是抽象的"暴力"，而是真实的"力"的感觉。它抓住了她，令她感到窒息。——译者注

㊁ 在撰写本章时，我在《纽约时报》（The New York Times）上读到一篇文章，把诸如意识清晰、恐怖、强劲的无法动弹、压迫感和呼吸挣扎等现象，描述为神秘的"睡眠瘫痪症"（Kristof，1999）。

尽管睡眠很浅，但她还是无法避免做这样的梦，甚至是在大白天睡觉也会做这样的梦。但是在经过头两年跟我的治疗后，她做这种梦的频率逐渐降低了，身体上的许多疼痛也减轻了。克拉里开始了新的工作和学习生活，而在治疗的第三年，在跟几个男人约会未果之后，她和已经分居的丈夫（多年以来，她丈夫每年只会在她生日那天给她打一次电话）慢慢地、小心翼翼地重新开始交往。起初，他们经历了许多困难；每次他们吵架，她都会感到害怕而威胁要分手。他们再次面临着性方面的问题，不过她的丈夫多年来一直在接受心理治疗，从他的治疗师那里得到了非常重要而直接的鼓励，让他能够在这段关系中坚持下来，他表现出了前些年所没有的决心和耐心。两个人的关系稳定下来，他们搬到了一起住，而且还希望生个孩子。

晦暗地带

从描述克拉里治疗中发生的事件，进展到描述治疗本身和治疗关系的品质和质地，我进入了另一个领域，一个隐晦而昏暗的领域——晦暗地带。

从我们的第一次治疗开始，克拉里的说话方式就是有所保留的、拘谨、模糊、含糊不清——我甚至很难找到一个词来准确描述。我常常听不到或听不懂她在说什么。起初，我以为并诠释过，她和我说话之所以如此困难，是因为来找我治疗违背了她自己的意愿（其实，事实上，也违背了我的意愿）；但是随着治疗的继续，还是没有任何变化。稍后，我想，也许是她害怕正在衍生的情欲性移情（erotic transference），或者我对此感到害怕，但是很快我意识到，这些是相当简单化的、外化的诠释。应该是有什么东西在扼杀她沟通的能力，但这个东西是什么呢？

似乎她只是需要我在那里。她定期来参加治疗，从不缺席或迟到。治疗开始时，她会仔细打量我，然后才开始用她那模糊的、僵硬的、脱节的方式说话，面无波澜。10 到 15 分钟后，我费劲维持的专注力就会逐渐减弱，变得恍惚脱离。这并不是因为我的思绪飘忽不定，也不是因为我感到无聊。虚无。空白。出神。我不再作为一个倾听、思考和回应的人而存在。我有时会变得麻木和昏昏欲睡。接下来发生的事情是，在治疗的最后

10分钟，我会从这样的状态中出来，再次成为我自己，倾听、关联、回应。

这种模式与我的疲惫感没有什么关联。一开始疲惫感会加速这个过程，但后面就没有实质影响了。

到了治疗的第四年开头，我们在治疗中已经谈论过，克拉里前面描述过的她生命中的决定和改变，并且这些决定和改变实际上也的确发生之后，这些内容在治疗对话中不再那么重要，所以我的那种状态变得尤为突出，结果就是，在开始10～15分钟的倾听和回应之后，我就会陷入沉睡，感觉完全泯灭。然后，在最后10分钟，我会醒过来。这一切都是坐在她面前的时候发生的，所以我无法掩饰，而且事实上，我也没有试图去掩饰。

在我第一次睡着的时候，对于我敢在一种我"极不受保护和暴露"的状况下闭上眼睛和她在一起，克拉里非常震惊。她反复说，即使是和她的女性朋友，在她们长期的生活中，在她们相识和共同生活的这些年里，她也从来没有在对方面前闭上眼睛，即便是在她们亲密的游戏和性生活中也没有这样过，因为她们害怕彼此。她说她的女性朋友总会提到害怕克拉里的冷酷无情。克拉里自己从来不敢安然入睡。她说："从我记事起，我就没在晚上睡过。"

然后，她开始害怕我会因为正在发生的这一切而决定终止治疗。我随即告诉她，在我身上的确发生了非常奇怪的事情，而我只能建议在我们能更好地理解发生什么之前，让事情顺其自然。（这就是我真实的想法和感受。）克拉里沉默了一会儿，然后用我几乎听不见的声音说："好吧。"然后她陷入了沉思，远没有那么紧张了；她的整个身体看上去放松了下来。很久以后，她告诉我，在整个过程中，直到我说那句话之前，她一直都很害怕"情况会变得糟糕透顶，以至于你无法忍受，以至于你会停止呼吸或停止治疗，或者我会疯掉"。她确信，我即将告诉她，在对她进行了多年的治疗之后，很显然继续下去也是枉然，她应该去见另一位治疗师。她无法反驳，因为这完全合乎逻辑，但对她来说，这会是致命的。用她自己的话来说："那么一切都完了。我们不会得救的。死路一条。"（然而，这是她很久以后——从心理治疗转为分析之后——才对我说的。）

只是在这个阶段，好几个月情况依旧，我直接力求理解反复出现的睡眠，进行讨论，查阅对策，都无济于事。我研究了各种观点，但还是觉得无法真正理解或改变这样的状态。似乎没有任何内在的线索可以理解发生在我身上的事情。⊖我唯一的感受就是沉沉睡意，没有情感，没有理解，也没有想法（当时，我甚至没有问自己或克拉里，在我睡着的时候她怎么样了）。这像是某种解离，又像是在打了一针催眠剂后被麻醉了。因此，我感到我能仰赖的只有治疗过程的真实性和必要性，仰赖治疗过程所隐藏的意义和秩序，仰赖治疗过程自身的现实性。于是我顺其自然，静观其变。

这种情况一直持续着，直到有一次，在我还处在这种深睡中的时候，我看到了一个明亮隧道的简图，隧道中心有一个小黑点在上下移动。这是我第一次在这种状态下看到或感受到了某种东西，随后我在某种陌生的解脱感中醒来。

接下来的一节治疗中，克拉里极度不安，脸色苍白地坐着，一言不发。我等待了一会儿，然后谈到她看上去很烦。"没有，"她说，可能是因为她以为我指的是她对我反复睡着的反应，"你的困意有时候让我很难受，但上次之后，我觉得我们俩都挺倔的，当我们中的一个弱下来的话，另一个就会坚持住，反之亦然。"我说："是的。"她露出一丝释然的微笑。然后又默不作声了，陷入自己的内心世界里，接着她说她做了一个梦，或者，也许压根就没做梦。也许那是一种幻想，或是某个记忆-场景。

   天黑了，她起床如厕，然后就看到了这一幕。她听到有人呼喊"不，不，不，不"，接着听到一声瘆人的哭叫，她猛然回过神来，哭叫的正是她本人。然后，她看到了一个婴儿，被打得遍体鳞伤，正被放到婴儿床上，这个婴儿衣衫褴褛，看起来就像一

⊖ 在写下这点之后，我读到了比昂（1992）的一段话，与我当时的体验产生了共鸣："这意味着我被迫拥有一种情感体验，而且我不得不以一种我无法从这种体验中学习的方式拥有它……我无从领会它。这样我就无法从这一情感体验中学习，也就无法记住它。"（p. 220）几年后，我也读到弗朗西斯卡·比昂的描述，她说比昂"经常跟她说起他完全处于黑暗中的感觉……他总说……'这超出了我的理解范围'或是'我简直摸不着头脑'"（1995, p. 96）。

具尸体。她看到把婴儿放下来的人的影子，也许是一个女人的影子，而她，是个小女孩，正攀着婴儿床的栏杆去看。

这一幕令她毛骨悚然。这个婴儿到底是谁？是记忆还是幻想？这一幕看起来如此真实——"不觉得这是个梦"。这个婴儿是她妹妹吗？那个六个月大的时候变成了植物人，躺在床上，因为吃不了东西而插了进食管的那个妹妹？在她身上发生了什么事情？但她母亲说过，她老早就觉得这个婴儿有点儿不对劲，带她看了各种各样的医生。妹妹比她小三岁，看上去跟这个梦吻合……难道这个婴儿就是她自己？破旧的衣服、白裤子、法兰绒衬衫。她过去经常穿破旧的衣服。他们家附近有一家孤儿院，所以她或许在那里看到了些什么（克拉里的讲述非常支离破碎）。但是，如果这个婴儿是她的话，她怎么能看到这一切呢？这就好像她内在分裂了一样。这太吓人了。她再也无法入睡。她想，这段记忆——被殴打得惨不忍睹的婴儿——解释了她过去所经历的一切痛苦和严重的躯体疾病：胳膊和手的疼痛，结婚之初的疾病，其他剧痛。多年来，她的整个身体一直被病痛纠缠。

接下来她做的梦，又是一个黑暗之梦，仿佛黑暗已经爆发，笼罩了她的整个世界。

> 我在外面，在小区的一个公园里，天色骤然昏暗下来，感觉是供电出了故障，然后停电了。我什么也看不见，一片漆黑，没有星星，伸手不见五指。我告诉自己一定要回家，但我甚至压根不知道该往哪儿走，因为周遭黑得可怕。有一种某种危险即将来临的感觉，邪恶的事情就要发生……然后我惊恐地从梦中醒来，心脏狂跳不止。那黑暗，就像我之前在那个婴儿的梦里所看到的黑暗一样，就像暴力之梦里的黑暗一样。
>
> 很明显，黑暗预示着不祥。我必须提醒自己还有生命，因为我有种奇怪的感觉，如果我不记牢，不抓紧现实，我就会变得越来越小，就会那样消失了，消失在黑暗里，消失在空虚里，消失在窒息里。我认为梦里的婴儿就是我。这样许多事情，发生在躯体上的所有可怕的事情，就很好解释了。当我这样告诉自己的时

候，伴有一种很恐怖的感觉，死亡的感觉，因为那就是感觉快死了，而要活下去，你必须坚持努力呼吸，否则你就会一命呜呼。活着。只是继续呼吸。一种让我觉得它可能就是现实的感知。甚至没有惊恐，没有移动，只是意识到必须要呼吸。

梦与梦思维

在接下来的一段时间里，克拉里的梦，这些梦的影像，这些梦所表达的体验及梦的顺序，让我们能够进入并探索在抱持与坠落之间、希望与毁灭之间持续的残酷拉锯；让我们能够认识到她的渴望和挣扎，以她的方式感受到信任是对灾难的一种有效回应。她第一次开始梦到不同的梦，希望之梦、被助之梦、助人之梦。然后，紧接着的几个晚上，她又梦到无法忍受的梦，梦见恐怖和灾难的场景。在第一个不同以往的、新的梦中，出现了以下情境。

> 她睡着了，而在他们的卧室里，有个约三岁大的小女孩，蜷缩着身子，只穿着内裤。她（克拉里）起身下床，因为她明白，如果她不去照顾这个孩子，就没有人会照顾她。她牵起女孩的手，把她领进自己的房间——四周漆黑一片，风吹帘动——她给女孩穿上睡衣。女孩很开心，爬上床，睡着之前说："我以为整个屋子都要塌了，但其实死的只是奶奶。"

当我们谈到这个梦的时候，克拉里被深深触动，强忍住泪水——这是治疗中她第一次流泪。"我的感觉总是朦朦胧胧的，一筹莫展，"她说，"生命的所有一切都建立在不存在的东西之上。就像卡通电影里演的那样——你一直在虚无中前行，你低头往下看，然后你看到底下没有大地，原来你一直都在空中奔跑。"

然而，每一个希望之梦过后，紧接着就是灾难之梦，在这些梦中，希望、变化、展望和她的睡眠都遭到攻击而分崩离析——尽管是在这些梦中，尽管在分崩离析中，现在也开始出现了"挣扎着寻求帮助"的曙光，或是在梦中，或是在梦醒时分。在告诉我做了前面那个希望之梦后的那天晚上，克拉里就又被扔进了一个恐怖的暴力之梦，梦中，她躺在床上，开始感知到一种瘫痪和压迫袭来，尤其是头部，又大又胀又重。她起身去开灯，但是没有电。惊恐之下，她一遍又一遍地试着去开其他灯，但都打不开，她的整个身体渐渐变得无法动弹。她在困惑和迷惘中醒来。这种感知持续了很长时间；她不知道自己是谁。她对我说：

> 在我记起我是谁之前，我记起了你。然后我对你说，也对我自己说："等一下，我叫克拉里，我35岁了，这是罗恩（她的丈夫）。"然后我告诉我自己在我的生命中我身在何处，我在哪里工作，我在哪里生活。我差点就要打电话给你，告诉你邪恶的事情就要发生了，然后我意识到这并不是真的。但是瘫痪和压迫的感知还在，头部依然胀痛。我感到我想要吃点东西，于是我坐下来吃了起来。

在另一个灾难之梦中，前面那个希望之梦中的小女孩溺水了，就好像是好梦不能长久。

> 克拉里与她的丈夫一起和这个小女孩在一座水库附近，女孩落入水中。当她落水后，她停止了呼吸，什么也没做，蜷缩着，开始下沉……水很深。克拉里大声冲着丈夫喊，叫他跳下去救这个女孩，因为女孩已经没呼吸了，没呼吸了。罗恩开始脱衣准备跳进水里，但是鞋带把他给绊住了，于是她衣服都没脱便跳入水中，开始往水下更深处潜去，但是她够不到这个女孩，因为水库很深很深。她浮出水面换了口气，竭力再潜入水底，但她心里很清楚，她救不了这个女孩。她在想：罗恩为什么不跳下去？也许他能够得到她呢？不清楚他到底有没有跳下水。

同样，又是无法被拯救和无法拯救的极度痛苦，尽管克拉里曾绝望地想要去拯救。

是不是这些梦指向了一种新开端的某个零点、某次崩溃、某次坍塌呢？

在分析的界口：在黑暗和就要知道的畏惧之间

在出现遭到致命殴打的婴儿的那个场景两个月后，克拉里要求将治疗转为分析。她说她觉得自己"需要在这个时候接受更多的治疗"。我同意了，不过要在六个月后才能开始。

于是，在接下来的一节治疗中，非常重要的一节治疗中，我又一次沉沉地睡过去了。克拉里在这次治疗的开始说道："现在我们更喜欢彼此了。"——我很惊讶，因为她之前从来没有用言语表达过这样的情感。"我还想告诉你一点别的。"她告诉我，在她还是个小女孩的时候，她觉得自己是个男孩，一个好动的男孩；她上洗手间时会用一根导管。她从未把这件事告诉过任何人，但是她自己内心百思不得其解，这导致她的学业困难，记忆力也出现了问题，尽管她学习非常努力。听到这里，我便沉沉睡去，在最后10分钟才醒来。克拉里说，她"从外部"观察我的时候，就仿佛看着梦境中的那个小女孩正在下沉，就仿佛她看到她自己是个男孩一样。从她三岁起，自读幼儿园开始，这个男孩就在那儿了。这个男孩很强壮，因此当有人打她的时候，别人就无法伤害到她。

在她的话中有某些东西如此清晰可感，我发现自己在问话："他叫什么名字？"

"强尼。"她说。

我说："你需要信任才能把这个告诉我。"很显然，我说得太多了。

克拉里往后缩了缩，尖刻地回答道："在你睡着的时候，在这里待这么长时间，才需要信任。"她沉默了一会，然后说："是的，我真的从不曾跟人说起过他，从来不曾有。"

打这之后，她晚上睡得更安稳些了，而我在治疗中的困意也变得越来越少；也许之前就开始这样了，只是现在才清晰起来。美好和恐怖的梦仍然交织在一起，但这些有着令人恐惧的内容的梦境，不再是"只有感知，没有内容"的暴力之梦。她说："摆脱暴力之梦犹如煎水作冰。我身在其中：这是一种恐怖，我甚至都无法思考。不过现在，当这种焦虑将我压倒时，我会思考并从焦虑中走出来。"

此外，她现在会在梦中尖叫，出于对令人害怕的梦的恐惧，尖叫呼救。即使她的嘴已经不听使唤，只能发出声响，她的丈夫也会听得到，醒过来，然后把她弄醒。现在有了一声尖叫，而且有人听到了。

接着又发生了另一个变化。在睡眠和清醒的交界处，她感到她自己进入了自己的身体，这具身体就像一个厚实的、有弹性的、安全的、有保护作用的轮胎一样围抱着她，而在此之前，她一直是自己身体的观察者，从身体外面保护着自己。

她和母亲一起去她出生的国家探亲，她去了那个她出生的房子，但是没敢进去。在回到以色列，以及接受治疗之前，在整个旅途中她都不敢睡觉。

回国后，在她向父母询问关于她童年的一个问题之后，童年一些奇怪的、未知的细节突然被透露出来。她父亲说在她六个月大的时候，母亲忽然得了一种奇怪的疾病，医学检测都无法识别："仿佛生命从她身上流逝了。"父亲把母亲送到外婆家，自己则回家，继续工作。母亲被安置住在一间黑暗的地下室，而克拉里则被转移到顶楼。父亲说，她的母亲会不断地问："克拉里在哪儿啊？克拉里在哪儿啊？"

这是怎么回事？谁在照看克拉里呢？姐姐在哪里？这一切都深不可测、悬而未决、无从回答，充斥着各种幻想。这番对话令她母亲和姐姐都非常焦虑，所以再也问不下去了。

在这几个月结束时，在转为分析之前，克拉里做了两个梦，浓墨重彩地再现了入睡、黑暗和恐怖这三个主题。我将用克拉里自己的话来描述这两个梦，来总结这个临床示例。

第一个梦发生在我将要度一个月的假之前，也就是转为分析的两个月之前；在这个梦中，尽管有黑暗，但她能够睡着，这与我面对面地在一起，与之后她有能力分离之间有着密切联系。

> 这里黑得可怕。我躺在躺椅上，身上盖着家里的毯子，而你就坐在我旁边的一把椅子上，然后不知什么时候，你以为我已经睡着了，于是你慢慢地睡到躺椅上，给自己盖上毯子。我们面对

面侧躺着,就这样,我真的睡着了,直到某一刻你把我叫醒,你急着要离开,你把我掉在地上的各种东西给了我——车钥匙、我的耳环和其他一些东西。我们离开了,你往右拐,以为我要跟你一起走。那里有个很大的停车场,但是我说:"不,不,我的车停在左边了。"然后我们就分开了。

第二个梦在过渡到分析之前,也就是在我们最终敲定了增加两个时段的那次治疗之后。

我在奶奶家。女佣把我带进了一间房,那曾是我的房间,她刚打开灯,灯泡就烧坏了。这间房已经很久没人住过了。她去拿灯泡,把我留在黑暗中,我吓坏了。我请求她先带我去客厅,那里有人,但她已经走了。黑暗中,我试着沿着墙走,但是我摸不到墙,好像四周都是空的;我继续向前走着,双臂伸向前方,想摸到墙,我越走越感到恐怖。我走得越来越慢——这些来自暴力之梦,这里一切都开始放慢了下来。最终我无法动弹,我瘫痪了,有某种危险正在迫近的感觉。这时我爬着找到了一扇门,把门打开了。显然,这是房子的前门。然而这时我感到更恐怖了,因为外面漆黑一团,只有我一个人,谁知道会有什么人进来,所以我试图把门关上,但我关不上,因为我已经瘫痪了。于是我开始尖叫,恐惧地尖叫。这时有个穿着短裙的人从门外走进来。她弯下腰来抱住了我,我看到那是我的母亲,她惊慌失措,好像发生了什么非常糟糕的事,她很痛苦,她开始告诉我,她想在她离开之前告诉佣人们,就是……然后我就弄醒我自己,因为我感到太恐怖了,这样我就不必听到她要说什么了。我知道,梦中这种事情发生过不止一次,这种时候我就会弄醒自己,这样我就不会听到什么了。

我想起了克拉里为冲破恐怖的、黑暗的虚空而进行的绝望挣扎,想起了她所描述的梦中的那一刻遭遇。她从被独自留在恐怖的黑暗和无客体的真空中挣扎出来，摆脱了瘫痪的强烈影响，终于找到了她的母亲。但是，本可以去涵容和缓解恐怖的这个母亲却非常不安，她自身的痛苦让她不堪重负（且令他人不堪重负），所以克拉里害怕了解母亲。在她现在打开的那扇门的门槛边，在分析的界口（threshold），在绝望的无助中，在需要人的时候，在渴望被帮助的时候，她害怕有什么无法忍受的东西已经闯进来了，并且会通过跟母亲般的他者的接触而将她俘获。

孤独与渴望，希望与恐惧（以及它们之间的巨大张力）——现在，就在黑暗和就要知道的畏惧之间，在分析的界口……

讨论

究竟是谁的睡眠

我将通过回顾分析师在治疗中睡着的精神分析文献来展开讨论，然后重点探讨我自己睡着的临床示例。

精神分析文献中很少提及分析师的"睡眠"。更多写到的是关于分析师的困倦（drowsiness）或睡意，但即便如此，这通常也不是文章的主要主题。然而，实际中的这些体验似乎比文献中描述的更为常见（Dickes, 1965；McLaughlin, 1975；Brown, 1977；Alexander, 1981；Rittenberg, 1987）。柯里福特·斯科特（Clifford Scott, 1975）评论说，这是因为变得无聊和昏昏欲睡的分析师可能会感到非常内疚，以至于把对这些体验的好奇心置之脑后了。理查德·亚历山大（Richard Alexander）补充说，除了内疚之外，这种体验也让分析师感到相当不快、苦恼和困惑，所以也"容易被遗忘"（1981, p.46）。他还提到了麦克劳林（1975）指出的在这些情境下的"超我/自我理想的压力"。

以下评论基于四篇专门就此主题撰写的论文（Dean, 1957；McLaughlin, 1975；Brown, 1977；Alexander, 1981），还包括多年来精神分析文献中对此既有简短的，也有冗长的提及。

麦克劳林在他的一篇综合论文（1975）中，将分析师在工作中的意识状态视为一个连续体，介于警醒和深睡两个极端之间，并且将分析师的睡意归因于分析性氛围、分析师和病人三方面的动力。然而，他在该文中使用的临床范例，出自博耶（Boyer，1979）以及更后期的雷尼克（Renik，1991），描述的是分析师在某一个特定的治疗小节中睡着了，并非我自己在克拉里的临床示例中反复发生的睡眠。

狄恩（Dean，1957）、布朗（Brown，1977）和亚历山大（Alexander，1981）等人将分析师反复出现的困倦或者睡意作为主要议题进行过阐述，格林伯格（1962）、帕切科（Pacheco，1980）、里滕贝格（1987）、克尔曼（Kelman，1987）、布伦纳（Brenner，1994）、沃芬斯坦（Wolfenstein，1985）和利特尔（1985）等人也谈到了这一点。

起初，文献重点放在讨论"病人的阻抗"和"病人与分析师的退缩"上：桑多尔·费伦齐（Sándor Ferenczi，1919）评论道，分析师的打盹是对空虚而联想的无价值"一种无意识的退缩反应，而分析师"在病人一有任何与治疗相关的想法时"（p.180）就会醒来。很久以后，拉克尔（1968）才将其扩展到病人与分析师的"共同的退缩"和分析师对病人退缩予以的"护身符响应"（p. 139）。狄恩（1957）写过一篇开创性的、简短明了的论文，描述了在两个病人的分析工作中他与困倦的挣扎，他把这种状况归因于他被动的分析性态度以及未能主动地分析强迫症病人的顽固阻抗。亚历山大（1981）也将分析师与某些退缩病人在一起时发生的"睡眠"，描述为一种"进一步避免这种状况令人沮丧的本质"的方式（p.49）。

布朗的论文对反复出现的反移情困倦提供了更进一步的理解，认为"是对病人在一些重要意义上不在场的一种回应"（1977，p. 490）。尽管这可能是一种移情阻抗，但他认为：

> 最根本的是，它代表了一种原始的分裂，在这种分裂中，自体的某一整块被解离了。通过一种投射性认同的过程，分析师会感到被消耗殆尽或半死半活（half-alive），于是迷失了方向，与最具生命力或将会是最具生命力（如果病人确实在那里的话）的东西的基础失去联系。

（p.490）

这种观点接近我自己的想法，我会在后面讨论到。

格林伯格（1962）和帕切科（1980）强调，病人过度和激烈的投射性认同（跟婴儿期经历有关），是分析师强烈困倦的原因。里滕贝格（Rittenberg，1987），克尔曼（1987）和布伦纳（1994）为分析师的睡意提出了其他概念语境。里滕贝格将其归因于某些病人的"魔力"（charm），这让分析师就像被施了魔咒了一样。克尔曼将他的困倦退缩，归因于对病人母亲情绪影响的"共振认知（通过感应）"，这个母亲的状态是昏昏欲睡的、不可得的。布伦纳将其称为具有"解离特征"的病人——解离被描述为一种由自动催眠，增强压抑，或分裂导致的防御性意识变更状态——他还描述了一个案例，案例中的病人在分析中睡了好几个月，而她的分析师"发现他自己变得昏昏欲睡，并幻想着获得研究资金，来研究分析对嗜睡发作的影响"（1994，p. 826）。这让人想起了伊萨科夫尔（Isakower）的观念：被分析者和分析师"近乎相同"（near-identical）的心智退行状态构成了"分析工具"，能诱发分析师的睡眠（Balter et al., 1980）。不过，在我的临床示例中，病人并没有睡着，而是我睡着了。

对此，沃芬斯坦（1985）那篇引人入胜的论文描述了他一次睡着的体验，非常类似于我在克拉里的治疗中出现的睡眠，尤其是睡意侵袭之初所具有的突然性、侵入性和压倒性的本质："就仿佛我被注射了一针催眠剂。"不过他随后是与睡意搏斗——"发现（他自己）被困在两个对立的规则之间：我一定要睡！我一定要保持清醒！"（1985，p. 83），还有后面的，"置身于分析性互动所诱发的半睡眠状态中，我会发现自己身处各种各样的视觉图像、诗歌碎片、歌曲片段、神话和故事中"（p.88）——这些与我毫无挣扎地沉入感受和内容完全泯灭的大段睡眠截然不同。

此外，无论是沃芬斯坦，还是上述关于分析师反复出现的睡眠的那些文章都没有提到，在分析性互动中分析师的睡眠不是与分析师有关，就是与病人有关；他们可能是没提这点。这与我在克拉里的治疗中直接处理我的睡眠的方式非常不一样。

只有玛格丽特·利特尔（1985）把反复出现的睡眠带入分析性对话的范畴，提到她作为温尼科特病人的经历：温尼科特在她的分析中瞌睡，同时也抱持着她。

> 在漫长的好多个治疗小时中，他把我的双手紧握在他手中，几乎就像脐带一样，而我躺着，经常是躲在毛毯下面，默不作声，毫无生气，退缩，惊恐，愤怒或流泪，或睡着了，有时还会做梦。有时他会变得困倦，睡着而又猛然惊醒，我对此会感到愤怒、恐惧，感觉自己好像被打了一样……在这若干个治疗小时里，他一定苦于如此无聊和疲惫，有时他甚至感到双手疼痛。过后我们可以谈及于此。
>
> （p.21）

但是利特尔没有把他们后来的谈话写下来……

回顾了文献，容我进一步反思。我觉得文献对治疗中分析师的睡意的各种描述和解释，并没有让我对我自己在克拉里的治疗中令人困惑的睡眠形成令人满意的、决定性的理解（尽管如前所述，我发现了其中一些描述和解释特别有意义）。

于是我对自己多年来在临床工作中退缩、脱节、疲惫，甚至睡意等体验进行了更深入的思考。这为我提供了一个更广阔的视角，让我了解到我对这类反应以及对唤起这类反应的特定情境的个人敏感性，尤其是我对充满了死亡和耗尽的"终端客体"（terminal objects）（博拉斯的观点，1995，p. 76）情境的个人敏感性。但我仍然觉得，我没有真正理解我在克拉里的治疗中反复出现的睡眠，也没有真正理解其特异的、强烈的本质。因此，我试着把注意力更多地放在这一体验上，并通盘考虑所有因素，在我自己体内找到一种理解，理解在这段特殊的治疗过程中，是什么让我睡着了。在经历了如此极端的体验之后，我觉得这种理解的尝试既引人入胜，也是我追踪如此极端经历的专业任务的一部分。

我所得出的这一解释有待进一步探究和讨论，这就是本章的标题——"到底是谁的睡眠？"——被框定为一个问题的部分原因。然而，努力建构这一解释对我来说意义非凡，因为这种方式触及并表达出了我对精神分析性过程的各种深刻而基本的假设。

在进一步讨论时，我将沿着两条内在关联（interrelated）的轴线展开：克拉里世界中暗恐的"玄奥存在"，以及病人与分析师融合到一种"深层的内在相连"的状态。

1. 暗恐笼罩

"暗恐"（uncanny），"Das Unheimliche"（Freud，1919b），是"一类令人惊恐的东西，它会让人回溯到我们所熟知的古老而久远的事物"——一种生活经验（"Erlebnis"）。德语单词"unheimlich"包含单词"heimlich"，而"heimlich"是"unheimlich"的反义词。"heimlich"通常指"像家一样，属于房屋或家庭，熟悉的、亲密的、友好的、舒适的"（与heimisch同义）；但也可以指"隐藏的，不让人看见的，不让别人知道的"。"heimilich"的最后一个不同隐意接近"unheimlich"，意思是"应守口如瓶和隐藏的，但又'阴森、诡异，引起令人悚然的恐惧'"（Freud，1919b，pp. 222-225）。弗洛伊德认为，暗恐是已经被体验过而又被压抑的某事物之返回（return）。暗恐的体验仿佛是记住和遗忘之间的辩证统一。

有鉴于此，我回到克拉里，回到她世界中暗恐的压倒性的存在上来。克拉里梦中的恐怖总是始于她熟悉的环境：反复出现的、可怕的、压倒性的暴力之梦，就发生在家和卧室这些真实而熟悉的情境中；当她"起床如厕"时，就产生了遭到致命殴打的婴儿的梦/记忆-场景；紧随其后的完全黑暗和迷失方向的梦境，就发生在她熟悉的小区里。所有这些恐怖笼罩的情境都发生在黑幕降临到她熟悉的世界时——"heimlich"（熟悉）就变成"unheimlich"（恐怖）⊖，这个时候她真实的、熟悉的、家园环境的质感猛烈而又陡然坍塌陷入可怕的、无法思考的某种事物，没有意义也没有仁慈——无法被阻止或抵挡的某种事物：坍塌到安全、信心、保护和定位感都荡然无存；坍塌陷入濒死状态。

从熟悉的环境，到黑暗、空白而又没有内容的重复性恐怖的这种惊人转换，是不是表达了一种骇人的、极端创伤性的崩裂，即无法思考的焦虑以及无名恐惧？或者，这也是对隐藏在她熟悉环境里的那些创伤性的、恐

⊖ 我请教了一位德国本地人解释"unheimlich"这个词，她说："这个词的意思是一个在黑暗中的孩子，一种潜伏着的危险。"

怖的内容的一种防御性重组？⊖

如前所述，克拉里在后来的治疗中告诉我，从很小的时候，大概从三岁左右开始，她就把自己当成了一个男孩，一个活泼好动、强大有力的男孩，这让她感到既强壮又很困惑。这让我想起弗洛伊德在《暗恐》（"The uncanny"）一文中对"双重者"的描述，这种情况可以体现为这样的事实：

> 主体将自己等同于他人，如此一来，他对哪个才是他的自体产生了疑惑，或者他用无关的（extraneous）自体代替了他自己的自体……因为"双重者"原本是一种保险，用以避免自我的毁灭，是一种"对死亡力量的有力否认"。
>
> （Freud, 1919b, pp. 234-235）

克拉里的世界中，这种暗恐的巨大存在与布莱格（Bleger）的观念（如Gampel, 1996所述）不谋而合，布莱格认为"暗恐是……自我所蒙受的一种失序或重组状态"。布莱格谈过一种断裂，是"我"与"非我"（not-me）之间的分裂，而不仅仅是被压抑物的单纯返回（pp. 86-87）。

在这方面，"暗恐"相当于温尼科特所说的"崩溃的恐惧"（fear of breakdown, 1974），对导致病人组建起大规模防御组织的、这一无法思考的、最初极端痛苦的恐惧。正如温尼科特所言：

> 崩溃已经发生过了……病人需要"忆起"崩溃，但是要忆起尚未发生的事情是不可能的，过去的这件事情还没有发生，因为这事发生的时候，病人并不在那里接受它的发生。
>
> （p. 105）

同样，利希滕贝格（Lichtenberg）等人（1992）强调：

> 体验连续性的裂缝。……在遭受虐待，尤其是急性创伤性的

⊖ 格罗茨坦认为，"内在死亡孩童"普遍存在于被虐待和受创伤的病人身上，并被转化为"不死孩童"，幽灵般纠缠着病人，因为他们为了幸存而与一股内心的黑暗力量进行着浮士德式的交易（2000, p.229）。

虐待的情况下……会出现认知情感瘫痪，伴随的是信息处理的裂缝……这个人会很容易陷入解离性的自体状态（dissociative self-states）。

(pp. 167-168)

在描绘出了"暗恐"-"崩溃的恐惧"-"体验连续性的裂缝"-"解离性的自体状态"的轨迹之后，我将引用莫隆（Mollon，1997）对解离的宽泛描述来总结：

解离主要是一种防御性反应，即与压倒性的创伤（通常是外源性创伤）保持距离或脱离的防御性防御。观察自我和体验自我的脱离，可能会更进一步发展为多重解离和解离性的认同状态……包括使用想象或者伪装，以及连同自发性的自我催眠能力，以力图应对压倒性的心理或躯体痛苦，恐怖或严重的情感伤害，或极端孤立（isolation）。解离病人通常显示出他们的心智已被破坏。他们极度脆弱。他们的不信任是根深蒂固的。

(pp. 3-4)

我考虑到上述全部内容对克拉里的意义，尤其是在"观察自我和体验自我的脱离"以及她从外部进行的观察中，这种情况一次又一次地出现，出现在那个遭到致命殴打的婴儿的梦/记忆-场景中，出现在那个溺水小女孩梦境中，出现在她把自己当作男孩的观察中，出现在她从外部对自己的身体进行的观察和守护中，还有，出现在分析中她对熟睡的我的注视中。

2. 内在相连或"同在"

将我引向理解在克拉里治疗中我的睡眠的第二个轴线是——在这个过程中，病人和分析师融合为一种深层的内在相连或"同在"的治疗性的实体或存在，超越了他们各自主体性的局限和两者的简单总和，从而可以深化进入到病人内心最深处并与其中的精神现实"合一"。

正如我前面所写的，这种思考方式远远超越了分析师/治疗师对病人内部体验的仅仅是作为参与者的范畴。这涉及通过提供和创造这样的机会，经由体验性的深层的病人-分析师的内在相连，而改变病人的（同时分析师的）内在空间，以接触、体验、从体验中了解、涵容，以及影响那些未知的、被解离的、无法思考的存在和关联方面。

因此，瑟尔斯（1965）认为"病人和治疗师间的共生性的关联性（是）……对精神病性的病人或神经症性的病人来说都是治疗成功的一个必要阶段，尽管这种共生性关联对前一类病人尤为重要"（p.524）。他坚信："病人永远无法成为一个彻底完整的人，除非他有机会……去认同那个从他最大强度的这种攻击中幸存下来的治疗师，而这种攻击性在病人的童年时期是没有得到保护的。"(p.536）

瑟尔斯他自己在回顾他自身的分析时，逐渐理解到："（在他的分析中）所有那几年的渴求实际上代表我坚定地要去尝试，不遗余力想要让他（他的分析师）感受到我的感受——我内心压抑着的那些我自己一直害怕体验到的感受。"（1965，p. 20）

回到克拉里

基于这些观点，我想回到这个问题：是什么让我在克拉里的治疗中睡着了？但首先，这是"睡眠"吗？我想借鉴温尼科特写给斯科特的信中的一段话，斯科特向英国心理分析学会做的报告（1954年1月27日）中介绍了"退行到睡眠"（regression to sleep）。温尼科特纳闷，"睡眠"是不是形容这类睡眠的"恰当字眼"："在我看来，你所说的这类睡眠，本质上更像是人格解体或极端解离，或是某些非常接近于属于发作的无意识的东西。"(Rodman，1987，p. 56）

沿着同样的脉络，迪凯思和帕佩米克（Dickes and Papernik，1977）辩论，在治疗过程中，病人或分析师的睡眠样状态（sleeplike state），其实是似睡或类催眠状态，而非日常睡眠。这些状态往往是童年时期似睡状态的重复，作为一种防御或避难所出现，为的是应对由创伤性的过度刺激和虐待所导致的无法忍受的感受（Dickes，1965）。

我也把我在克拉里治疗期间发生的"睡眠"视为"极端解离"（Winnicott），"似睡状态"（Dickes and Papernik），或"伴随体验连续性裂缝的认知情感瘫痪"（Lichtenberg et al.）。我的自体体验出现了解离。

在克拉里的内部世界中，早年创伤性的、骇人的体验被大量解离，其内容被屏蔽了。她被困在持续的噩梦般的原始恐怖场景内，反复经历着一幕幕极度黑暗、孤独和绝望的"暗恐"离奇剧情，同时被一股压倒性的、无法逃脱的反生命的强大效力所笼罩。她被压得几乎窒息而亡，在情感上，在肉体上，一切存在本身都取决于一种突发奇想——一幅这样的光景：完全无助，被解离的、无法言说的虐待和渴望，而仅仅是肉体上的存活。还有克拉里找我做治疗的时候，带着因前治疗师的离开所带来的再度创伤。

随着治疗的进化，克拉里越来越多地将她内部世界的这些基本的、核心的元素投射－强加（projected-forced）到我的身上，这些元素是：自体体验的强制性极端解离，伴随体验连续性裂缝的认知情感瘫痪，缺席。现在，置身于内的存在体验，在我体内出现了一种解离性的、空白的过程——一种替代性的自体状态的解离（vicarious self-state dissociation），这样就让这种体验从她身上脱离开来并拉开了距离，而她是从外部观察这一切。但是，当我让这样的体验影响我，允许它"是"我，允许让它"成为"我，㊀没有对它进行理解，也没有恐惧，我从一次次解离和缺席的体验中汲取到了知识——我仍然待在那里，待在治疗中，幸存下来，试着去思考和涵容这一体验——它逐渐成为一种治疗性体验。这种解离，非常缓慢地变成了一种新的解离——一种衰减的、延缓的解离，因为这一解离发生在我体内——或者，更准确地说，这是发生在我和她的内在相连的治疗性实体内的解离——不再是她极端孤独的、无媒介的、捍卫生命的解离的自体体验，而是在我的体内以不一样的方式被抱持住的解离体验，是在一个有人味的过程里面被抱持住的解离体验。这一解离体验仍然非常巨大，

㊀ 我使用"是"（be）和"成为"（become）这两个词，是因为我也将这两个词与比昂晚期作品联系起来，他写道，首要的是精神分析师必须"being"并"becoming"病人内心最深处的未知和不可知的情感现实－O，这使得精神分析能够达到最深层形式，因为它根植于体验之中："他（分析师）必须是它（O）……只有分析师成为O，他才能够知道作为O的进化的事件。用精神分析性的体验来重申这一点，精神分析师可以知道病人说了什么、做了什么，以及看起来是什么样子，但无法知道病人所进化的那个O——他只能'是'它。"（Bion，1970，p. 27）

但是能够承受并可以容忍了。

这种外化与缓解的解离，与我同在并且穿过我，并且置身于一种内在相连的、扩展的、更涵容的治疗性空间里面，使得克拉里敢于接近、观察和体验她内部的自体–他者（self-other）体验的恐惧。她可以开始去思考、做梦和想象，可以开始去冒险探索她的大量暗恐的创伤性的内容，这些是迄今为止仍不可知、无法思考的、极度解离的，也无法接近的，威胁着她的是绝望、坍塌、疯狂和凋零。事实发现（fact-finding）变成了自体发现（self-finding）。以这种方式，我们穿越并超越了解离。

这里，比昂（1970）的话语浮现在我脑海中：

> 如果分析师能够采取一定步骤，能使他"看到"病人所看到的东西，那么，我们有理由相信病人同样"采取了某些步骤"，尽管步骤不一定相同，但是也能使他"看到"他所看到的东西。
>
> （p.40）

在我个人的联想和意象中，克拉里的石化解离在我体内的映像，就像希腊神话中蛇发女妖美杜莎（Gorgon Medusa）在珀耳修斯（Perseus）的镜盾中的映像，雅典娜（Athena）给了他镜盾，这使他能够接近美杜莎，而不用直视她石化的脸，最终战胜她，而所有直视美杜莎的人都变成了石头。

遵循弗洛伊德在文章《暗恐》中的思考，也可以说，我成了克拉里暗恐经验中的"双重者"——一个有人味的、鲜活的、真实的，且在场的"双重者"，"通过从一个人跃迁……到另一个人——通过我们所谓的心灵感应——的心理过程，让一个人拥有和他人相同的知识、感受和体验……存在着自体的翻倍、分裂和互换"（p.234）。博泰拉夫妇（Botella and Botella，2005）更充分地阐述了分析师"作为双重者的运作或工作"的观点，这超越了"已经知道"（already known）的反移情意义，从而可以进入病人无法表征的领域，否则这些领域将仍然是创伤性地未知和无法触及的（pp.82-83）。

或许，为了进入并植入克拉里那无法渗入、无法接近却又贫瘠的内在世界，我必须处于一种不受保护的、脆弱的、瘫痪的状态，以匹配她自身核心的脆弱品质。

最后，我将仍沿着深层的治疗性内在相连这条线，但从一个截然不同的角度来思考我的"睡眠"——我在克拉里治疗中的睡眠可以被看作在反移情中退行到"良好睡眠"（由博拉斯提出，1997，私下交流）。当我为克拉里实现了入睡的能力时，她也就能让自己安然入睡了（正如在梦中她不顾黑暗，在与我面对面的共处中入睡一样）。她的内心能够去握住那个惊恐的、迷路的小女孩的手，把她放在床上，正如她做的第一个好梦一样，开始实现"梦空间"（dream-space；Khan，1972）和内在空间，就是为了找回她被创伤性的童年所剥夺的记忆。这是与另一个人在一起并通过另一个人所创造出来的"良好睡眠"。这一点与费伦齐（1932）早些时候的话语不谋而合："一个熟睡的人是没有防御的——当一个人睡着时，他仰赖于房子和环境的安全，否则他便无法入睡。"（p.45）

因此，或许在所有这些解释的最后，并且超越了所有解释，我敢说，在这个治疗中，在当时我对此不知道的情况下，在没有理解和不知道的深处，产生了一种"信念行动"（act of faith；Bion，1970）和"信念领域"（area of faith；Eigen，1981）——出自我根本的、深刻的信心和信任，对精神分析过程的信心和信任，对深层的病人和分析师的内在相连的信心和信任，对抱持和被抱持（温尼科特的术语）的信心和信任，对涵容和沉思（比昂的术语）的信心和信任；还有作为一名分析师，我对自己根本的、深刻的信心和信任。而同样重要的是——克拉里对治疗的坚持不懈，发展出了她强化治疗的坚定决心，尽管她心生恐惧，在过渡到分析之前，她在梦中强烈地表达出了这种恐惧，因为她打开了通往未知的门。这就是一种"信念行动"，在进化的"我和克拉里""克拉里和我"的深层的内在相连中形成。

结语：夜色行动

我给这一章起了个副标题，"夜色行动"：因为夜之黑暗和未知之黑暗中的"行动"在这个治疗中非常重要；还因为精神分析师伯曼（Berman，

1998）的论文《阿瑟·佩恩的夜色行动：一部诠释我们的电影》（"Arthur Penn's Night Moves: a film that interprets us"），它触及了我对克拉里的治疗，尤其是从心理治疗向精神分析过渡期间的一些思考。

电影《夜色行动》（*Night Moves*，1975）描述了侦探哈里·莫斯比（Harry Mosby）试图破译青春期少女黛丽·G（Delly G）失踪和暴亡之谜的故事。起初他成功找到了女孩并把她带回了家，但是后来当他得知她惨遭杀害时，他便开始第二次探寻，以查明真相。伯曼将侦探的探寻隐喻为精神分析师的探索，并谈到了"对黛丽的两次分析"："第一次分析"看似成功，但随后证明并不够，并且是致命性的；需要进行"第二次分析"，以寻找更完整的内外真相。现在这位侦探－精神分析师，他必须努力解决之前回避掉的有关他自身的、他的个人身份和职业身份的问题。在这第二次危险的、更大胆的、更深入的探寻结束时，他找到了真相，但是他遭到枪击，身负重伤，影片最后并不清楚他是否幸存下来。

我仔细思考了克拉里的两段治疗以及接下来的精神分析：第一次治疗是和她前治疗师一起进行的——是一种直截了当且更平常的治疗；第二次是和我一起进行的——晦涩而幽暗不明，在黑暗中移动，进入暗恐状态，发生了解离，还有我奇怪地睡着了。如果克拉里没有被迫更换治疗师，她的治疗原本会发生什么变化呢？我们该走多远，我们敢走多远——去寻找更完整和更深的真相，进入暗恐的未知角落，进入移情－反移情的深层和退行的层面。还有所要付出的代价是什么？

我想到了克拉里对治疗的坚持不懈和她通过进入分析而强化治疗的坚定决心，尽管她心生恐惧，在过渡到分析之前，她在梦中强烈地表达出了这种恐惧，因为她打开了通往未知的门，在与母亲般的他者的接触中，打开了通往可怕事物的门——如此骇人以至于她把自己弄醒了，就是为了避免知道什么。然后，在更深的分析的界口，在被打开之门的门槛处，在迈入暗恐惊惶和就要知道的畏惧的交界处——如同面对着打开的潘多拉盒子——我提醒自己安心，在潘多拉的神话故事中，各种各样的不幸和邪恶从打开的盒子里蹦了出来，但在其深处——并且也是第一次——那里也蕴含着希望（Hope）。

在本章中，我仅限于讨论发生在克拉里的心理治疗过程中以及之后不久，也就是在分析的初期，对于我的"睡眠"我所体验到的、我逐渐知道的和不知道的东西。我选择不去使用后来分析中的资料，因为我想要传达我当时的这一体验的品质——其强大影响力、其体验性的变迁、其未知，以及其展现。还有，我想补充的是，我在分析期间没有再经历"睡眠"。看来这是治疗的一个阶段，我和克拉里一起活过了这个阶段——（俩人）一起。

The Emergence
—— of ——
Analytic Oneness

第 5 章

一束"嵌合的"黑暗
一例性犯罪病人的精神分析性治疗中的
在场、内在相连和转化

我力图把握、探索和拥抱分析师/治疗师的"临在"和内在相连或同在的真正本质，我将在本章重点讨论病人–分析师内在相连的"嵌合"（chimeric）元素或品质。我之所以选择"嵌合"一词，是因为它与神话、遗传学、生物学、生物医学（嵌合蛋白）和精神分析有着丰富的联系，这些有助于凸显病人–分析师深层的内在相连所涉及的复杂品质，尤其是在困难的、精神病性的、精神脱落的、严重解离的和倒错的状态下。

内在相连中的"嵌合"元素

术语"chimera"或"chimerism"源于希腊神话，"chimera"是一种长着狮头、羊身和龙尾或蛇尾的怪物。偶尔被刻画为三头怪兽——狮头、羊头和龙头，一个或多个头会喷火。

在生物学、遗传学和植物学等现代科学中，"chimera"或"chimerism"指的是具有两套不同 DNA 系统的基因相异的细胞群组成的一个有机体。在两个合子（受精卵）融合时，或是器官移植（特别是骨髓移植）时可能会出现这种情况。在现代医学中（例如在癌症治疗中）有效价的嵌蛋白药物是以嵌合抗体为基础的，这种抗体能与抗原结合以对抗病原体，但不会触发体内的免疫反应，免疫反应通常由常规抗原触发，靶向是常规抗体所感知到的"异质的"元素。这些特性非常贴合本章所描述的内在相连的品质。

在当代精神分析文献中，德姆乌赞（2006）创造了术语"心理嵌合体"（psychological chimera），意思是"浮现，几乎是诞生出……一种新的'骇人'实体……相当于一种非物质的存在……（它）从被分析者和分析师的无意识心智的交织或纠缠活动中产生"（p.19）。这是在分析师体内发生人格解体的过程中浮现的。德姆乌赞强调"精神分析过程的根本任务，是突破现实检验所强加的界限"，因此他"极其重视"这种"奇妙的""夜间活动的存在"的威力，这种威力是诱发"分析性情景所具有的最奇异的力量之一"（p.19）。

巴赫（Bach，2010）用"嵌合体"（chimeras）将免疫系统的功能与自恋系统的功能进行类比，两者都在任何分析过程中，不仅将他者或异己拒之门外，而且允许其最终的、平缓的、以及不具威胁性的同化和代谢。伊蒂尔（Ithier，2016）将德姆乌赞的"嵌合体"概念和奥格登的"主体间的分析性第三方"概念结合起来，提出嵌合体是一种特殊的主体间第三方，由病人和分析师创伤区之间未知的亲缘性（而不是差异性）产生。

我想用术语"嵌合"（chimerism）来凸显和描述分析师的"临在"以及与病人的心灵内在相连的复杂品质，尤其是在困难的和具威胁性的、严重解离的、倒错的或精神病性的状态下，用彭塔利斯（Pontalis，2003，p.11）的话来说："设法去接近根本上不同的东西，接近他者感知为异物但又无法逃脱的东西。"正是在这些令人生畏的、被驱逐的或令人窒息的状态中，病人-分析师内在相连所包含的嵌合体的全部程度、意义和潜能才得以实现。或许只有这种困难的、奇特的、骇人的、纠缠在一起的病人-分析师嵌合性实体，才能提供一种心灵共同运作的感觉，以促成新的体验、处理和转化。这是一种错综复杂的内在相连，其精髓、意义和兼容性应是如此：分析师的功能性在场，就像移植或嵌合的抗体一样，不会被心灵的防御系统识别为异物，因此也不会被其攻击和排斥，而能够生成一个内在相连的实体，形成一种新的、嵌合的可能性。

我这里要介绍 20 世纪 80 年代开始的一个长程案例最初几年的工作（Eshel，1987，2009b），因为这项工作的核心是在这种困难的治疗所带来的极度嵌合内完成的，而且必须在这种嵌合内完成。这份来自我早期治疗工作的详细临床报告，传达了分析师/治疗师以一种最极端的方式"临在"和与病人内在相连的重要意义。多年以来，这些想法在我内心不断发展和结晶，但是这些想法的起源却是在那里，起源于那个非常早期的、直觉性的和强大有效的治疗里面。这里的重点是病人–分析师内在相连所涉及的复杂嵌合元素的性质、程度和情感含义，尤其是在困难的、精神病性的、精神脱落的、极端解离的和倒错的状态下。

案例

> 你若同我去，我就去。你若不同我去，我就不去。
>
> （Judges，4:8）

我描述的这个病人和我的治疗进行了十多年，中间有过两次间隔，因此总共时长超过 15 年。接下来重点介绍第一个治疗期（四年期）的头两年，主要是第二年的治疗。

转诊治疗

鲁本被转到我工作的州立精神病院接受强制性的强化心理治疗。根据法院判决和狱政署署长的命令，他在那里住院，以便接受强化心理治疗，替代入狱。鲁本今年 30 岁，刚刚获得博士学位。他因性犯罪被判处 5 年监禁，涉及四名年龄在 12～13 岁之间的女孩，他的罪行时间跨度为 3 个月，始于他的第二任妻子离他而去。根据证据，在每起案件中，他都会以寻找地址为借口，邀请女孩上他的车，带到同一个地方并实施猥亵，之后他会把女孩带回家。就这样，在他开车把第 4 个女孩带回家时，警察已经等在那里，将他抓捕归案。

审判前，他被关押在精神病院大约 5 个月，接受观察，法院在此期间准备精神病学专家的意见。在此期间，医院工作人员认为他微笑、合作的举止只是表面现象。尽管面临巨大压力，对于他在这些女孩身上实施的行为，他毫无悔恨或内疚表现。他声称确实不记得自己做了什么，不记得这些女孩的脸，无法解释自己的行为，并且坚称自己没有预谋。但他也坚称他只是实施了猥亵行为，并没有实际强奸。与此形成反差的是，他一再表示对自己的未来感到担忧，唯恐住院和他的情绪状态会导致他的智力减退。

精神病学专家提交给法院的意见概要如下：

（1）被告有能力遵循法庭程序并参与辩护。

（2）在所指控的事件发生时，被告并无精神疾病，而是精神上遭受到困扰，因此能明辨是非。他的行动是在一种强烈的、无意识的冲动下进行的，鉴于他的精神状况（人格解体状况下的强迫状态），这种冲动很难抗拒。然而，在事件发生时，他并没有精神疾病。

（3）虽然他有能力服任何刑期，但在我们看来，在这个特定案件中，有充分的理由允许被告在精神病院服完整或部分刑期，以便进行强化心理治疗。

专家意见中包含的心理评估强调了鲁本僵化的防御系统，即大量使用理智化、合理化和解离来处理人际关系中被抛弃和被拒绝的感受，这套防御系统的坍塌导致了报复性的倒错破坏力。评估还强调，他需要接受强化心理治疗，以帮助他更好地理解他的情感世界和行为背后的动机。

在此期间，他尝试过两次心理治疗，但是都没有成功。第一次是找私人心理学家（由他家属请来的），几节治疗后，这位心理学家觉得病人情感"平淡"且"充满阻抗"，所以认为无法继续治疗。第二次是找医院病房的一位心理学家，该心理学家也认为不可能和他形成真正的治疗关系。在法庭宣判之后，根据法庭命令，病人被送回医院接受心理治疗，我被要求接手这个病例。大家都很担心，因为鲁本已经被判刑了，那么即便是他表面上愿意接受心理治疗的意愿也会消失殆尽。

背景

尽管鲁本显然是在恶劣的情绪环境中长大的，但当他在治疗开始的时候谈到自己的生活时，他总是说一切都"很好"，他"跟每个人都相处融洽"。

鲁本在两个孩子中排行老二，姐姐大他两岁，有个哥哥在他两个月大的时候就死了。鲁本的父母出生在德国，他们在第二次世界大战前离开了德国，移居某国，之后又搬到另一个国家（大约在鲁本3岁时）。他们的经济状况不错，但家庭关系非常糟糕（鲁本称自己对此一无所知，是母亲在他这次住院时透露了此事）。他的父亲经常出差，还与其他女人有染。在鲁本四岁、六岁，以及八岁的时候，鲁本的母亲多次回以色列探亲。鲁本四岁和八岁的时候，母亲是带他和姐姐一起去的（但是鲁本八岁那年，他们在以色列逗留了半年，尽管他从小生活在一个世俗环境，但是母亲还是把他安排住在一个具有宗教性质的集体农场）；鲁本六岁那年，他和姐姐留在父亲身边。他们结束最后一次长途旅行回来时，鲁本的父亲说感到身体不舒服，不久便查出患了癌症。父亲住进了医院，半年后去世。父亲去世那年42岁，母亲36岁，"美丽而强势"（鲁本的原话）。母亲卖掉了他们的房子和财产，发现欠了很多债，也就是这一年，母亲带着他们移民到了以色列。鲁本当时10岁，从此他不再住在家里。母亲和她的商人哥哥住在一起，两个人关系很好。母亲把鲁本和他姐姐送到一个贫困儿童收容所。两年后，母亲搬进了自己的公寓，把学业优秀的姐姐接回了家，因为母亲说姐姐太有天赋了，不能把她留在收容所里住。而鲁本却被留在了那里，成了一名最难管教的学生。那些年他只在假期才看望母亲，而母亲和她的哥哥也只是偶尔去看望他。

18岁时，鲁本参军了，在一支精锐伞兵部队服役。服完兵役后，他在建筑行业工作了一段时间，和母亲住在一起，接着参加了大学入学考试。之后他到另一个城市读大学，积极参加了六日战争，之后他娶了早年当兵时的临时女友。这段婚姻并不成功，一年半后妻子离开了他，后来他们离婚了。

离婚后，鲁本完成了他的学士和硕士学位。他遇到另一个城市一所大学的女生，他们迅速坠入爱河。尽管在一起的第二年他们的关系遇到了危机，但他们还是决定结婚。她转了一所大学，在鲁本就读的城市继续攻读博士学位；他们步入了婚姻，然后鲁本也开始攻读博士学位。婚后这对夫妇的关系变得极为紧张。妻子说鲁本性情暴躁,情感疏离,尽管他做家务,她却觉得他离她很远。他还干扰了她的学业。之后不到三个月,她突然宣布要离开,搬到学生宿舍去住,她收拾好行李,离开了家。鲁本寻求过婚姻咨询,但是没能如愿恢复关系,咨询师建议他们暂时分居。在此期间,鲁本变得非常焦躁不安,无法集中精力工作和学习,他经常去妻子的宿舍和工作单位,恳求她回到自己身边。就是在探望妻子回来的路上,"女孩们的事件"(incidents with the girls)开始了,直到他被抓到与第四个女孩在一起。在他被从监狱转到精神病院住院接受观察后,他的妻子提出了离婚。

上述信息主要由他的母亲、舅舅、姐姐和妻子提供。鲁本的叙说情感平淡、支离破碎。对 10 岁以前的童年,和父亲去世,全家移居以色列之前的时光,他几乎都没什么记忆。事实上,他更清晰的记忆,是从他们移民到以色列这个时候开始的,那时他被安置在青年机构(青年村㊀)。他反复说到,他在那里曾度过了一段淘气顽皮和开拖拉机的美好时光,但是从未提到被遗弃和被忽视的经历,也从未提到他姐姐被接回了家,而他却没有被接回家的事实。他强调他从没羡慕过姐姐,不过很钦佩她在学术上取得的成就,他也不羡慕他的表兄弟,即商人舅舅的孩子们(他们在家过着奢侈的生活)。总而言之,他从不羡慕。他强调了自己在部队中的成功。至于他在战争中看到的战斗,他说,虽然双方都有许多伤亡,但他都毫无感觉,哪怕是"他们在死尸旁边用早餐"。

他说第一段婚姻无关痛痒,认为没有必要再多深想。他认为第二段婚姻非常重要,但他无法解释他和妻子之间发生了什么,以至于他们关系破裂,还让妻子想要离开。他极力忽略婚后在他们之间产生的紧张关系,就好像这没什么不对劲,可以继续若无其事地生活下去。

如前所述,他对"女孩们的事件"几乎没有记忆,也无法理解在他身上发生了什么。

考虑到接受治疗的强制性环境、鲁本的人格组织水平以及提供信息的

㊀ 依靠政府资金来发展的非营利组织之一。——译者注

方式，接受动力性心理治疗以及对内心世界和人际关系进行反思性与情感性的关联，鲁本关于这两者的意愿和能力都似乎微乎其微。

治疗

鲁本每周接受四次（面对面）强化心理治疗，头两年的治疗经常出现语言交流中断的情况，鲁本在一般的说话困难和陷入完全沉默之间摆荡。在治疗的第一年，这种沉默会持续一整节或连续好几节治疗。在治疗的第二年，冗长的沉默持续了四个多月。

现在我将描述交流中的这些断裂，特别要描述的是第二年的冗长的沉默，以及两年治疗后的突破。

第一次的见面充满了焦虑。鲁本在椅子上如坐针毡般不停地挪动，几乎要掉下来，他盯着墙上的图片，问："就得脱衣服吗？"然后他含糊不清、支离破碎地谈了一下他与母亲和两任妻子的关系，也谈了一下"女孩们的事件"。从第二次治疗开始，他变得退缩，几乎不交流了。

治疗氛围拖沓沉重。他不会自发地说话，而当他开口说话了，也大都会以一种呆板、沉闷的方式回答我的问题。常常是他根本就不回话。他总是一遍又一遍地说："又是你那些烦人的问题。"紧接着又问："你生气了吗？"或者他会说没有听到我的问题，因为他的耳朵在嗡嗡作响。他说他在部队服役时，一支火箭筒就在他耳边发射，导致他耳朵部分失聪。不过很明显的是，当问题对他来说更难以回答的时候，他的听力困难就会加重。后来，他开始感到腹痛难忍，痛得捂着肚子，痛得身体缩成一团；他担心自己得了溃疡，直到看到医学检查结果显示阴性才放下心来。

两个月后，鲁本的说话方式逐渐开始有更多细节和情感了。接着是忽然陷入沉默。任何对他的开诚布公或情感关联都会立即导致巨大张力，他表现出来的就是对我大发雷霆，说我不久前说的话"惹恼了"他，说我"歪曲了事实"；另一种表现是他很难坚持到治疗结束；还有一种表现就是沉默。他会紧张地坐着，双手紧紧地抓住椅子扶手，脸部扭曲，半哭半喊地说："我不知道怎么了，我没法跟你说话。"当我说，也许是我们的谈话和连接造成了这种困难时，他苦笑了一下，然后一直沉默到这一次治疗结束。下一次治疗他说话了，但在之后的治疗小节中，他说话困难的状况持续并且愈加严重了。治疗中他欲言又止，默默地坐着，用手指紧张地摆弄嘴唇和鼻尖，或者用铅笔在桌上的纸上面使劲画方格，又在方格里划上像监狱里的栏杆一样纵横交错的线条。有时他会用通红的手先写下他的名字，然后用纵横交错的线条把它完全覆盖掉。或者，他会用各种东西把自己围起来，就像在自己周围筑起一堵墙——一包香烟、一个烟灰缸、一个火柴盒和一支铅笔——他用手捂住嘴，眼睛警惕地注视四周。在治疗前他总会呼呼大睡，而且治疗结束后马上又去睡觉；治疗期间，他总说他好累，才刚刚起床，无法集中注意力，在治疗间期也无法独自思考。询问他的想法或感受只会让他变得更沉默。我对这些反应的干预和建议，都会激发他极大的紧张和愤怒。尽管如此，在治疗谈话结束时他都会走得很慢，说道："来也难，去也难。"

　　就在这个时候，回忆起"女孩们的事件"这一议题重新浮出水面，而这个议题自治疗开始之后就没有提过了。鲁本开始询问有没有可能每周向医院请一个下午的假去学习，他被告知，要等到他能更好地回忆起并且理解跟那些女孩之间发生了什么，才会准假，这样做是为了提高他的自控力。在与我一起的一次治疗中，他重申他想不起来自己做过什么，并且用同样模糊的、不完整的（只记得驾车往返的地方）、不带情感的方式重复了他已经说过的话。他再次强调，肯定没有发生过强奸，一再说他什么也记不起来了，然后陷入了沉默。但就在治疗最后，当我告诉他这次治疗已经结束时，他突然说我应该陪他一起待到晚上，这样他就会记起来了——他说每次都是我想要结束就结束，总是在我想要他来的时候他就不得不来、回忆和说话，而不是在他想要来，也不是他能做得到的时候，他说我在支配他，然后他很生气地走了。

　　下一次他来的时候平复一些了，他说他理解并接受准假的条件是他要记起来并理解"女孩们的事件"，而既然他希望获准批假，也很想从这件事中解脱出来，只是因为自己无能为力，所以他要求注射一针硫喷妥钠麻醉剂来帮助他。他坚持要第二天早上就注射。我告诉他，重要的不仅仅是提供信息，而且还关系到他要靠他自己以及与另一个人在一起召回记忆的能力，关系到能否突破内心障碍去了解事实。因此，重要的是他要靠他自己去记起来，而不是在麻醉剂的诱导下进行被动、被迫地回忆。继而，第一次，他忽然告诉我，他 11 到 12 岁大的时候在青年机构做过一个梦。他被狼群追赶着，跑着跑着，他轻柔地掉进了他面前的一个深渊——深渊旁是美丽的、闪闪发光的星星。在接下来的一次治疗中，他感到如释重负了，因为他已经放弃了使用硫喷妥钠的想法。但是，他在"女孩们的事件"的回忆上依然毫无进展。他说，有些事情可能是心理学家想让人知道的，但这样人就会崩溃掉，会发疯的。

在治疗的第一年末，我休了四周的假。我回来后不久，治疗开始了长达四个多月的沉默。这沉默与鲁本和我的关系直接相关。当我休假回来时，他在医院门口激动地等着我。在治疗中，他谈到了强烈的"孤独和悲痛"的感觉，谈到他害怕依赖我，害怕需要我，谈到没有我他所感到的巨大空虚；他痛苦地回忆起青年机构里的一棵树，他总是独自坐在树下哭泣，然后又说他无法掌控他和我的关系。然后，他的紧张和愤怒加剧了；在治疗结束后，他一遍又一遍地问自己，为什么要告诉我这些非常私密的事情，却没有答案。有一次治疗还没到结束的时间，他就离开了。在接下来的一次治疗中他说，上次提前离开，是因为他几天前做了一个梦，他在上次治疗中想起了这个梦。在梦中：

> 他杀死了我的丈夫，来到我家，而我对这件事毫不知情，快乐地迎接他，我穿着裙子和衬衫，看起来比平常更温柔。这是一栋平房，屋内的家具古色古香，有一扇灰白色的木门，里面有很多人。

鲁本说这个梦很恐怖，因为在梦中，他为了要亲近我而杀死了人，还有因为他伤害了我，而我浑然不知。他说，他之所以上次没有讲述这个梦，是因为上次治疗时已接近傍晚了，而现在时间是午后。然后他焦急地说，一座水坝突然决堤了，他的幻想也开始变得疯狂起来。我说幻想与现实、想法与行动是有区别的。我说，如果所有在幻想中被杀的人都会死掉的话，那么世界上就会到处都是死人。他稍稍平静了一些。〔顺便我想补充一点,这与治疗中的其他干预措施很不同,现在我不太会提供这种诠释,因为这与他对危险迫在眉睫的强烈感受以及对其破坏性的恐惧,都过于经验远离(experience-far)了。]

在接下来的治疗中,他说他想起了与其中一个女孩有关的事件,这是早前他不记得的。他送她回家时,女孩问他:"我没出什么事,对吧?"他回答说:"没出什么事。"但他感觉极度不适,粗暴地打开车门让她下车,看都没看她一眼。

在下一次治疗中,他说他已经告诉我太多想法和幻想了,他已经达到了极限。然后,沉默笼罩治疗四个多月。

在这许多次的沉默中,鲁本非常紧张地坐着,把回形针掰开又折断,撕桌上的纸,折铅笔,弄断一把尺子——先将其金属头拆开,然后把它折弯并折成小块。接着,好几次的治疗中他就只是玩烧火柴。他划燃一根火柴,当它快燃尽时,他会抓住另一头,直到整根火柴都烧焦,然后把它扔进烟灰缸,再去划燃另一根。我试图与他交谈,了解他烦躁地摆弄物件和玩火的行为,做一些诠释或帮他说话,得到的是绝对的沉默,要不他就尖叫着说"别唠叨""别打扰我""你就装吧"。直到我说我觉得他想让我消失,原因是在他的世界里,我已经变得非常可怕时,他才说"你总算明白了",随即又陷入了沉默。他藏着身子坐着,腿搭在椅子上,用手捂住嘴,似乎想把话憋住,只有眼睛紧张地往外瞟,说好无聊。接着的下一次治疗中,他说很无聊的时候,他刻意拿出一张报纸来读,但是并没有拿眼睛一行行看。之后在我们约定要治疗的那天,他向医院请了一天假,在治疗开始前几分钟离开了医院。在这漫长的沉默中,每次治疗,他都会重复一句话——站在门口,临走前,他都会问或指出我们下次治疗的日期和时间:"你会……在……点钟来。"

在所有这么多次的治疗中,最突出的一点是,尽管他看似完全脱离,晃来晃去,但是他对我的一举一动都异常敏感,如果我在座位上动一动,或看向别处,他就会猛然大喊:"你已经受够了,我看出来了,你已经受够了我,受够了整个治疗。"

至于我自己的反应,我感到惊讶的是,对他连续一个小时又一个小时的沉默，我一直保持着坚定不移的耐心。有时我担心他的情绪状态；偶尔我会对他的脱离、执拗、挑衅性反应变得有点着急；但大部分时间我都静静地坐在那里，耐心而坚定地全神贯注于他，全神贯注于他内心正在发生的、巨大的、密集的东西。于沉默中等待。

在那次请假离院之后，鲁本回来了，脸色苍白，满脸红疹。他一开始就说他很累，情绪低落，心情不好，睡不着觉，都是因为今天要见我。他说他想和我保持距离，因为跟我关联太难了，尤其是跟他的那些感受和幻想进行关联，都太难了。而且他也想靠自己的力量做些尝试，这样他就不必告诉我所有事情。他说："我怕这会烧焦⊖。"他没有解释，但突然明显放松了些。然后他说"可你还没离开呢"，然后松软地窝进椅子，安静地睡到这次治疗结束。从那以后，他又开始说话了——并且是连续好几个小时，谈到青年机构，谈到他被遗弃和被排斥的感受，谈到晚上耳痛得厉害，谈到在那里受到的身体虐待以及他的攻击性。他说到他正在"摧毁他曾经拥有的唯一家园，那幅田园诗般的画面"的时候，他心生恐惧，但他仍然继续说话。在又一次请假离院之后，他感慨地讲述了他去看望富有的商人舅舅和家人的感受，他感觉他们非常不安，内心深处都隐藏着对舅舅的巨大攻击性，若是这种攻击性浮出了水面，他们就会对舅舅动用私刑。在接下来的治疗中，他再次谈到了在内心深处隐藏的、全面的攻击性，他认为这种攻击性是针对他舅舅的。他试图想明白这点，这时他忽然脸色煞白，抓住桌子，说整个世界都在旋转。他要求离开并返回病房，尽管我说他已经在这里感到不舒服了，不如我们一起等到头晕缓过去再说，他还是坚持要走。既然他拒绝留下来，我就主动提出陪他回病房。我们走在路上，他带着惊喜和兴奋拿眼偷偷瞄我。到了病房，我向他道别后就离开了。

在下一次治疗中，鲁本谈了些琐事，没有提起上次的治疗，但看上去有什么事令他心烦意乱得很。这次治疗快结束的时候，他说他想告诉我一件重要的事情——上次离院在家的时候，他一直想回忆起"女孩们的事件"，仿佛这个事件正在重新浮出水面；但不管怎么样，他还是想不起来。

⊖ 病人的幻想和现实无法区分导致的焦虑。——译者注

他想，如果沿着他和女孩们走过的路线开车过去，他大概可以记起来，但他不敢一个人这么做。他问我是否愿意和他一起走这条路线，我想了一会儿。然后，我建议我们可以再谈谈这件事，我们可以一起试试回忆一下那些细节，我们可以在距年底治疗还有两个半月的这段时间里这么做。如果我们确实想不起来了，我就会和他一起去这条路线上走走。对我来说，这是个艰难的承诺。

我认为这是一种信念行动。

两个月来，我们一直在谈论那些女孩——四个女孩，没有面容，没有外形。我们一步一步地详细回顾他如何离开住所，他穿的衣服，他走的路线，但每次我们都卡在了某个点，就是他在路上看到一个女孩，然后在一声尖厉的急刹车声中，他把车停在女孩身边，向女孩问路，接着就什么都不记得了，只记得把她带到一个荒凉的地方，之后又把她带回家。在治疗中似乎每次也都是在急刹车的那个点停住了。

渐渐地，他可以回忆出其中一个女孩的脸，另一个女孩的穿着。在这两个月里，许多事情"发生在他身上"。他弄丢了装有身份证和驾驶证的钱包。他来治疗时，额头上有一处很大的刮痕。他还与医院的一名护士（两年后她成了他的妻子）建立了深厚的感情。

在治疗的这一年（第二年）临近年末时，我开始思考，他无法通过现有的这种方式回忆起来，那么有必要接受他的提议，开车陪他去那条路线走一趟。在一次治疗即将结束时，他询问治疗将在什么时候结束。我刚要回答，他便打断了我，问我会不会突然决定结束治疗而离开。我回答说我不会这样。然后，下一次治疗一见面，他就立刻说他已经完全记起了"女孩们的事件"，问我想不想听。接着他滔滔不绝地讲了一个半小时，谈完一个女孩接着谈下一个女孩，他说过的话，做过的事，把所有的事一股脑全都"倒"给了我；他讲完这些，看上去完全累瘫了，而我觉得自己仿佛被一辆压路机碾过一样。我只说了这很不容易，今天我们已经迈出了重要的一大步。第二天，他说昨天他担心我会把他当成怪物，会叫他离开，永远都不要再回来，但当我说到他告诉我的事情的重要性时，他感到我在向他伸出一只援手。

尽管在之后的治疗中仍会出现谈话困难和较短时间的沉默，但这已经成为鲁本的一次重大、真正的突破，他突破了他在自己周围竖立的沉默之墙。这是鲁本第一次敢于敞开心扉，揭露他隐藏起来的秘密世界中残酷、黑暗的东西，把自己暴露在被拒绝、被伤害、被抛弃和被他人掌控的最可怕的恐惧中。我指的是他突破了沉默，而并不是想起了那些遗忘的事，因为也许有人会说，其实他记得的比他声称记得的要多，而且只有在那时他才讲述出来。但是，即便如此，我还是觉得这是宝贵的、深刻的和关键性的一步。因为鲁本终其一生都一直用脱节（disconnectedness）、隔绝，以及解离性的自闭作为主要的防御方式，以应对和幸存于这种毁灭性的情绪状况。从他很小的时候开始，由于母亲的自恋和拒斥态度，由于他缺乏父亲保护性的在场（即使他父亲还活着的时候就是如此，更不用说死之后了），他在情感和身体上都受到了孤独、忽视和遗弃的折磨。

他的感受和需求一直都被完全忽视了。因此，"随着（被严重'辜负'的）创伤的发生"，他的人格必须"围绕着重组防御而建立起来，这些防御一定需要保留诸如人格分裂的原始特征"（Winnicott, 1969b, p. 260）。多年来，在和蔼可亲、笑容可掬的外表背后，他构建出一个封闭的情感世界，一个多疑、好斗、隐匿和脱节的世界。因此，信任另一个人就意味着背叛了他基本的自体 – 保护和防御策略，而这些对维持他的神志正常 / 理智（sanity）和存活一直都是至关重要的。信任另一个人意味着瓦解他对情感连接的持续戒备状态，并且随之会产生对依赖、渴求、失去权力和失控、被拒绝、被抛弃、崩溃的恐慌体验——这意味着唤起渴望的同时也唤起了恐惧。此外，他回忆出并告诉我那些"女孩们的事件"，也是一种最具体的忏悔和认罪方式。

鲁本有三次选择继续接受治疗的情况，更进一步展现出了新产生的信任和内在变化的程度。第一次选择继续接受治疗是在医院接受了三年的强制治疗后，他获得了特赦，可以由自己决定出院和治疗。持续进行治疗清晰地表达了他对治疗的渴望，因为这意味着他出院后需要用自己的积蓄来支付治疗费用，而当时他的经济状况和就业机会都极其不确定。他斟酌再三后，以他独特的方式说，因为他跟女人的关系总是会在三年后破裂，所以他跟我治疗的时间必须在三年以上。他又继续治疗了一年，也就是在四年后，在他结婚前夕我们结束了治疗。他说现在他必须全身心投入婚姻，所以我接受并尊重了他的决定。

第二次是在两年半后，他因为考虑要孩子而重返治疗，这一次治疗持续了三年半。第三次是在又过了两年半之后（也是第二个孩子出生后），他再次回到治疗，原因是他感到痛苦、焦躁不安，同时隐隐约约感觉到自身以及与妻子关系的问题，这一次治疗又持续了三年。

鲁本在痛苦的时候回来继续接受治疗，没有对他一贯的、冲动的、孤独的、破坏性的行为模式听之任之，我认为这是一种巨大的变化，是一种对信任治疗关系的冒险。这在几年前是无法想象的，这是在我们最初那些年月经历的艰难岁月中形成的，那些岁月我们在一起，活出了漫长的黑暗沉默和激烈的内心挣扎的深度。治疗成功地为他提供了一个替代选择，替代了他拒斥性的、分崩离析的自体和他者（self-and-other）的世界，替代了有关沟通、希望和持续情感接触的崩溃。

讨论

关于内在相连的"嵌合"品质

现在，我想根据我对分析师的"临在"以及分析师与难以抵达的病人在精神上"同在"或"内在相连"的重要意义的思考，来考量鲁本的艰难治疗。我尤其想思考这类艰难的治疗所蕴含的嵌合元素的不可思议的威力——同时我也想思考嵌合元素的复杂情感意义。

1."临在"和与分裂出去的、黑暗未知的部分内在相连

鲁本的治疗以一种挑衅的、极端的方式说明了分析师的"临在"和内在相连的过程。一方面，鲁本处于分裂的、刀枪不入（impenetrable）的精神病性的状态，对他的理智和存在构成了一种不祥的威胁。这在他对"女孩们的事件"失忆和脱节中找到了大量的、强烈的表达，"女孩们的事件"是他内心深处的一个封闭的、疯狂的、极具破坏性的和倒错的领域。另一方面，我始终不渝地保持内在相连的在场，同在其中，逐渐变成了固若金

汤的强大临界力（critical force）。在我答应和鲁本一起重构"女孩们的事件"后，他打开了他的隐秘的黑暗世界。这是他对自己的请求做出的赤诚承诺，我做到了，最终并没有发展到非得去执行这个承诺。这是在一次又一次的治疗过程中，在好多个小时的完全沉默和攻击性的脱离中，他一次次测试和验证了我在场的可靠性之后发生的。唯有置身于我持续不断的、不断累积的"临在"中，他无法表达出来的无声呼喊、对求助的需要，以及对被抛弃的绝望恐惧，才能够被吸收，并且最终形成新的和强大的体验——一种临界质量（critical mass），从而可以战胜一个人的内心对依赖、情感连接和渴求的恐怖，因为这个人自幼年期起的情感环境就一直充斥着对他感受的持续无视、大规模的拒绝，以及抛弃。

多年后，我读到温尼科特的提议，他说需要在反社会倾向和精神分裂样病人的治疗中抱持住病人，我发现这基本接近鲁本治疗中我存在和感受的方式：

"在精神分裂样（schizoid）病人的治疗中，对呈现的材料，分析师需要全面了解对其可能会作出的诠释，但他又必须能够避免去做这种不恰当的工作，因为主要的需要是一种不那么聪明的自我的支持，或者需要的是一种抱持。这种抱持，就像母亲在照顾婴儿的活动，默然承认了病人瓦解（disintegrate）、不复存在、永远坠落的倾向。

（1963a, p. 241）

在鲁本的案例中，这不是一种倾向，这就是一个真实的、骇人的事实。

但多年来，我逐渐意识到，在这个过程中，我们之间发生了更进一步的深刻的内在相连。我让我自己成为他情感现实和心理过程的部分——成为那个丢失的功能部分。我现在要考量的正是这个更隐蔽的、更复杂的、更困难的、更令人不安的方面——实际上也是最嵌合的方面：我与鲁本分裂出去的精神病性的这些部分发生了内在相连。因为在鲁本的治疗过程中，特别是在他为能回忆起并有能力讲述"女孩们的事件"而进行的战斗中，我与他在一起，与他的挣扎完全内在相连，与他深深的内在解离的过程完全内在相连，这样可以形成"他在我内心"（him-in me）之中的内在状态，形成突破。这种内在相连得到了特别强有力的表达，因为在我回应鲁本要求我和他开车一起去重构那些"女孩们的事件"时，我告诉他："距离今年年底的治疗还有两个半月的时间里，我们可以再讨论一下，一起努力回想那些细节。如果我们确实想不起来了，我就会和你一起去这条路上走走。"（我重新查阅了我以前的笔记，确认了我当时作为一名年轻的治疗师，在开始构思和阐述这种思维方式之前，我的确说过这些自发的"我与他在一起"之类的话。）

这不单纯是"分析师将道德评判排除在治疗关系之外"（Winnicott，1954a，p.285）。我既没有想到，也压根没有提到他所伤害的女孩们身上的恐怖和惨痛经历，她们受了多大的伤害，她们忍受了什么。这是一个盲点，一个共有的盲点[⊖]。的确，这是一种"陷入"与他"同在的坍塌"（Eigen，2006，p.38）。

如果没有我的这种深刻的内在相连，在鲁本的治疗中有可能发生这一过程吗？我认为不可能。因为我们不可能独自冒险，进入这个可怕的、黑暗的、分裂出去的和被噤声的坍塌而陷入疯狂的世界。只有与分析师心灵的这种结合，才提供给它一个存在的地方，一个让一个人的自体分崩离析的地方，一个可以去体验（experience）[⊖]这一可怕崩溃的地方，一个可以被抱持和被拯救的地方，一个超越了善与恶的地方，一个嵌合可以发生的地方。

"邪恶的东西这就袭来"——布朗伯格（Bromberg，2006）引用莎士比亚的《麦克白》（Macbeth）中一个女巫的话描述解离。这种"邪恶的东西"必须在分析师的嵌合性内在相连的心灵之拥抱内，在治疗中被遇见、被体验到，并且被加工处理。

利昂·格林伯格（Leon Grinberg，1991，1997）用比昂学说的术语描

⊖ 但与此同时，我们也会想到，在视觉产生的过程中，总有一个与生俱来的盲点。它是人眼中所有从视网膜上发出的神经纤维汇聚成视神经的区域，视神经将眼睛所探测到的信息传送到大脑进行处理和解读。与视网膜的其他区域不同的是，在这个视神经形成并连接眼睛和大脑的这个部位，没有感光细胞；因此，这里接受不到外部刺激。

⊖ "experience"的所有含义：源自拉丁语的 experiri（尝试、测试、证明和经受风险），源自拉丁语的 peritus，与单词 peril 同源，意思是"风险""危害""危险"。

述了"在分析师中转化"(transformation in the analyst)，这种转化使他能与病人无法忍受的情感达到某种"'融合'（convergence）的状态"。我觉得，他坚定表达出的意思很接近嵌合体：

> 分析师乐意接受的态度体现在，他（分析师）愿意被分析者精神病性的焦虑的投射所侵袭，以及他有能力涵容这些投射，从而才能够去感受、思考和共享这些投射所包含的情感，仿佛这些就是他自己的一部分，无论它们的本质是什么。
>
> （1991，p. 21）

对我来说，分析师的"嵌合的"形成和存在⊖这一概念，使我对这种治疗体验作为一种深刻而根本的转化模式的深远意义有了新的理解。

> 无论你发现与病人在一起的自己身在何处，你都必须行进。我们希望事情原本可以不这样，原本可以更容易一些，但是当光穿过伤痛的废墟照耀大地时，我们别无选择。
>
> （Eigen，2005，p. 41）

我认为这正是"临在"和内在相连的嵌合模型的精髓。或许只有嵌合足够的过程才能有机缘。

2."临在"以及与梦魇内在相连：进入隐藏的爱

在此，我采用奥格登（2004）对人类精神病理的分类，即两类（隐喻性的）成梦（dreaming）⊖障碍：①"无梦夜惊"(undreamt night terrors);

⊖ 同样，这里我用词语"being"（存）和"becoming"（成为）来指代比昂晚期概念："合一"、分析师"being"和"becoming"病人未知和不可知的情感现实 O，这些概念超越了分析师的投射内射性认同（projective-introjective identification）。格罗茨坦在他的一篇有关婴儿期创伤和长期阻抗的富有洞察力的文章（2010，p. 25）中，已经阐述过分析师的"becoming"和"分析师遐思中的移情↔反移情的不可分割性"的临床重要性。

⊖ 成梦：dreaming, 亦译为"做梦""梦出""梦思"，奥格登在论文《直觉正在发生的事情的真相——论比昂的"记忆和欲望的笔记"》("Intuiting the Truth of What's Happening: On Bion's 'Notes on Memory and Desire'"）中阐述了他对"dreaming"的理解，他说"dreaming"是一个及物动词，在做梦的过程中，我们不是梦到了某样东西（dreaming about something），我们是在将某样东西"成梦"（dreaming something）。"成梦"类似于形成了某种思考或体验。——译者注

② "梦魇"（nightmares）（奥格登的术语"成梦"借鉴了比昂做梦/思考的概念，意思是能够梦到/思考一个人的情感体验）[一]。使用这种分类，那么我在前面提到的在鲁本的治疗中的那个分裂出去的、精神病性的部分或大量解离的状态，可以归类为"无梦夜惊"（即病人无法做梦/思考）。现在，我来谈谈"梦魇"——当精神上的痛苦，压倒性的恐惧，或对正被梦到的情绪体验感到焦虑而不允许一个人独自继续做梦，也不允许他独自处理这些体验时，梦和情感体验就会被打断（在奥格登的分类中，这种情况归类为成梦障碍的第二类——属于神经症性或其他非精神病性的现象）。

奥格登强调，分析师必需参与到将无梦夜惊和被打断的情感经验"成梦"的过程中，因为病人是无法独自将这些形成梦的。我扩展了分析师参与的这个观点，即把分析师的参与扩展到其参与形成了内在相连的这个点的位置——与被打断的成梦进程之毛骨悚然的、痛苦的、焦虑不安的过程内在相连，与无法将夜惊（包括精神病性的现象或精神脱落）做成梦的无能内在相连，也就是说，与那些从心灵退缩和排斥的体验内在相连，因为这些体验即便不是无法承受，也是难以承受的。

现在我转向鲁本被打断的"成梦"过程（这个被屏蔽和沉寂了很长一段时间），以及我的"临在"和多年以来与之的内在相连，甚至是在我对其意义有更全面的理解之前就是如此了。这个成梦过程看上去尤其重要，因为梦出现在治疗过程中特别有张力的时刻。鲁本告诉我的第一个梦，属于"梦魇"类，就发生在他坚持要通过注射硫喷妥钠来让他回忆起他曾经骚扰过的女孩们的遭遇之后，我说用硫喷妥钠强制性地诱导出信息并不重要，重要的是我们正在与要去知道的内心阻碍做斗争。就在这时，他忽然告诉我一个梦，或者更确切地说，是他记起了11～12岁的时候在青年机构做的一个梦：

他被狼群追赶着，跑着跑着，他轻柔地掉进了他面前的一个深渊——深渊旁是美丽的、闪闪发光的星星。

[一] 奥格登的"成梦"这个概念，借鉴了比昂的观点，即做梦/思考以及一个人能够梦到自己（无论是在睡眠中还是在无意识的清醒生活中）的情感体验，对于情感存在和情感成长与变化的可能性至关重要。

这是他第一次允许他自己，允许我，与他内在的情感现实深深地联系到一起。这个梦，以一种强大而奇特的方式，捕捉到了灾难、永恒的坠落和美丽之间的可怕链接。

鲁本的第二个梦意义非凡，在梦中：

> 他杀死了我的丈夫，来到我家，而我对这件事毫不知情，快乐地迎接他，我穿着裙子和衬衫，看起来比平常更温柔。这是一栋平房，屋内的家具古色古香，有一扇灰白色的木门，里面有很多人。

这里，我致力于追寻我的"临在"以及与鲁本被打断的梦内在相连，将涵盖鲁本治疗终止后的年月。只因为心灵的工作和治疗关系一旦启动就不会停息，即使正式的治疗宣告结束（Eshel, 1998b, 2009b）。

如前所述，我跟鲁本的治疗持续时间超过10年半，中间有过两次间隔，加在一起，时间跨度超过15年。在治疗结束后已经流逝过去的21年里，我没有见过鲁本，但从那以后，每年犹太新年前夕，他都会给我打电话，告诉我关于他本人、家庭生活及工作的详情（总的来说稳定而良好），而且在电话结束之前，他总是问我同样的问题："你还是那么美吗？"他第一次问我的时候，我感到很惊讶，还有点尴尬，主要是因为在整个治疗过程中，他都小心翼翼地避免对我表达任何温暖的感觉；这些年来，他主要是通过别人对我的高度敬佩和对他的治疗的高度评价来表达对我的深切敬意的。我首先想到的是，隔着距离，他敢于告诉我一些事情，而这些事情是他在治疗的亲密中不允许自己说出来的，于是我探寻给他一个恰当回应的方式。我想，也许他说的是实情，我的确拥有他所需要的那种美，因为我们一起走过了漫漫长路，而且我敢说我挽救了他，我也敢说我的治疗让他找到了希望，使他可以拥有与自己、与妻子和孩子相处的能力。这是一种恒久远、超越时空的美，是一种应该被接受的情感表达。

从那以后，每一年当他问我这个问题时，我就回答说："我想我的确还是那么美。"他笑了，我也笑了，笑得很开心，末了我们以"新年快乐"和"再见"道别。（但上次他打电话给我的时候，他正生着病，结束的时候他没有说"再见",而是心酸地说:"你知道,我会一直给你打电话的,直到我死了,直到死亡把我们分开。")

他一再问我相同的问题,而我一直重复着那个回答,这些年我对此有了更进一步的思考,也遇到了一些相关的观点。伯格斯坦(Bergstein,2008)的一篇文章中曾写到"分析师承受病人之爱的能力具有显著疗效",采用了我的这段描述举例。

在《妈妈,你真美:在精神分析性治疗中有重新养育的概念吗?》("Mommy, You're Beautiful: Is There a Place for the Concept of Reparenting in Psychoanalytic Treatment?")(Slavin & Pollock,1996)和《性的纯真》("The Innocence of Sexuality Slavin")(2002)这两篇文章中,斯莱文(Slavin)描述了一个四岁的小男孩,在妈妈给他讲睡前故事时,他突然对妈妈说"妈妈,你真美",妈妈听到很高兴。斯莱文认为,这种"纯真的"爱和性的关联是发展过程中的一个重要成果,在治疗中也代表了分析工作的一项重要而关键的成就,因为前来接受治疗的病人的性并不是纯真的,在早期的亲子互动中,性已经变得错综复杂或迷失了方向,因而必须找回纯真的性。他认为,分析师参与到这一过程中,利用自己"纯真"的性反应能力,可能是实现这一成果的关键。这一观点具有重要的治疗意义。斯莱文引用了戴维斯和弗劳利(Davies & Frawley,1994)的观点,他们指出:"当这种俄狄浦斯体验开始在治疗中浮现时,对于这种和善的调情,(分析师)必须用一种纯真和嬉笑的心态欣然呼应。"(p. 233)

但也只是到最近,当我翻阅治疗材料时,或许是一直琢磨着奥格登和艾根对被打断的梦的描述,我才能够敏锐地意识到这里发生的被打断的成梦过程(the interrupted dreaming)。鲁本在治疗第二年开始时,持续了很长时间的沉默,始于他在我结束一个月(对我心怀巨大恐惧的一个月)的假期回来之后,他做了一个梦,让他激动而又惊恐。梦中他来到我家,我快乐地迎接他,我看起来很温柔而妩媚,而且他一直知道,为了接近我,他杀死了我的丈夫。这个梦——其内容、语言、幻想——缠绵悱恻,回荡着,纠缠着,把"美丽"母亲和我联系在一起,把梦中那个丈夫的死亡和在他具有逗弄性的、令人不安的童年时期父亲的死亡联系在一起,而他在青年机构遭遇到的深不可测的、最具破坏性的、彻底的抛弃发生之前,父亲就已经不在世了。

憧憬、热望和恐惧——在那时太强烈和太可怕了,以至于我们无法与之相遇,无法跟它们待在一起,无法让威胁的感觉减少,而且无法进一步在治疗中将它们成梦。因此,在治疗的那个点,这些强烈情感被重新点燃和被梦到,旋即又归于沉默和被封印起来,持续好多年,直到治疗结束。但这倏忽间,在当下脆弱的、响应依赖的时刻,再次敞开心扉,诉说衷肠——也正如我此刻的叙述——既可以被视为挑衅、操控和因任性而被拒绝,也可以是被允许如是。然后这些可以继续被做成梦。

弗洛伊德(1915a)对于"移情之爱"有令人难以忘怀的表达,他反对在病人承认情欲性移情的那一刻,(用抑制、摈弃或升华的方式)将其送回,不予以响应:"这就好比你用巧妙的咒语将一个精灵从冥界召唤上来后,问都不问一句就又把它再送下去一般。一个人原本是可以把压抑的东西带进意识的,但如此一来,只能是在惊恐中再一次将它压抑了……病人感受到的只会是耻辱。"(p. 164)

在这里我要补充埃廷格(Ettinger,2006a)对"作为魔力(fascinance)的凝视"和"作为魔咒(fascinum)的凝视"两个引人入胜且相关联的概念做的对照。埃廷格借鉴了拉康(Lacan)"作为魔咒的凝视"的概念,这是影像/场景中的一种无意识的魅感(fascinator)元素,它阻止并冻结了所有运动和生命:是一种反生命、反运动的魔咒。与此同时,她还发展了自己的概念,为凝视提供了另一种可能性——一种迷人的、令人着迷的凝视,作为处于原始母性空间("母体空间")中的魔力的凝视。当抛弃、阉割、断奶或分裂突然介入时,原始魔力就会转变为魔咒,从而产生一种强大而持久的无意识渴望,想要回到过去,用这种行动和生命的转化潜力,把所造成的灾难重新变成魔力。因此,这种内在渴望激发了无数尝试来重建一个相似场景/影像,以打破这种魔咒。我将鲁本一再的询问以及我重复的相同响应,视为内在相连的当下时刻,在这里,可怕的令人恐惧的"魔咒"可以再次变成"魔力"。

我很欣慰我能在那里与鲁本相遇,以一种纯粹而欣然接受的方式,用"临在"、尊重和内在相连，在那里与他相遇。"当我们（遭遇到）的事情让我们措手不及的时候，当我们与之相遇的时候，如果尽可能保持开放，它就会给我们带来希望"（Lamott，1994，p. 101）——带来反思性探索和发现的希望，带来魔力的希望，带来一种新的可能性和生命诞生的希望。

塔斯汀的"符号龙""暗黑破坏龙""代谢龙"⊖

在本章结束之前，我还想在这个背景下，谈谈塔斯汀在她最后一本书（1990）中提出的"符号龙"（symbolon）、"暗黑破坏龙"（diabolon）和"代谢龙"（metabolon）的构想。塔斯汀对这一表述鲜有临床详述，后来也很少有人提及塔斯汀的观点。但我感到她的构想为我提供了一种妙趣横生的方式，让我能够把握和深耕我与鲁本在一起（特别是多年来我们每年一次的联系）的治疗性体验之"临在"和内在相连方面的意义（Eshel，2013b，以及 Eaton 在 2013 年授予该文弗朗西斯·塔斯汀纪念奖时对本文的讨论）。

塔斯汀首次提出"符号龙""暗黑破坏龙""代谢龙"的构想，对此意大利精神分析学家迪切格利（Di Cegli，1987）用一个引人入胜的希腊比喻描述：

> 希腊语中"符号龙"意为相认符。这个符被双方分成两块。双方各持一半。久别重逢，一方会展示所持半块，如果它与另一方所持另一半块匹配上，就会表明双方有链接……因此，"符号龙"是一种有形物体，当双方不在一起时，会提醒双方他们的关系的存在，并且当两部分刚好吻合时，会提醒他们是少了彼此。简而言之，"符号龙"是在场体验和缺席记忆的结合。
>
> （Di Cegli，1987，引自 Tustin，1990，pp. 54-55）

⊖ 这部分是基于我的论文（2013b）《重访塔斯汀的"暗黑破坏龙"和"代谢龙"：进一步临床探索》（"Tustin's 'diabolon' and 'metabolon' revisited: Further clinical explorations"）。该论文获加利福尼亚州洛杉矶弗朗西斯·塔斯汀国际纪念奖。

但是早期创伤性的分离和挫折的情境，不是"符号龙"而是"暗黑破坏龙"经验。此时符号龙没有成为母婴共有体验；体验到的不是一段分离之后重聚的狂喜，也不是创造性"咔嗒"一下对上了的满足感，而是经历了一种"暗黑破坏龙"毁灭性的"碎裂"。希腊语"diabollo"意思是"抛过去"。这就是"暗黑破坏"（diabolic）性质的情境，从中孩子所感受到的他的极端状态的投射物（比如狂喜和任性），没有被一个反思性和关怀的存在抓住或者抱持住，而是被"抛入"一种"虚无"当中。在这种创伤性的情境下，没有人帮助孩子承受住爆炸性的感受，因此也就不会有"代谢龙"的体验发生。"代谢龙"情境关注的是体验和修通愤怒、断裂和惊恐的极端状态以及激情狂热状态，对这些状况进行的是调制（modulating）而不是阻止（inhibiting）。以这种方式，"心灵的涵容变成了存在的事实"（Tustin，1990，p.58），从而心灵得以发展。

使用塔斯汀强有力的措辞，我们可以说，"代谢龙"的存在是在与鲁本的治疗中缓慢被创造和被发现的。他那过度的"暗黑破坏龙"以及分裂出去的、刀枪不入的自闭性的密封状态，与我持续而累积的在场和内在相连相遇，这样就逐渐形成了一种临界"代谢"（metabolic）力。我正变成他的"暗黑破坏的"情感现实和心理过程的部分——从而能够生成那个丢失的代谢部分和体验。在这个新的、活生生的情感现实里面，鲁本的情感世界中发生着艰难的、渐进的、深刻的转变，从而实现了体验和变化的某种品质，而那里之前原本是这一可能性不存在或不可能存在的地方。用塔斯汀的话说："代谢龙变成了存在的一个事实。"（1990，p.58）

现在我谈谈塔斯汀所描述的"符号龙"，尤其是我要谈谈鲁本和我之间这么多年以来每年一次的联系。这里"符号龙"的概念可能非常重要。符号龙被震撼人心地描绘成一个物体，一个被断裂为二的物体，表明一种链接，理由是双方各自持有被断裂物体的一半。所以，与其说符号龙是对缺席客体的提醒，不如说它是在缺席背景下对关系的潜在实现。通过这样既感受到连接，又感受到缺席，我们可以更好地理解双方再次见面团聚时欣喜若狂的感觉。用重新对合被断裂的两半的方式，感觉完整的强度经由关系而变得真实有形。

我体会鲁本反复问的问题:"你还是那么美吗?"就像递给我的断裂的那半块符号龙——这是真实的、脆弱的一刻,充满了热望、渴望和恐惧,冒险大胆向另一个人赤诚以心的一刻;这一刻,他必须克服他多年来灾难性的、大量拒斥的"暗黑破坏龙"经验,而且,在治疗情境中,他也必须克服之前就已经出现的、无法跟这些强烈和可怕情绪待在一起、无法与之相遇,并且无法更进一步去将这些情感成梦的经验。我会把他的问话看作挑衅,操控,或者任性的表现,而拒绝他吗?或者,我会把另一半给他而允许两半的符号龙对上,允许久别重逢兴奋的咔嗒声,允许这个共有体验吗(Tustin,1990,p.55)?允许咔嗒一声地对上且继续存在,"调制而不是阻止"吗(Tustin,1990,p.58)?

所以我响应道:"我想我的确还是那么美。"

在这里,我已经努力描述了一些如此错综复杂的嵌合性的"临在"和内在相连的时刻,这些时刻转化并深化了我们,转化并深化了病人和分析师。

The Emergence
—— of ——
Analytic Oneness

第 6 章

你在哪里，我的爱人

论缺席、丧失和心灵感应梦之谜

一个人的无意识可以对另一个人的无意识产生反应，而不必经过意识（Cs.），这是一件非常了不起的事情。这值得更进一步研究，……但是，从描述性角度来看，这个事实是无可争辩的。

——弗洛伊德（Freud, 1915b, p. 194）

如果我们接受心灵感应的理念，我们就能用它取得巨大的成就——目前确实只能在想象中完成……所有这一切都还不确定，充满了未解之谜，但是我们不必为此感到惊慌。

——弗洛伊德（Freud, 1933, p. 55）

所以，同时触及两端，触及科学和所谓的技术客观性现在正在掌握的而不是像过去那样对其进行抵制的领域……触及我们当下的忧虑、我们的疾苦、我们的反响、我们忧虑的领域，因为没有接受或理解任何东西就让我们自己被接近了，也因为我们害怕。

——德里达（Derrida, 1988, p. 13）

自1921年弗洛伊德将心灵感应引入精神分析领域以来，分析性情境中的梦境心灵感应（尤其是病人的心灵感应梦）及相关心灵感应现象一直是一个极具争议的、令人不安的"异物"。心灵感应（telepathy）——远距离的痛苦（或强烈的感觉）——是指两个人之间在公认的感觉器官没有正常运作的情况下，越过距离的思想、印象和信息的神秘转移或沟通。

从最开始到现在，关于与心灵感应体验邂逅的精神分析变迁的精神分析文献，都是错综复杂、发人深省的，充满了惊愕和不安，往往近乎一种更深的惶恐。

在本章中，我将探讨病人的心灵感应梦的奥秘，特别是从我自己对病人的心灵感应梦的分析性体验的角度来探讨，其中心灵感应梦体现了病人－分析师深层的内在相连或分析性一体以及分析过程中无意识沟通的一种神秘莫测的"不可能"的极端。

探究精神分析中心灵感应的奥秘

个人化介绍

本章首先回顾心灵感应梦的精神分析文献，接着是讲述我的临床示例，最后讨论精神分析性治疗中病人的心灵感应梦，这种展开方式与我最初在内心构思和撰写的方式不同。

我首先要说的是，长期以来，我一直潜心于科学界，对玄秘论（mysticism）和神秘学（the occult）没有多大好奇心。对关于超自然现象的、灵异的、迷人的故事和电影（很确定这些戏剧性的事件背后没有现实依据）我们会沉迷其中，而在现实生活中的超自然现象与我们擦身而过时，在我们体内会唤起威胁感，艾森巴德（Eisenbud，1946）描述了这两种状况之间的区别。艾森巴德坚称，在后一种状况下，我们要保持镇定，就必须通过调动我们解离和怀疑的所有力量来抵抗意料之外的事件，将其最小化或忽略，采用一种完全批判的方式，尤其是当这些现象出现在精神分析性的背景下时。有鉴于我的态度，我无法用艾森巴德的描述来形容我的态度。

我的情况的确不是艾森巴德所描述的那样。只有当我在实践中遇到不同寻常的、令人惊讶的、罕见的、令人费解的心灵感应现象时，我才对它们产生了兴趣，并开始寻求解释。在我 30 多年的临床经历中，有五个病人做了五个心灵感应梦——这些梦"知道"或者发生在我当时所处的具体位置、时间和体验状态中（如后文所述）。这些梦把它们自己"强加在"我身上，让我绝对有必要——就如"奥卡姆剃刀定律"（Occam's razor）㊀所说的那样——去假定病人和分析师之间可能会以另一种方式，一种不同的方式，一种超越普通的感觉器官及言说的方式进行信息转移（information-transfer）的可能性。于是我才想到了心灵感应 [telepathy，源自希腊语：tele（指远的、相距的），结合 pathos（指痛苦、强烈的感觉）]，这是英国心理学家弗雷德里克·迈尔斯（Frederic Myers）于 1882 年创造的一个术语，用以"涵盖在远处接收到的所有印象，而公认的感觉器官没有惯常运作的情况"（Royle，1991）。

冒险进入不太确定的探索领域是一个随着时间的推移而演变的过程：前两个心灵感应梦由我的病人（相隔数年）讲述出来时，我着实吃了一惊，但随后我就把它们远远地置之脑后了（如 Eisenbud 所描述，1946；Gillespie，1953）。直到这些年来，这种梦在其他病人身上又重复出现了三次，我的态度才有所改变——从第三个梦开始（详见下文）。在过去的八年中，我一直在思考与后三个心灵感应梦的邂逅，并寻求解决之道。不仅仅是因为我无法忽视五个这样的梦，还因为我也相信，在那些年中，有两个关键的、广泛的因素促进了我对它们心灵感应的神秘本质的理解和反思。

首先，在过去的 20 年里（如前几章所述），我对分析性过程的思考开始强调临床体验中涌现的病人 - 分析师内在相连——一种处于深深的体验情感性的层面的内在相连，根本上不可分割为其两个参与者，这是通过分析师的"临在"和不断进化的治疗性的退行而产生的。㊁

㊀ 奥卡姆剃刀定律指出，"如无必要，勿增实体"。
㊁ 关于精神分析性的共同思考和退行，维德洛谢（2004）同样指出："当由于退行，双方之间的人际互动减少到了最低限度时，这一过程（精神分析性的共同思考）会更为活跃。"（pp. 205-206）

这种病人-分析师深层的内在相连可能发展进入合一，这非常贴合20世纪科学、技术和精神分析领域的深远变化，尤其贴合物理学中的量子力学革命（以下精神分析师指出了这一点：Mitchell，1993；Eshel，2006；Altman，2007；Tennes，2007b；Aragno，2013；de Peyer 也将此扩展到现代神经科学和生物学，2016）。当前的科学世界观已成为一种纠缠的[一]和联系的世界观。经典物理学的基础是线性因果关系、决定论，以及观察者与被观察者之间截然分离的假设，而量子物理学则把观察者与被观察者之间的不确定性和不可分割性的神秘原理引入了科学思考的核心。

在此背景下，我想把电信或远程媒体领域补充进来，因为弗洛伊德（1933）在表达心灵感应观点时采用电话和无线电报作为关键意象。麦克卢汉（McLuhan，1994）在他一本开创性的、极具影响力的著作中表达了他对远程通信的观点，他认为电子技术时代的媒体是电子技术性拓展中发生的一次变迁，即从机械时代的线性与碎片连接，变迁到配置构造——变迁到整体的、统一的全球领域，变迁到在电子技术的扩展中被扩展的人类存在，这表达了"我们这个时代对整体性的渴望……我们实际上神话般而整体地生活着，但我们仍然沿用前电气时代古老的、碎片化的时空模式思考"（pp. 5，4）。

我认为，用后爱因斯坦世界观的角度，来反思心灵感应的信息转移的奥秘更为可行，这种世界观的基础是量子物理学中神秘莫测的粒子基本互联，或是电气时代电信的"神奇内爆"，"它消除了人类交往中的时间和空间因素，创造出了深度牵缠"（McLuhan，1994，p. 9）。目前为止，弗洛伊德眼中神秘的"某种'他界'（other world），超越了由科学为我们构建的无情法则所统治的光明世界"（Freud，1933，p.31），正是现代科学和技术的基础。

其次，多年来，通过不断累积的分析性经验（在理论和临床的精神分

[一] 2022年诺贝尔物理学奖表彰了三位科学家，他们在理解最神秘的自然现象之一——量子纠缠方面做出了突破性贡献。这些诺贝尔奖得主为阿兰·阿斯佩（Alain Aspect）、约翰·克劳瑟（John Clauser）和安东·塞林格（Anton Zeilinger），他们的工作以非凡的确定性将量子现象整合进现代物理学。

析性思考方面也在不断成长），我越来越有意愿，也越来越有能力把自己交付到与病人在一起的分析性过程的强烈影响中；置身于治疗体验的纵深处学习和思考，即便它是严苛的、陌生的、深不可测的和具有威胁性的。

对我来说，精神分析过程已经成为一个机缘（serendipitous）[⊖]过程或旅程，出乎意料地，不经意间就会获得一个新的知识，开发出一种新的可能性。因此，我和我的病人一起踏上了精神分析性的机缘之旅，穿过"黑洞"，穿过死亡、睡意、解离，穿过石化和沉默，穿过渴望和热望，进入倒错的深处（Eshel，1998a，2001，2004a，2004b，2005，2013b；本书第3、4、5、7章），走向心灵感应之梦。

"允许我们自身的存在被触动、被损伤和被损毁……就是为了设法去接近根本上不同的东西，接近他者感知为异物但又无法逃脱的东西"（Pontalis，2003，p.11）。我相信，随着时间的推移，我允许我的病人的心灵感应梦触动和打动我。这些梦对我的了解甚于我对它们的了解，我让这些梦所唤起的费解和不安的感觉在我的脑海里萦绕，并且我努力从精神分析的角度，来揣摩这些梦的意义、精髓，以及它们在分析过程中的神秘涌现。

在我自己的临床体验中去探索和领会心灵感应梦的尝试，以及我随后得出的结论，指引我找到了一些非常引人入胜的精神分析文献，这些文献写下来的是从最初到现在，多年以来关于精神分析中邂逅心灵感应梦的变迁，这为本章提供了广泛的背景。

精神分析与心灵感应梦

拉普朗什（Laplanche）和彭塔利斯（Pontalis）所编纂的著名的弗洛伊德概念词典《精神分析的语言》（*The Language of Psychoanalysis*）中，没有记载精神分析背景下的心灵感应或相关现象。然而多年来，关于可能

⊖ "serendipity" 一词是1754年由霍勒斯·沃波尔（Horace Walpole）根据一个东亚（印度或波斯）故事创造出来的，这个故事讲述了（古锡兰）"Serendip 三王子"（Three Princes of Serendip）踏上了漫长旅程，通过意外遭遇、观察和智慧获得了意想不到的发现。

的心灵感应经历，特别是病人的心灵感应梦的零星精神分析著作，已经积累了数量可观的值得认真考量的临床观察。然而，从弗洛伊德在这个主题上的第一篇文章（写于1921年，但20年后他过世才发表），到斯托勒（Stoller）的论文《心灵感应梦？》（"Telepathic dreams?"），写于1973年，但28年后他过世才由梅耶（Mayer, 2001）发表，这一主题都引起人们的惶恐不安。即使是这种粗略的信息，也将我们直接且饶有趣味地带入了对心灵感应这一概念的争议和抵制的核心，这迫使心灵感应自身就像闯入了精神分析领域的"一个异物"（Freud, 1933; Major and Miller, 1981; Torok, 1986; Derrida, 1988）——"一个自20世纪20年代起就把精神分析，包括弗洛伊德在内，抛入了混乱的墓穴"（Torok, 1986, p. 96）。的确，这是"不可能的职业"中的一个令人不安的、"不可能"的主题（用弗洛伊德在1937a的惯用语来说）。

"重大的第一步"：弗洛伊德

弗洛伊德将超自然现象，尤其是心灵感应或思维转移（thought-transference）引入精神分析，但是他对这个主题的态度是复杂的、"摇摆不定的"（Freud, 1921），经历了许多变迁（Jones, 1957; Major and Miller, 1981; Farrell, 1983; Derrida, 1988; Gay, 1988; Falzeder, 1994; Roudinesco, 2001; Eshel, 2006; Massicotte, 2014）。这一争议的代表人物琼斯（Jones, 1957, p. 406）写道："愿意相信与警告不要相信的交锋激烈。两者体现了他人格中的两个基本特征，对他的成就都不可或缺。但这里，他真的绞尽了脑汁；……这个话题'让他大伤脑筋'。"

心灵感应激起了弗洛伊德的极大兴趣；因为心灵感应与他的革命性思想和征服无意识一脉相承，即"一个人的无意识可以对另一个人的无意识产生反应，而不必经过意识"（1915b, p. 194）。在超过四分之一个世纪的时间里，他在两个极端之间摇摆：一个极端是满腔热忱的荣格和费伦齐，特别是费伦齐（弗洛伊德及其女儿安娜跟他一起做过思维转移实验），另一个极端是亚伯拉罕（Abraham）和琼斯，他们完全反对弗洛伊德和精神分析跟心灵感应有任何明确的关联；中间派是艾丁根（Eitingon）、兰克

(Rank)和萨赫斯（Sachs）。

从弗洛伊德、费伦齐和琼斯对此进行争论的往来通信中，可以在情绪上感受到令人震撼的惊涛骇浪。根据琼斯（1957）和维德洛谢（Widlocher, 2004）的说法，1909年弗洛伊德从美国回来后，和费伦齐一起去拜访了柏林的一位著名灵媒，并参与了她的实验。此外，在给费伦齐的一封信（1910年11月15日）中，弗洛伊德讲述了他的病人对某个宫廷占星师的描述，占星师预言了与病人希望他姐夫死亡这一愿望有关的事件（弗洛伊德后来在1921年和1933年关于心灵感应的文章中对此进行了描述），弗洛伊德把这一现象当作"思维转移的有力证据，必将成为你的伟大发现"（Brabant et al., 1993, pp. 232-233）。但很快，在1910年11月至12月的后续通信中，弗洛伊德就试图阻止费伦齐关于读取病人想法的日益增长的热情。他对费伦齐"惊天动地的沟通"深感不安，他写道（1910年12月3日）："我看到了命运正垂临并且……它指定您揭开玄秘论的面纱……尽管如此，我认为我们还是应该不揣冒昧地放慢脚步。我想请求您继续秘密研究满两年，并且要到1913年再公开……您知道我反对的实际原因，也知道我内心隐秘的痛苦敏感度。"（pp. 239-240）费伦齐同意了（1910年12月19日）。然而，15年后（1925年3月20日），费伦齐准备向下一届国际精神分析大会介绍他与弗洛伊德和安娜一起进行的思维转移实验的报告时，仍然遭到弗洛伊德的强烈反对（据琼斯说，他施加了影响）："我劝您不要这样做。别这样做……您这么做相当于往精神分析大厦扔了一颗炸弹，那肯定会爆炸。"（Jones, pp. 393-394）费伦齐和安娜确实没有透露这些实验的细节。然而尽管如此，就在一年之后，弗洛伊德拒绝对自己感兴趣的心灵感应继续保持沉默，他给琼斯写了封信（1926年3月7日）：

> 我与费伦齐和我女儿一起做实验的亲身体验，为我赢得了如此令人信服的说服力，以至于相反的立场不得不让步……若有人举证我犯了天下之大不韪，我只须平静地回答他——皈依心灵感应是我的私事，就像我的犹太血统，就像我爱好吸烟和我所热衷

的其他许多事情一样，而心灵感应的主题在本质上与精神分析是格格不入的。

（Jones，1957，pp. 395-396；参见 Major and Miller，1981；
Derrida，1988；Gay，1988）

弗洛伊德对心灵感应现象的可能性的态度变迁，体现在他第一次世界大战后写的四篇文章（1921，1922，1925，1933）中，也体现在弗洛伊德曾受到劝阻和他劝阻过自己不要介绍这方面的数据和观点的实际行动中——"一个明摆着的事实，证明我是在巨大阻力的压力下讨论神秘主义（occultism）这个主题的"（1921，p. 190）。斯特雷奇（Strachey）在《标准版》(*Standard Edition*)（1955a，1955b，1961，1964）的编者按中，以及琼斯（1957）在他撰写的弗洛伊德个人传记中关于神秘主义的章节中，对这些实际行动进行了最翔实的评述。德里达[一]（Derrida，1988）写了篇奇特的、热辣的而引人入胜的评论文章，风格迥异，就像是一系列零散的情书，他重点谈到了弗洛伊德以及他对心灵感应的态度——他论说弗洛伊德，他告诫弗洛伊德，他讲述弗洛伊德，他批判弗洛伊德。他写道：

　　直到最近，由于无知和健忘，我还以为"心灵感应"的焦虑被控制在弗洛伊德的小口袋里了。这并非虚况，但经过调查，我现在更好地感知到，这些小口袋有好多好多，鼓得满满的。这些口袋里面，进行着很多很多的事情，鼓得都垂到腿上来了……这是一场发生在他和他自己之间、他和其他人之间、这帮人的另六个人之间无止境的争论。

（pp. 14-15）

德里达称弗洛伊德关于心灵感应的文章是"伪演讲"（p. 18），因为这些文章尽管是为了演讲而写的，但它们从未被宣讲过，只是一些写作。

对心灵感应的"抵制"爆发出一系列戏剧性的事件，这些事件已经围绕着弗洛伊德（1921）第一篇关于心灵感应的论文《精神分析与心灵

[一] 德里达，法国著名哲学家。——译者注

感应》("Psychoanalysis and telepathy")(Strachey，1955a；Jones，1957；Derrida，1988）展开：尽管德文版序言指出这篇论文"是为 1921 年 9 月召开的国际精神分析协会行政会议而写的"，但据琼斯（时任行政总裁）说，当时只是弗洛伊德的最核心圈子（秘书委员会：亚伯拉罕、艾丁根、费伦齐、兰克、萨赫斯和琼斯）的一次聚会，弗洛伊德秘密地向他们宣读了这篇论文——不过没有通读全文。弗洛伊德在他的论文（1921）中提到，他原本打算报告三个案例，但出于"莫大的阻力"，他把第三个案例材料（与其他案例不同的是，这个案例与戴维·福赛思［David Forsyth］博士有关，该案例材料产生在与弗洛伊德的一次分析中）留在了维也纳，所以用带来的另一个案例材料作为替换。这个被去掉的第三个案例，在 12 年后记录于《精神分析新导论》(New Introductory Lectures，1933）第三十讲（虽然 77 岁的弗洛伊德知道自己无法宣讲，但他把它们写成了演讲的形式）。原稿在 1955 年（Strachey，1964，p. 48）后又消失了。此外，琼斯还补充，他和艾丁根劝阻弗洛伊德不要在 1922 年的下一届柏林会议上提交这篇论文。因此，弗洛伊德在有生之年从未公开宣讲或出版过他写的第一篇关于心灵感应的论文（即使没有了那个难以捉摸的第三个案例），而是 20 年后的 1941 年以遗作形式出版。

阅读这篇论文，并不能一开始就发现这些惶恐背后的原因。前两个案例和替代第三个脱漏案例的案例，描述的都是算命先生未实现的预言，尽管如此，这些预言却给他们的客户留下了深刻印象，因为这些预言涉及内心深处最隐秘的情感愿望。因此，弗洛伊德推断存在着从一个人到另一个人的最强大的无意识愿望的思维转移。但这篇论文蹊跷的收尾语暴露出了惶恐的原因和程度。这有点儿让人慌张失措。弗洛伊德写道：

> 我的所有材料只涉及思维转移这一个点。对于神秘主义宣称的所有其他神迹，我无话可说。……但请想想，仅仅凭这一假设，就会超越我们迄今所相信的一切，这是多么重大的一步（斜体为我标注）。圣丹尼斯（大教堂）的守护者对圣人殉道的描述依然真实。据说，圣丹尼斯的头被砍掉后，他把头捡起来，夹在腋

下走了很远。但这位守护者常说:"Dans des cas pareils, ce n'est que les premier pas qui coute(在这种情况下,第一步才是最重要的)。"剩下的就容易了。

(1921, p. 193)

同年(1921),弗洛伊德在写给纽约的超自然通灵研究者 H. 卡林顿(H. Carrington)的信中说道:"如果我能重活一次,我就该致力于通灵研究,而不是精神分析。"1929 年,弗洛伊德否认发表过这样的声明,但琼斯坚持并证实"在过去的八年里,弗洛伊德已经抹去了这段令人震惊和意外的记忆"(Jones,1957,p. 392)。因此,琼斯一直非常警惕,阻止弗洛伊德继续着迷于玄秘事件。

然而,弗洛伊德并没有"完全被束缚住"。第二年,他的文章《梦与心灵感应》("Dreams and telepathy")(1922)发表,他原本打算将其作为维也纳精神分析学会的演讲稿,但同样从未公开宣讲过,只刊登在《意象》(*Imago*)杂志上(Strachey,1955b;Derrida,1988)。这篇文章从头到尾都非常谨慎、有所保留。弗洛伊德小心翼翼,避免就心灵感应表明立场。他在开篇隐晦地写道:"你不会从我这篇论文章学到任何关于心灵感应之谜的东西;事实上,你们甚至都不会知道我是否相信'心灵感应'的存在。"(1922,p. 197)他声称,在他 27 年的分析工作中,他从未做过心灵感应梦,他的病人也没有做过。随后,他介绍了两个"没有私交"的人寄给他的关于梦和详细背景的材料,并将他们的心灵感应信息解读为与无意识俄狄浦斯情结有关的东西,而睡眠则为心灵感应创造了有利条件。最后他同样隐晦收尾:

> 我是否给你带来一种印象,那就是我暗地里偏向支持神秘学意义上的心灵感应的真实性?如果是这样的话,我会深感遗憾,因为很难避免给人留下这样的印象。因为我一直希望严格保持公正中立。我完全有理由这么做,因为我对这事没有任何看法,也一无所知。

(p. 220)

德里达和盖伊（Gay）的反应很犀利，"所以，在这 25 页密密麻麻的文章中，没有再向前迈一步……一切都被构建为心灵感应是不可能的、不可想象的、未知的"（Derrida，1988，pp. 23,21），"人们不禁要问，弗洛伊德究竟是为什么要发表这篇论文"（Gay，1988，p. 444）。

尽管如此，三年后，弗洛伊德发表了一篇由三部分组成的文章《关于整体释梦的一些补充说明》（"Some additional notes on dream-interpretation as a whole"）(1925)。在文章的第三部分"梦的神秘学意义"中，弗洛伊德回到了心灵感应这一主题，对于强烈的无意识愿望的思维转移的可能性采取了更为明确的态度［对此琼斯很震惊，"他相当直截了当地表示了他接受心灵感应"（1957，p. 394）］，并得出结论：

> 尽管这个主题的重要性、新颖性和模糊性要求我们谨慎行事，但我认为，我没有理由在对心灵感应问题的这些思考上再裹足不前了……如果我们借助精神分析能够获得更多更可靠的心灵感应的知识，那将会是令人满意的。
>
> （1925，p. 138）

弗洛伊德的兴趣昭然若揭，导致这篇文章的第三部分在 1930 年和 1942 年的德文版以及 1932 年的英译修订版本中被略去。直到在 20 多年后的 1952 年，德文版弗洛伊德著作才收录了这部分内容，英译本则收录于德弗罗（Devereux）的《精神分析与神秘学》（*Psychoanalysis and the Occult*，1953）以及斯特雷奇《标准版》（见 Strachey，1961）中。斯特雷奇对这一略去的解释是，弗洛伊德在第三部分中对心灵感应的明确倾向引起了琼斯的强烈抗议，因此弗洛伊德没有将第三部分纳入其著作正典。

事实上，琼斯在他写的弗洛伊德传记中，收录了自己给弗洛伊德写的两封针对这篇文章措辞尖锐的信（1957，pp. 394-395）。特别是在第二封信中（1926 年 2 月 25 日）琼斯对弗洛伊德"大为光火"，言辞异常严厉，因为他担心弗洛伊德"皈依心灵感应"会在英国科学界和公众舆论中造成损害：

有时您也会忘记您个人处于多么特殊的位置。当许多事情以精神分析的名义出现时，我们对质询者的回答都是"精神分析等同于弗洛伊德"，所以现在精神分析认为心灵感应符合逻辑诸如此类的说法，就更难自圆其说了。在您个人的政治观点中，您可能是布尔什维克主义者，但您声称这样的个人观点对精神分析学的传播没有帮助。所以在"对外政策的考量"让您保持沉默之前，我不知道在这件事上，情况本该如何改变……不管怎样，它给了我生命中一种新的、始料不及的体验，那就是在阅读您的论文时，我并没有感到欢喜雀跃，也不能欣然苟同。

（p. 395）

八年后，弗洛伊德终于在《精神分析新导论》的第二部，第三十讲"梦与神秘主义"（Dreams and Occultism）"（1933）中，收集了所有在他以前文章中提到的明显的神秘事件的观点和例子，并加入了他自己的、未被人读过和未被发表过的，1921年他留在维也纳的关于 Herr P 的分析范例。㊀尽管他一开始并不愿意明确承诺自己对心灵感应的看法（"我不曾对任何信念做出承诺"），但他在文章最后说，他必须承认"天平倾向于支持思维转移"。在多伊奇（Deutsch，1926）以及伯林厄姆（Burlingham，1932）关于《在分析性的情境中体验神秘事件》的论文的支持下，弗洛伊德用一段强烈的、个人的、凄美而（对我来说）感人的文字作为结束，表达出他对这个主题的感受有多强烈：

我敢肯定，我对这个问题的态度会让你们相当不满意——因为虽然我还没有完全信服，但我准备信服。你们也许会对自己说："这又是这类人的一个例子，作为一位科学家他一生都忠诚工作，到了晚年却变得意志薄弱、信鬼神和轻信他人。"我意识到这类人中肯定有几个伟大的名字，但你们不应该把我算在内。至少我没有变得信鬼神，我也希望自己没有轻信……毫无疑问，

㊀ 根据托洛克（Torok，1986）的说法，Herr P 是谢尔盖·潘凯耶夫（Sergei Pankeiev），即弗洛伊德的"狼人"。

你们希望我……毫不留情地反对一切神秘事物。但我无法曲意奉迎你们，并且我必须敦促你们对思维转移客观存在的可能性持有更友善的想法，同时对心灵感应也应是如此。

你们不会忘记，在这里，我只是尽可能从精神分析的角度来探讨这些问题。十多年前，当这些问题第一次进入我的视野时，我也害怕会对我们的科学世界观构成威胁……今天我不这么认为了……尤其是就思维转移而言……如果我们接受心灵感应的理念，我们就能用它取得巨大的成就——目前确实只能在想象中完成……可以猜想心灵感应是个体之间原始而古老的沟通方式，而且在种系的进化过程中，心灵感应已被借助感觉器官捕捉信号来提供信息的更好方式所取代。但是，更古老的方式可能一直在幕后运行，并且在某些特定条件下仍然能够发挥作用……所有这一切都还不确定，充满了未解之谜，但是我们不必为此感到惊慌。

（1933，pp. 54-55）

因此，当琼斯（1957）结束弗洛伊德对神秘主义的态度的章节时，他回到弗洛伊德1921年发表的论文中那段蹊跷的收尾语——对于圣丹尼斯的头被砍掉后行走的情况，他的守护者说了那句法语："第一步才是最重要的。"还有弗洛伊德说的"剩下的就容易了。"琼斯还补充道："弗洛伊德在撰写关于心灵感应（的这段文字）时，他是多么的正确啊。"（p. 407）他的言外之意似乎是，弗洛伊德在这个方向上迈出的步伐太远，太过于轻信，已经超出了理性的范围。

托洛克（Torok）也对此提出了自己的观点：

心灵感应，理应是对一项进行中的和摸索中的研究的命名——在它出现的那一刻，在其相关领域——还没有掌握自身调查的真正范围，也没有把握对其进行概念阐述所必需的严谨性。

（1986，p.86）

我认为，弗洛伊德1933年那段文字的最后一段话，表达了他急切而又大胆的意愿，想要以精神分析的方法，探索在精神分析性过程中遇到的令人不安而又具有挑战性的经历，与我在这里传达的想法是相连的——它们就像阿里阿德涅之线（Ariadne's thread）[⊖]一样，伴随着我，贯穿本章始终。

推进的步骤

尽管弗洛伊德最后邀请人们要大胆用精神分析去探索心灵感应，但心灵感应并没有成为主流精神分析探究的一个课题。在接下来的岁月中，对于精神分析情境中神秘莫测的心灵感应经历（尤其是心灵感应梦），精神分析一直在惊愕及激动，和忽视、回避、驳回或压制之间来回摇摆。可以说，心灵感应现象一直是精神分析中最令人不安和最具挑战性的话题，关系到精神分析过程中遇到的极端、神秘、惊人的体验。看起来不仅是第一步很重要，每一步都很重要。

20世纪40和50年代，尤其是第二次世界大战后的十年间，人们重新燃起对心灵感应这一课题的兴趣（这就提出了它与战争的关系问题，因为弗洛伊德也是在第一次世界大战后就这一课题撰写了四篇文章），随之而来的是一波批评和拒斥的浪潮。因此，艾森巴德（1946，1947）——这一课题的主要贡献者、佩德森 - 克拉格（Pederson-Krag, 1947）和福多尔（Fodor, 1947）在纽约发表的关于病人心灵感应梦的论文，激起了对于"心灵感应和精神分析文章的小流行"（Ellis, 1947, p. 607）的猛烈抨击，随后，三位作者进行了讨论，艾森巴德（1948）又发表了一篇论文，而埃利斯（Ellis, 1949）则做出了"最后一次"不屑回应。随后，艾林瓦德（Ehrenwald, 1942, 1944, 1950a, 1950b, 1956, 1957, 1960, 1971, 1972）、罗马的塞维迪奥（Servadio, 1955, 1956）、伦敦的吉莱斯皮（Gillespie, 1953）和巴林特（1955）各自发表了更进一步讨论心灵感应的著作，尤其是德弗罗（1953）收录的31篇核心论文的综合文集。这本重要的文集以及随后出版的11本关于超自然现象的精神分析性态度或实

⊖ 阿里阿德涅之线：Ariadne's thread，源于古希腊神话。比喻走出迷宫的方法和路径，解决复杂问题的线索。——译者注

验方法的书籍（1959—1967），引起了洛夫格伦（Lofgren，1968）最严厉的评论。布伦斯威克（Brunswick，1957）在评论塞维迪奥1955年的论文时，也反对心灵感应假说，并颇具代表性地提出了另一种解释，但立即遭到了塞维迪奥（1957）的反驳。

到20世纪70年代，心灵感应这个课题在精神分析语境中基本上消失了。其中一个主要原因，似乎是精神分析性思考转向了在分析过程中的，病人与分析师之间的感受-转移（feeling-transfer）和情感影响。这一转向始于宝拉·海曼（Paula Heimann）的反移情的新沟通方法、拉克尔的反移情中的一致性认同和互补性认同的概念，以及梅兰妮·克莱因（Melanie Klein）的投射性认同的概念，同时还有比昂（1959）最有影响力的扩展，将投射性认同扩展到原初的沟通和涵容，即病人无法忍受的经验"被投射-转移"（projected-transferred）到分析师的心灵内进行修饰。这些观点开启了对病人和分析师共有的情感体验以及他们对彼此的影响新的理解，并成为精神分析著作的基本特征。此外，20世纪末镜像神经元的发现，为理解性地共情另一个人的情绪、意图和行为的主体间调谐，提供了合理的神经生物学机制上的解释（Wolf et al.，2001；D.N.Stem，2004）。但这些研究，都不包括极端而神秘的心灵感应现象，在心灵感应现象中，信息似乎是被神秘莫测地转移的。

因此，在《精神分析研究》（*Psychoanalytic Inquiry*，2001）的一期"精神分析中的无意识沟通"专刊中，大部分文章都集中在情感沟通和镜像神经元的发现上。只有苏珊·拉扎尔（Susan Lazar，2001）大胆地将超自然现象纳入无意识沟通的综合研究中，坎特罗威茨（Kantrowitz，2001）将许多不可思议的和看似神奇的知识沟通的临床体验，与分析情境中的选择性注意和前意识沟通的作用联系起来。

在精神分析关于心灵感应的论述处于休眠的这段时期，法国精神分析师在研究弗洛伊德的遗产时仍在讨论心灵感应这个课题（Major and Miller；1981；Torok，1986；Derrida，1988；Widldcher，2004）。而更近一些时期，美国关系学派精神分析师对病人的这类性质的梦进行了非常不同的探索，而且起初并未被称这样的梦为心灵感应，他们感兴趣的部分是病人对分析师的私生活和个性有着深刻了解（Crastnopol，1997；Mitchell，1988）。希明顿（1996）也用"拟态病人"描述过这样的梦，克莱因学派的精神分析师汉娜·西格尔（Hanna Segal），在2004年接受让－米歇尔·奎诺多兹（Jean-Michel Quinodoz）采访时，讲述了两个病人"除非是心灵感应，否则根本无法理解"的经历（Quinodoz，2008，pp. 53-54）。在比昂晚年（2005a）意大利研讨会上（1977年7月16日上午举行的第六次研讨会），一位与会者讲述了一个病人的"梦和联想……简直就是完美描述了那个令我如此悲伤的事件"，比昂对此的回应令人难以忘怀。我感觉，比昂的表达与我试图探讨的有关病人的心灵感应梦十分贴切，也许也与我在这本书中试图传达的关于分析性过程涌现出来的新维度息息相通：

> 让我来找一个相对合情合理的解释，说这样的现象源于这两个人之间的关系——你可以看到这多么合理，多么符合移情与反移情的理论，等等。但是我们不应止步于此。或许我们应该扩展我们的科学观念，或扩展我们对中枢神经系统的认识，以及扩展我们通过周围神经系统和中枢神经系统来接收信息的能力……但是这里提出的问题或许意味着，我们必须意识到还有我们没有意识到的其他受体器官的可能性……允许我们自己认识到超越自身的意义……你可以听到这两个人在向对方说什么，你还能意识到你并不满意，意识到还有你不知道的东西。
>
> （Bion，2005a，pp. 64-65）

21世纪之交，两位美国精神分析师乌尔曼（Ullman，2003）和梅耶（1996a，1996b，2001）对梦的心灵感应和信息转移的"反常"过程进行了广泛的实验研究。梅耶强调，这项庞大的研究对重新考量精神分析过程的根本主体间的本质具有特殊的意义。此外，梅耶（2001）发现了罗伯特·斯托勒在1973年一篇题为《心灵感应梦？》的论文草稿，她于2001年，即斯托勒猝死十年后，编辑出版了这篇论文。斯托勒记录了20世纪60年代他的四位接受精神分析的病人的18个令人震惊的"心灵感应梦"，也记录了他本人的一个梦。不过，遵从他的督导拉尔夫·葛林森（Ralph

Greenson）的意见，斯托勒没有发表这篇论文，以免危及他作为一名年轻有为的精神分析师的职业生涯，而在他去世前才回头整理这篇论文。

最近，我（2006）、德佩耶（de Peyer，2016；Eshel，2016对此进行了讨论）和莱纳（Reiner，2017）描述了更进一步的心灵感应现象，将这些现象与费伦齐的观点联系起来，即费伦齐认为病人"astra"的碎片化（"astra"源自拉丁语，意为星星）是由大规模早期创伤和情感虐待造成的（Ferenczi，1932，p. 207）。[○]

除了斯托勒之外，还有几个分析师报告过他们自己的心灵感应梦（Farrell，1983；D. B. Stem，2002；Ullman，2003），他们的心灵感应梦大都发生在困难、压倒性的治疗情境中（Amir，2000；Bass，2001；Brenner，2001）："仿佛（病人和分析师）被调谐进了彼此的'频道'。"（Brenner，2001，p. 191）

综合解释

现在让我总结一下精神分析文献中描述的心灵感应现象，尤其是对治疗期间病人的心灵感应梦的各种解释。这些解释可以划分为三类促成因素：病人、病人－分析师关联性，以及分析师。从早期到现今的论文中病人相关的促成因素一直占主导地位，重点关注的是这些病人童年时期创伤性的环境——这些"受苦的人"的思维转移源自"他们不复存在"和"astra"样碎片化或"astra碎片"的状态，是对以下情况的一种极端反应：早期创伤和情感虐待（Ferenczi，1932，pp. 32-33，206-207；Reiner，2017）；早期剥夺和弥漫的分离焦虑（Roheim，1932）；大量的早期丧失（Crastnopol，1997；Mitchell，1998）；严重早期创伤性的解离（Brenner，2001）；不牢固和脆弱的现实和关系（Ullman，2003）；被剥夺的感觉和自恋型人格（Strean and Nelson，1962）；对他人情绪状态的过度敏感（Saul，

○ 费伦齐所说的"astra"本质上是一种解离状态，在这种状态下，儿童的一部分人格离开了他的创伤性的、痛苦的和情感上被剥夺的现世存在，变成了一个无所不知、无所不晓的"astra"部分，"遥若星辰"，以此"能够接收超越感官知觉的过程（千里眼，……远距离暗示）"。如费伦齐所言，痛苦"被转移到无限远处"（Ferenczi，1932，pp. 81，206-207）。

1938；Brenner，2001）；强烈的无意识愿望（Freud，1921，1925，1933；Hitschmann，1924，1953）。

从病人-分析师关联性的角度来看，心灵感应被视为病人和分析师的无意识之间的一种非言语的、古老的沟通方式，这就可以返回到原初共生性的母婴沟通。在进化过程中，这种沟通方式在很大程度上被更为发达的语言符号信息传递方式所取代。但是，在分析过程高度情感化的情境下，特别是在承载情绪的移情-反移情的紧要时刻，这种非语言、古老的沟通方式便被激活了（Ferenczi，1932；Freud，1933；Burlingham，1935；Meerloo，1949；Gillespie，1953；Ehrenwald，1960，1971；Strean and Nelson，1962；Dupont，1984；Kantrowitz，2001；Segal，in Quinodoz，2008；Ettingcr，2006b）。

分析师在治疗过程中激发心灵感应现象的作用（Eisenbud，1946，1947；Branfman and Bunker，1952；Balint，1955；Servadio，1955，1956；Shainberg，1976）最早由霍洛斯（Hollos，1933，转引自 Eisenbud，1946）提出。艾森巴德（1946）通过大量临床范例进一步论证了，心灵感应梦的特征不仅仅包括病人被压抑的情感材料，而且也包括分析师相似或相关的情感材料。心灵感应梦以一种突如其来的、情感的方式揭示了跟分析师的相关性。这样，艾森巴德的病人梦见她在大西洋城遇到了艾森巴德，而他穿着一件很花哨的运动夹克，这个梦以心灵感应的方式揭示了他的一些高度敏感的问题：他买了一件保守的夹克，事后却又后悔没买一件更靓的；还有，他试图说服妻子和他一起去大西洋城度周末长假，妻子拒绝了，于是他打消了整个想法。

同样，塞维迪奥（1955，1956）认为，病人的心灵感应梦"拆穿"（unmask）了分析师对病人晦涩隐匿的感受，也拆穿了分析师自身的感受。也就是说，塞维迪奥的病人的心灵感应梦（1955）不仅揭露了分析师对病人的遗弃和忽视，而且也揭露了分析师被妻子遗弃，自己被留给仆人照料的感受。

对于病人心灵感应梦中分析师的作用以及心灵感应梦"拆穿"了分析师的"职业虚伪"（出自费伦齐的表述），巴林特（1955）的观点最为激进。他认为这与分析师和病人之间极具张力的情绪环境有关，在这种状况下，病人处于强烈的依赖性移情状态，而分析师当时却正沉浸在分析师－病人情境之外的事情里。病人诉诸心灵感应梦，会惊到分析师，从而把分析师的注意力拉回到病人身上。布兰夫曼和邦克（Branfman and Bunker, 1952）提供了一个很接近的同类描述，讲的是两个病人都梦见了一个"微型日本女病人"，而他们的治疗师，当时一门心思在某个年轻日本女病人身上。

在我看来，弗洛伊德的案例 Herr P（仅在弗洛伊德 1933 年的论文中才描述的被略去的第三个案例）也包含相同的元素：弗洛伊德曾警告过这个病人，在多年战争之后，"一旦外国学生和病人返回维也纳"，他的长程的、不成功的、低价的治疗"就会结束"；还有治疗期间发生了三个疑似心灵感应的事件，与当时弗洛伊德热情地会见的三位拥有显赫职业地位和财富的"外国人"有关——戴维·福塞斯博士、安东·弗罗因德（Anton von Freund）博士和欧内斯特·琼斯（Ernest Jones）博士。的确，许多痛苦和强烈的感觉越过跟弗洛伊德的距离，以心灵感应的方式被编码在那里。

最后，我想根据荣格的"共时性"（synchronicity）的观点，简要补充一个对心灵感应现象的不同解释。"共时性"源于荣格的原型、集体无意识和一元宇宙或"一元世界"等概念，是指"一种有意义的巧合的无因果连接原则：两个或两个以上具有相同或相似意义的因果不相关事件在时间上的巧合"（Jung, *CW* VIII，转引自 Stevens, 1994）。施瓦茨（Schwarz, 1969）、施皮格尔曼（Spiegelman, 2003）、惠恩（Whan, 2003）和坦尼斯（Tennes, 2007）对这些观点进行了论述。与此相关的一种解释是卡林顿（Carington）的共同下意识（common subconscious）理论，即在一个头脑中形成的联想会自动在所有其他头脑中运作（1946，转引自 Gillespie, 1953）。

回顾这些精神分析文献后，我现在要描述我自己在分析中遇到的病人的心灵感应梦，也将阐述这些年来我对此形成的理解，这种理解在这些文献中得到了呼应和支持。这种理解结合了与病人、古老的沟通和分析师有关的具体特定因素，我现在将用案例材料来对此进行描述。更概括地来说，病人的心灵感应梦体现了分析过程中，病人－分析师的内在相连、合一，以及无意识沟通的大量戏剧性和神秘性的一种极端的、神秘的"不可能"之可能性。

案例："只有你知道如何等待／搜寻"

背景

艾菲来接受精神分析，因为她感觉越来越不真实，与丈夫、四岁的女儿和眼前的环境越来越脱离；感觉外部状况与她不相干。她后来又补充说，这些感受可能从她女儿约 6 个月大的时候开始加剧了。

在分析之初，艾菲讲述了她童年时代的戏剧性历史。她的母亲和外祖母都是纳粹大屠杀的幸存者。她们和邻居一家从波兰逃到俄罗斯。刚和她母亲结婚一年的丈夫、她母亲的父亲和其他家庭成员本来要在几天后与她们会合的，但是被抓进了集中营，最终惨死在了那里。

战争期间，艾菲的母亲和外祖母经历了极度困苦、饥荒和致命恐怖。战争末期，她们移民到以色列，试图重建家园。没有一个近亲或者远亲幸存下来。尽管费尽周折，她们还是没有找到任何能够提供更多关于家庭其他成员遭遇的人。她们完全孤立无援，甚至和她们一起逃难的邻居一家也移民到了另一个国家。

艾菲的母亲找了份工作，几年后再婚，生了两个女儿，艾菲是小女儿。在此期间，因为有住在附近的母亲的帮助，她辞去了工作开始去读大学。

而后，她们的生活中发生了一件重大的、毁灭性的事件，艾菲对此只有部分了解。在她大约 10 个月大的时候，母亲的第一任丈夫突然重新出现了。艾菲不知道他是怎么找到她母亲的，也不知道他们是否曾遇见过、见过几次面，更不知道他们是不是只通过信件或电话联系。显然，他们确实遇见了。他也再婚了，生了两个小孩，但是艾菲不知道是谁先再婚的；看上去他们差不多同时再婚。他重新出现，然后就永远消失了；艾菲不知道他是住在以色列某个偏远地区，还是住到了国外。但是没有人再见到过他或者听到过他的消息。她不知道这是不是他们双方共同的决定。

这样一来，艾菲母亲就退缩起来，把自己关在房间里。她不做任何回应，不搭理人，拒绝见任何人。她的母亲（艾菲的外祖母）被叫来帮忙，搬进了艾菲家。外祖母很慈祥，是个任劳任怨的女人，主要负责做饭和照顾家人，满足他们其他基本需求。只有两种声音穿透了屋子里的寂静：一种是收音机的声音，整天整夜都在播放寻亲节目；另一种是歌曲《等着我，我会回来的！》（Wait for me and I'll come back！），艾菲的母亲把自己一个人关在房间里，用唱片机一遍又一遍听这首歌。艾菲的父亲下班回来后会坐在阳台上，默默地吸着烟斗，凝视着窗外的花园。起初他睡在客厅里，后来阳台被封起来，这样他就可以睡在那里。

约十个月后，艾菲的母亲从她的房间里走了出来，关掉了唱片机，这首歌就再也没播放过了。她回到大学，潜心学业，弥补失去的一年时光，持续钻研，很快在学术领域成绩斐然。外祖母回到了她自己的家，由一名保姆接替了她的工作，但外祖母依然与她们的家庭生活关系密切。收音机里继续播放着寻亲节目，但音量减小了，而且只有艾菲的母亲或外祖母在家的时候才收听；她们俩都忧心地听着这个广播。每年只有一次，每年如此，从大屠杀纪念日前夜，直到第二天晚上结束，艾菲的母亲才点燃一支纪念蜡烛，在她房间里再次播放这张到现在已经被刮破和磨损了的唱片，整座房子里日日夜夜都一直回荡着《等着我，我会回来的！》这首歌。蜡烛燃烧着，歌声响起，每年的这一天，艾菲的母亲都会把自己关在房间里。当艾菲给我说出这首熟悉老歌的歌词时，我顿然觉得这些歌词是那么刺耳、凄凉和痛苦。

等着我，我会回来的！

等着我，我会回来的！
只是要你痴痴等待，
等到秋雨绵绵
黑暗填满心房。

等到大雪纷飞，
等到夏日炎炎，
等到往日已逝，
等到别人都被遗忘。
等到从那遥远的他乡
不再有家书传来。
等到那些人不再等待，
所有等待的人都已倦怠。

等着我，我会回来的！
纵然我最亲爱的人
说我已经不在人间
纵然我的朋友都放弃了……。
等着我，不要放弃希望。

等着我，我会回来的。
抵住死神一次次降临！
他们会说："运气真好！"
是的，那些没有等下去的人。
他们永远不会明白
从炮火中，
正因为你等着我，亲爱的
你救了我的命。

我是怎么做到的，我们应该知道。
只有我和你。
只有你知道如何搜寻
没有其他人知道。

（Konstantin Simonov，1941）

"只有你知道如何搜寻，没有其他人知道。"艾菲背诵到最后一行。"只有你知道如何等待。"我纠正了这个词（现在已经想不起来我是默念的还是大声说出来的），并且还不知道她是在我没有理解的情况下把心灵感应的核心传达给了我。

很明显，在那非常艰难的一年之后，艾菲家中的家庭生活恢复了正常。他们很少谈论感受，艾菲说："但也许这场危机前也就是这样。"只是在多年以后，在她青春期晚期，艾菲从姐姐和父亲那边的一位年老亲戚那里得知了"那艰难的一年"。他们说，在他们家大屠杀纪念日之所以如此悲伤，不仅是因为他们的祖父和其他家人都死了，还因为"那个男人"。艾菲试图了解更多细节，但是徒劳无功；她的姐姐和这位年老亲戚都知之甚少。姐姐比她大四岁，但当时她也只是个小孩子，艾菲从来不敢问她的父母，他们自己也从来不谈这件事，而她的外祖母拒绝谈论那些"陈年旧事，伤心事"。"我的小姑娘（Mein kind），"她会用意第绪语说，"我们经历了那么多可怕的事情，你知道，谢天谢地，我们都挺过来了，说这些没什么意义，别管它了，都过去了，都翻篇了，一切都好。"每次艾菲提起这个话题，她就会和蔼而坚定地一遍又一遍这么说，然后陷入沉默或是岔开话题。

"一切都好"，艾菲的生活也是如此。她的学习成绩很好，考上了大学，嫁给了一个年长男人，有了孩子；但她生命中的无意义感却越来越强烈。她外祖母过世，接着她父亲也去世了，但她却"感觉不到什么"。她说："我开始觉得，我的命运就像阿摩司·奥兹（Amos Oz）笔下《我的米海尔》（*My Michael*）中的汉娜一样。"[一]她觉得这本书开头的几句话非常贴近她的状况："我写这本书是因为我爱的人已经死了。我写这本书，是因为当我还是个孩子的时候，我还满载着爱的力量，而现在爱的力量正在消逝。我不想死。"（Oz，1972，p. 1，艾菲也强调了这一点）于是，她开始寻求精神分析的帮助。她来找我是因为她听说我的方法是属于温尼科特学派的。

[一] 著名以色列作家阿摩司·奥兹在《我的米海尔》一书中，讲述了30岁的汉娜日渐远离丈夫米海尔和年幼的孩子，退缩到一个隐秘的与世隔绝的幻想世界，最后自杀身亡的故事。

梦

分析第一年期间（一周四次，在躺椅上进行），艾菲表达了一种弥漫的无归属感和沉重感，说话特别吃力。她说道："基本上，我从未交谈过。我真的不知道如何谈论感觉。""我知道如何筹划，如何把各种事情安排得井井有条，然后……就出现了真空。"她感到"如此沉重，不被理解，没有归属感，跟任何人没有连接。曾经我想要有一种归属感，但我却被困在了某处"。我感受到了她极度痛苦的孤独。她非常认真地接受分析，很少缺席或迟到，但她对连接、渴求和依赖的所有感受都感到害怕，会阻止自己感受到这些。在治疗中，我常常觉得我必须紧紧抱持住她，以免从她言语的空隙中溜走。然而，随着这一年即将结束，她说话的语调，以及她强烈的孤立感和绝望感，似乎发生了逐渐而微妙的变化。

我所描述的梦是她在分析第二年初叙述的，那是个周四，一周的第三节（周三没有治疗）。

艾菲开场道："现在感觉好多了。"沉默了一会儿，接着她说她从情感脱离中"回来"了；她度过了艰难的两天，每个人都说她完全脱离了。她沉默了一下，接着继续说。她丈夫和她说话，但她听不到他在说什么。在她看来，在周二，也许还有周一我似乎也是脱离了。她旋即又沉默下来。我问她是否认为她的脱离与我的脱离有关。她嗫嚅着说："我感觉身体没有重量，飘浮着。这种感觉不爽。让人害怕。"她说得很艰难。我说："艾菲，你在说我的脱离，然后你也脱离了。下来到我这里来，告诉我正在发生什么。"她缓缓开口了，说前两个晚上，周二和周三，她都没怎么睡着。昨天晚上，她很早就醒来，想起了一个梦，然后她跟我讲述了这个梦。（按照我的习惯，她告诉我这个梦的时候，我记下来了，这里用逐字稿呈现。）

> 我记得，我在一个不同的国家，匆匆赶往我父亲下葬的地方，我知道那里四点钟就要关门了。我设法提前几分钟赶到了那里，走进某个入口大厅，从那里我看到那个必经的大门正在关闭。不再可能进去了。我试图说服门卫让我进去。我向他解释说，我来自他乡，从很远的地方来的，我已经来了，但因为没到

场，所以进去对我来说非常重要，于是他让我进去了。然后我走进某个房间，左边挂着我父亲的照片，旁边还有几张其他照片。好像就在墙下，地板下，那实际上就是我父亲下葬的地方。我不清楚我是一个人，还是和其他人一起。我不记得了。好像他的整个下葬方式是如此不一样。好像在梦里我觉得自己很不一样。在整个过程中我是另一个人。我不是独自一人，我想。

她沉默了一下，接着继续说："通常我无法解释事情对我有多重要。我对此感觉不好。我觉得自己不被理解。这就是我的感受——人们不理解我，这样一来我就变得非常紧张，然后一切就都乱了套。但在这里我说'我已经来了。我从很远的地方来的，进去对我来说非常重要，让我进去吧'，他就让我进去了。"

"还有我父亲的画像。一幅美丽的画像。他微微含笑。感受到一种渴望。这个梦，有些新的东西。到目前为止，我对梦的体验是，它们确认了我生命中已经经历过的事情，通过一个不同的媒介，证实了这些事情。"

听到她说这个梦以及这些事情，我十分惊异。她在周三晚上梦到这个梦，而就在这个周三下午，我就在墓地参加我父亲的追悼会，追悼会从四点钟开始。而且我的确感受到了强烈的渴望。我一直非常依恋我的父亲，在这年的追悼会前前后后，由于某些家庭问题，我尤为思念他。我敢肯定，艾菲无从知道那天我在哪里。我也意识到，我在周二确实是脱离的，而且或许周一也是如此，但我当时并没有意识到这一点。

哪怕要面对死亡和毁灭，艾菲都要挣扎着越过那个断开的连接，越过那扇紧闭的大门与我邂逅，是为了什么？仿佛她曾进入了我的心灵，进入了我曾身处的时空，进入了我曾感受到的渴望中："我来自他乡，从很远的地方来的，我已经来了，但因为没到场，所以进去对我来说非常重要。"门卫听她这么说后，就让她进去了。是谁"没到场"？——是她，还是我？昔日那道因缺席而留下的深深伤疤猛然又裂开了，诉说着，恳求着。

我斟酌着要不要告诉她这一切；对于这个梦，我问了些问题，然后我们就谈得多了些，主要是谈到她父母（尤其是她父亲）常年以来在情感上跟她的世界很疏离。于是在治疗结束前10分钟左右，我终于决定告诉她这些，因为在她的生活中，有很多事情都没有人告诉过她，也没有谁来跟她谈论过。我说："你知道吗，艾菲，昨天下午四点，我其实真的就在墓地参加我父亲的追悼会。也许是这件事情导致了我的脱离，接着你也脱离了，然后让你做了这样的梦。"

她一直沉默到治疗结束，然后说："发生在你身上的事情对我有这么多的影响，太神奇了，也真令人害怕。你明白你的责任有多重大吗？"

"在霜冻的森林里，在矢车菊的黎明里恸哭"：缺席与丧失之间的心灵感应梦

> 哦，我的老天爷，我是什么
> 这些迟来的无声诉说应该恸哭一场
> 在霜冻的森林里，在矢车菊的黎明里。
>
> （Sylvia Plath，"Poppies in October"，1962）

在我30年的临床工作中，除了与艾菲的梦不期而遇，我还遇到过另外四个心灵感应梦。这五个梦在这些年是零散出现的（下面按照顺序描写）。而且它们总是出现在我的生命中那些情绪强烈且非常重要的节点，并且这些梦涉及当时我所处的时间、地点、感官印象和体验状态的精确细节，这些细节的精确程度令人惊异，而不只是体验情感性的细节，这些是病人不可能通过普通感官的感知和沟通就能够了解到的。所有这些梦都跟我（分析师）的世界中的生死重要事件有关：①一个年轻女病人梦见我告诉她我怀孕了，她做这个梦的时间正是我发现我怀上我的大女儿的那一天；②一个男病人在梦里"知道"我流产了（另一次怀孕），当时我取消了那些天的治疗；③艾菲在那个晚上梦见了我父亲的追悼会，她梦见的正是当天我所在的地方、时间，以及所处的情绪状态；④一个男病人梦到了墓地，细节详细，正值我公公婆婆两天内相继去世的那个星期；⑤一个女病人梦见了一位临终女人，时间就是我母亲去世前三天，当时正值我要离开临终病榻上的母亲，继续我的分析工作的时期，这个梦准确无误地描绘了

我母亲那些天相当具体的细节。

所有的心灵感应元素都是这些特定梦所独有的，而且在这些病人的其他梦中没有再出现过（参见 Stoller, in Mayer, 2001；Ullman, 2003）。第一个病人接受的是心理治疗，另外四个接受的是精神分析；后面4个梦的主人男女各半。

在我努力揭示和理解这些神秘、深奥现象的过程中，我发现一系列的特定经历起到了最重要的作用。在这些病人的童年早期（几个月到将近两岁），每个人都有一个不在场的母亲，一个因缺失而缺席（absent-within-absence）的母亲，也就是说，母亲在孩子的早期生命中，由于她自己生命中重要人物的缺失，母亲对于孩子而言是身体在场但情感缺席的。在每一个案例中，都是丈夫-父亲缺席（艾菲例外）——一个案例是由于丈夫-父亲猝死，其他的案例则是丈夫-父亲暂时的但是长时间（超过6个月）缺失。大多数这些案例中，母亲的父母一方或双方（由于大屠杀、长期分居，或死亡导致）的早期缺失，母亲对缺失和分离的体验会更加强烈。

因此，这突如其来的而危重的早期大规模创伤的被噤声的哭泣，栖身于原始依恋的世界中，栖身于非言语期或前言语期，随后，是对自体和他者的界限形成之前的一种古老的、共生性的沟通模式的固着。

温尼科特描述了 $x+y+z$ 剥夺的形成过程，这一段令人难忘：

> 婴儿感觉到母亲的存在能持续 x 分钟。如果母亲离开的时间超过了 x 分钟……婴儿会感到痛苦，但这种痛苦很快就会消失，因为母亲在 $x+y$ 分钟内回来了。在 $x+y$ 分钟内婴儿的状态没有更改。但在 $x+y+z$ 分钟内，婴儿受到了创伤。在 $x+y+z$ 分钟内，母亲的回归并没有修复婴儿已被改变的状态。创伤意味着，婴儿已经经历了生命连续性的中断，因此原始防御现在被组织起来，以抵御"无法思考的焦虑"再次发生或急性混乱状态的返回，这种情况属于对未成熟自我结构的去整合（disintegration）。
> 我们必须假设，绝大多数婴儿从未经历过 $x+y+z$ 量级的剥夺。这就意味着，绝大多数孩子都不会终生携带着他们从疯狂的

经验中获得的知识。疯狂在这里只是意味着对于个人存在连续性的那个时刻发生的任何可以存在的东西的破裂（breakup）。从 $x+y+z$ 剥夺中"缓过来"后，婴儿不得不再次启动被永久性地剥夺的根源，这个原本可以提供伴随个人化开始的连续性的根源。

（1971a，pp. 114-115）

是不是因缺失而缺席的母亲造成了 $x+y+z$ 剥夺／缺失的程度？或者这是不是一个铭刻在婴儿萌芽自体和与他人的雏形关系中的双重缺失——z^2？

有趣的是，对于沟通麦克卢汉表达了类似的想法："在任何媒介或结构中，都有一个断裂的边界，在这个边界上，系统骤然发生变化进入到另一个系统，或者在其动力学过程已经突破了某个不归点。……（在这里）已经越过了边界的断裂。"（1994，pp. 38，40）

巴林特认为，心灵感应梦与病人"处于强烈的正性依赖性移情状态，而分析师并没有完全领会和理解这种状态"有关（1955，p. 32），与巴林特的观点不同，我发现这些病人，由于早期创伤性的历史，会抵御对依赖和依恋的任何强烈与危险的感受。因此，在治疗过程中他们努力不让自己去依赖，不允许他们自己（以及分析师）感受到他们对分析师的深度退行的渴望，这种渴望只会是以某种方式被埋葬、被隐藏起来。在这种错综复杂的情况下，当分析师明显被其他事情分散注意力，往往是被分析师自身世界的缺失分散了注意力，导致了他在情感上（以及有时也在身体上）突然缺席时，这种情境才会骤然生变。在这种情况下，病人害怕再次体验到对深深的创伤性的缺失、个人存在连续性的断裂，这种恐惧此刻爆发了——这样就永远，永远不会再次回到类似的毁灭性缺失和遗弃中，永远也不会再次回到那令人疯狂的 z^2 和那无法忍受的早期母亲的丧失中。

在缺失与丧失之间的裂口中，在分离与全然缺失之间的裂口中，心灵感应梦被创造了出来；心灵感应梦形成了一个用来搜寻和找到分析师的搜索引擎，就是为了阻止被遗弃的过程，以及防止返回和塌入早期创伤的绝望的深处。

的确，如果说心灵感应是"远距离的痛苦"，那么在这里因距离而遭受的痛苦、因距离而承受的痛苦就达到了其临界位。心灵感应梦引导我们进入了悲怆的核心——受苦、强烈的感受；病人的悲怆（pathos），分析师的悲怆。心灵感应梦是谁的悲怆？谁的梦？做（心灵感应）梦的病人依附住分析师，超越了隔绝、分离、时间、空间和感官知觉的已知过程的界限，这种方式迄今为止还无法用科学解释，但它确实发生了。病人设法进入分析师的心灵，进入分析师的私人事件、体验、缺席——不过并不完整；也就是说，以一种必要的、不可思议的方式，用心灵感应来感知最突出的生理上和情感上的细节，这是普通感官无法提供的。不过其感知到的并不完整。

在梦中，艾菲说："……大门正在关闭。不再可能进去了。我试图说服门卫让我进去。""我解释说我来自他乡，从很远的地方来的，我已经来了，但因为没到场，所以进去对我来说非常重要。于是他让我进去了。"在那些不寻常的日子里，她把自己从她的真实世界中脱离出来，引起了我的注意，而当时我身处在一个不一样的地方，满载情感、相距遥远的地方。"好像在梦里我觉得自己很不一样。在整个过程中我是另一个人。我不是独自一人，我想。"（逐字稿）

可以说，心灵感应梦实现了原初的、无媒介的病人-分析师内在相连或分析性一体的可能性，揭示出心灵感应梦的威力和激进品质：

> 心灵感应（并不是）感官知觉或认知材料从一个人到另一个人的实际传递……我们必须假定，每一个心灵感应事件，都涉及两个情感上有连接的个体，暂时融合为一个功能单元，在瞬息之间（a fleeting moment）重建存在于早期发展阶段的最初母子单元体。
>
> （Ehrenwald，1960，p. 53）

与此同时，心灵感应本身的名称和品质也表明了两个人之间根本上不可约、不可复的距离。

"一个人所达必（must）超越其所及，否则什么是隐喻？"这是麦克卢汉（1994，p.57）对罗伯特·勃朗宁（Robert Browning）的诗句"噢，一个人所达当（should）超越其所及，否则要天堂何用？"进行的改述。在心灵感应梦中，病人所达超过了他的个人边界，进入一种搜寻和接收信息的超自然模式，从而抵达－抓－持住（reach-grip-hold）分析师——"一个心灵的假肢，一只手臂伸展开来，神秘地伸向在现实中遥远的、无法通过物理手段接近的事物"（Hitschmann，1924，p. 438）。

的确，心灵感应梦突破了缺席，把分析师带回到病人身边，即使并没有让分析师敏锐意识到自己情感的缺席和病人的痛苦，正如巴林特（1955）所强调的那样。但是，最佳状况下，心灵感应梦在病人和分析师（一个人同他人，于其体内）之间建立起一种赤裸裸连接的时刻，从而创造出一种新的观察，一种新的理解，一种新的可能性。

分析师，作为唯一知道心灵感应发生的人，应该对病人如实相告吗？在诸如临床审慎性、分析师的匿名性与披露，还有病人－分析师对话的真实性等问题上，人们意见不一。因此，艾林瓦德告诫分析师，除非到了分析的后期阶段，他们有能力处理这种卷入的负荷，否则就不要告诉病人；而同年，艾森巴德也坚持认为，如果分析师小心温柔以及睿智地处理心灵感应体验，他们就能带来最有助益和最有意义的结果。考量到这些不同的处理方法，西恩博格（Shainberg，1976）写道，他担心他的病人可能会因意识到他与分析师的卷入程度而被吓到，所以他会选择不告诉病人，以规避风险。与此相反，梅耶（2001）坚定地认为，必须扩大病人和分析师的能力，让他们能够在分析性主体间关系内研究病人对分析师的各方面了解，包括反常的心灵感应知识。她认为这对于精神分析情境和临床精神分析性思考都很重要。

毫无疑问，这是敏感的、大胆的、自体－揭露（self-revealing）的时刻，对分析师来说，有时候困难和微妙程度不亚于病人。但我觉得，这是一个有意义的、真实而独特的（精神内部和主体间的）时刻，它允许分析师和病人在面对他们现在已经暴露出来的、强烈而神秘的无意识的内在相连时，能够展开一种不一样的交流——探索和进化。这是强大的连接时刻，双方都进入了存在，并通过这样的交流得以深化。德里达对此有非常动人的描述：

你说"它就是我",你做了一个温和而骇人的决定。……你说"我"是唯一的收件人,你说一切都始于我们之间。从空无开始,开辟鸿蒙……(你心无旁骛,寸心千古)……你把它聚集在一起,不减不损,你让它容生相长,一切始于我们之间,始于你,始于你以受为施。其他人会得出结论——一封信就这样找到了它的收件人,是他或是她。不,我们不能说收件人在信(到达)之前就已经存在了。

(1988, p. 6)

总之,我发现这段描述并没有把我带入神秘主义的领域,而是把我带入了精神分析和精神分析性过程的领域。它引导我进入了人类心灵的深不可测的深度、强度和核心,引导我进入了人类心灵为了在创伤与再创伤中幸存下来所进行的挣扎,尤其是引导我进入了精神分析性情境中的病人 – 分析师深层的无意识的内在相连,引导我进入其"不可能的"极端,无畏空间、时间和个人边界。

The Emergence
—— of ——
Analytic Oneness

第 7 章

潘修斯情结而不是俄狄浦斯情结
论倒错、幸存和分析性"临在"

> 多萝西对托托说:"我感觉我们已经不在堪萨斯州了。"
> ——莱曼·弗兰克·鲍姆,《绿野仙踪》
> (L,.Frank Baum, *The Wonderful wizard of Oz*, 1900)

在精神分析性思维的语境中理解倒错——驱力、客体关系、自体客体

从弗洛伊德关于倒错理论的早期著作(1905)开始,精神分析对倒错(perversion)㊀的理解在 20 世纪 10 年代之后的一百年间已经取得了长足进步。我将尝试概述倒错理论的里程碑和这些年以来的变化,然后再探讨我自己的研究方式。精神分析性思考中对倒错的理解可分为两大框架:驱力模型和客体关系模型(Pajaczkowska, 2000; Harding, 2001)。

㊀ 本章通篇中的"倒错",指的都是实际的性倒错(参阅 DSM-Ⅳ-TR 性欲倒错分类下的内容),而不是精神分析过去几十年中将该术语扩展到移情关系的倒错和性格倒错(尤其是克莱因学派的思想)。

1. 驱力

从历史角度来看，第一个框架是弗洛伊德的经典驱力模型及其变迁。最初，弗洛伊德从经济学角度理解倒错，认为倒错是前俄狄浦斯期水平的力比多的一种原初固着。弗洛伊德在《性学三论》（*Three essays on the theory of sexuality*，1905）中，把神经症和倒错联系起来并加以对比，认为两者是一个事物和同一过程（婴儿性欲的发展过程）的正反两面。他有个著名的论断："神经症可以说是倒错的反面。"（p. 165）弗洛伊德认为，倒错代表着未经修饰、未受压抑的婴儿性欲，而通过不成功的压抑而被修饰的婴儿性欲则产生了神经症。因此，在倒错中，婴儿性欲以童年时期相同的多形态婴儿形式，持续进入成人生活，代价是牺牲了成人性器的发展。

几年之后（在对自我的兴趣日益浓厚的背景下），弗洛伊德开始认识到，倒错可能是防御性的建构，尤其为了抵抗俄狄浦斯情结和阉割焦虑，而不仅仅是已经逃脱了压抑的婴儿性欲的片段。弗洛伊德在文章《一个正被挨打的孩子》（"A child is being beaten"）（Freud，1919a）中明确表达了这一点。但是在神经症中，被压抑的幻想，只有在自我失调的情况下才以症状的形式显露出来，而在倒错中，幻想浮现于意识，表现为自我的协调和愉悦（Gillespie，1995）。

在他后来的著作中，特别是在论文《恋物癖》（"Fetishism"）（Freud，1927）和他未完成的重要论文《防御过程中自我的分裂》（"Splitting of the ego in the process of defence"）（Freud，1938）中，弗洛伊德假设了倒错中的其他防御：对现实的"否认"导致了自我"分裂"。这些机制与精神病中发现的机制极为相似。然而，纵观弗洛伊德的著作，其性理论和倒错理论仍停留在驱力理论上，注重的是俄狄浦斯情结和阉割焦虑。"它（恋物癖）仍然是战胜和对抗阉割威胁的象征。"（Freud，1927，p. 154）

2. 客体关系

20世纪下半叶前后，依恋理论和客体关系理论进化出一种理解倒错的全新方式。这一视角并不强调内源性的驱力，而是聚焦于遭受困扰的早期母子关系、母亲的致病作用，以及病态的自我或自体发展（self-development）上。在这里，倒错被认为是一种原初防御，以对抗无法忍受的、原始的、婴儿期的焦虑与创伤，也是一种自体诱导的（self-induced）幸存解决方案，以维护岌岌可危的、摇摇欲坠的自我或自体。这样把倒错理解为原始的、精神病性的焦虑，而不是神经症性的俄狄浦斯焦虑和阉割焦虑，强调这种理解带来的观点使倒错更接近精神病。[早在1933年，爱德华·格洛弗（Edward Glover）就写道："某些倒错与其说是神经症的反面，不如说是精神病的反面，因为倒错有助于弥补现实感发展过程中的缺陷。"]这种把倒错"重新定位"于早期受困扰的依恋或客体关系，极大影响了精神分析性的思考，尤其是在英国、美国和法国精神分析界产生的影响十分深远，我现在简要地回顾一下。

匈牙利精神分析师伊姆莱·赫尔曼（Imre Hermann，1936/1976）首次把施受虐（sado-masochistic）现象与早期依赖中的创伤和想要依附在母亲身体上的原始欲望联系起来。英国的可汗（Khan，1979）强调，在所有倒错中，早期母子关系都受到了一种特定的困扰，这是因为母亲自恋地把婴幼儿视为她"创造的客体"（或"创造之物"），随后她突然退缩——倒错成为自我在自体-修复的解决方案上的一种尝试。格拉塞尔（Glasser，1986）提出"核心情结"（core complex）这个概念，这一情结是性变态者（pervert）在其婴儿早期，因渴望客体完全合并，同时又受到合并所带来被湮灭的威胁而建立起来的，这种情境下母亲被感知为一个危险的、具吞噬性的、侵入性的或剥夺性的存在；这种倒错的解决方案，是吸引客体建立一种极具张力的关系，但又施受虐地控制住湮灭性的融合和亲近。更近的时期，韦尔登（Welldon，1998，2002）强调施受虐倒错者的早年经历，倒错者所拥有的母亲，是一个利用她的婴儿来满足自己对权力的原始需求和幻想的母亲。

在美国精神分析界，最值得注意的是斯托勒和索卡里兹（Socarides）的卓越贡献（有详细案例研究）。斯托勒（1974，1975，1991）将所有倒错都定义为"恨的色情形式"，也就是将婴幼儿时期的创伤，尤其是对儿童性别认同的攻击，转换为成人的胜利（triumph），因此所有倒错都具有敌意、报复、冒险，以及把性客体去人性化的特征。索卡里兹（1959，

1974）借鉴了马勒（Mahler）的概念，强调所有倒错中，都有一种基本的前俄狄浦斯期的核心渴望和恐惧，即为了重返原始母子统一体，既渴望又害怕跟这个妖魔化的母亲合并，而这种渴望和恐惧，正是因前俄狄浦斯期的失败而未能成功度过童年早期的"未分化"共生阶段和分离个体化阶段所造成的。倒错以各种倒错行为保障自我的幸存。交替倒错或混合倒错可能标志着一种更大的、想要避免精神病性的崩溃的趋势。

稍后，奥格登（1997）描述了一种衍生于精神死亡之核心体验的倒错形式——病人如同无意识上的一个死婴，从父母空洞、无生命的交媾中诞生。倒错代表病人无休止而徒劳的努力，以性兴奋为替代品，为了给父母双亲的核心空洞、无生命、谎言和抑郁注入生机，而这些正是病人内在生命的源泉。对倒错的分析性工作，根本上涉及进入倒错场景，这个场景是在移情－反移情中——在分析性主体间性本身的倒错中创造出来的。

在法国精神分析界，有好几条不同的平行理论发展线，将对倒错的理解，从阉割焦虑，扩展和转变到前俄狄浦斯期的致病性的母亲及创伤性的早期经历。麦克杜格尔（McDougall，1995）在一篇文章中写到了"性偏离和精神存活"，他认为除了阉割焦虑外，性偏离是孤注一掷的绝望尝试，是为了控制属于更早期阶段的焦虑，当时与母亲的分离引发对躯体上的瓦解、湮灭，以及内在死亡感的恐怖。法国的几种倒错理论，都是围绕德姆乌赞先生的受虐倒错案例发展起来（稍后我将对此进行描述），主要是因为他对色欲受虐狂的描述，与弗洛伊德1924年的文章中关于受虐狂的要点不一致。德姆乌赞本人在他1973年的论文中，以及特别是11年后的一篇理论论文中（1984，in English 2003；Simpson，2003），聚焦于生命早期致命的无法撤回的创伤情境相关的过剩兴奋量。拉普朗什（1999）从弗洛伊德的生物内源性驱力理论，转变到原始诱奸理论，该理论肯定了他者（other）是最重要的，不是拉康学派的"大他者"，而是具体的他者——成年人，在面对孩子的时候，把"经过翻译的信息"介绍给孩子。安齐乌（Anzieu，1989）提出了"皮肤自我"（The Skin Ego）的概念，认为倒错受虐狂意味着婴儿与母亲所共享皮肤（共生联合体）的撕裂和重建。

3. 自体客体

随着美国自体心理学的发展，以及该理论对儿童早期生命中自体与其自体客体——原初心理单元——之间的关系的强调，人们对倒错的理解发生了另一个重要转变。科胡特（1972，1977）认为大多数倒错都是孤注一掷的绝望尝试，企图通过倒错的幻想与活动修复正在崩解的自体，这是与没有共情回应的自体客体父母之间迁延的、创伤性的关系所导致的结果。"然而，对（倒错）表现最深的分析……并没有通往驱力的基石，而是导向自恋性的损害与抑郁。"（Kohut，1977，p173）科胡特的追随者，尤其是斯托罗楼（Stolorow，1975a，1975b，1994）和戈德堡（Goldberg，1975，1999），对倒错的重要自恋功能进行了进一步探讨，认为倒错是一种夭折的、原始性化的尝试，试图恢复和维持那个岌岌可危的、摇摇欲坠的自体的凝聚性和稳定性，或者是为了防御在前俄狄浦斯期早期的可怕客体环境和影响。

不再是俄狄浦斯：倒错——自切与幸存

在考察了关于倒错现有的主要精神分析性的视角之后，现在我想重点谈谈我自己在理解倒错及其治疗上所进行的精神分析性探索。（就理论背景而言，我的想法和观点属于受困扰的幼年关系模型。）

接下来的讨论基于我治疗了多年的几个性倒错案例——在我看来，这些严重案例的辩论范围并不在于它们是倒错还是"变异"（Stoller，1974），或者"倒错是否就是我们"（Dimen，1997；Stein，2003）。我也不是要谈那些只在幻想中，在移情倒错中，或在性格倒错中表现出倒错的病人。接下来我要谈的案例，是一些有着实际（倒错）行为的严重倒错病人（主要是受虐狂），他们在我这里接受了多年的精神分析性治疗（分析或强化精神分析性心理治疗）。他们的倒错行为并不像文献中通常报告的那样，是在治疗过程中才首次被披露的，恰恰就是因为那些严重的倒错行为他们才来接受治疗。这些病人实际上属于拉普朗什、德姆乌赞，以及许多其他精神分析学家笔下的那种性变态："毫无疑问，这些病人（色欲受虐狂），就像大多数性变态一样，几乎从不会来接受精神分析。"（Laplanche，1999，p.201）斯托勒补充道："分析师不喜欢倒错，并且对倒错心生恐惧……我从来没有分析过一例色情倒错的施受虐狂。"（1991，p. 53，4）然而，在这里我要呈现的案例都是性变态的病人，他们确实来了，他们留了下来，并且在我这里接受了长程精神分析性治疗。

尽管本章无法对这些治疗进行详细的长篇描述，但是我还是要简要描述一下这些病人的情况，以便对倒错进行具体说明，为后面的讨论打下基础。①第一个病人是30岁的恋童癖，根据法院的命令，他在某精神病院接受了密集的精神分析性心理治疗（面对面，一周四次）——这是一种强制性的治疗，在他出院三年后变成自愿治疗，持续了大约十年（本书第5章）。我认为，如果没有这头一次，也是最重要的一次治疗倒错病人的经历，就不会有后面我对其余倒错病人的治疗。

第二个病人是一名年轻女性，她只能通过一堆幻想以及对她自己施暴的方式跟伴侣发生性关系。在她的要求下，这些行为不断升级，直到她的伴侣厌倦了他所称的"这些恶心游戏"，并告诉她，尽管他很爱她，但他再也不愿意继续这段关系了。分手后，她经历了很长一段时间的孤独和绝望，在此期间她很纠结，她想请求他回来，并想要试图放弃暴力，而她又琢磨着，他可能只是厌倦了她，不过找一个借口离开她而已。但她深深地、敏锐地知道，如果没有这种暴力前戏，她就无法对他或任何人产生欲望或发生性关系。她尝试过自杀。出院回家后，她看了一部英国电影，讲的是一个女孩的男友也因为爱她而拒绝持续施受虐的关系。这让她想到，其实自己的伴侣可能是对她既爱又惊惶不安，并不就是拒斥，于是她决定寻求治疗。她来找我，请求我"把恶魔放回瓶子里"，把暴力行为变成纯粹的幻想，这样她就不会觉得有必要真正实施暴力——"让它们存在，锁在内心深处"。治疗三年后，当这种情况的确实现，倒错行为偃旗息鼓了

---

① 我发现有必要详细说明那些让我思考的严重倒错案例，有人可能会打个比方说："我要抓住大象身体的哪一部分才能了解大象呢？"这里，正如温尼科特写到的："我在本文中的目的不是描述这个案例，因为我们必须选择是临床的还是理论的……无论如何，对这个案例我时刻铭记在心。"（1954a，p. 280）

的时候，她要求继续治疗（每周四次，在躺椅上进行分析），以摆脱无休止的暴力幻想的主宰。

第三个是最近期的一个病人（P），一名年近40岁的男性，由一位给他进行过药物治疗的精神科医生转介给我。这位精神科医生告诉我，他的性倒错行为非常严重，在过去几年里愈演愈烈，已经到了危及生命的地步。在他来找她治疗的前一年，他曾找过几位性治疗师，他们都为他的病情严重程度感到震惊，不同意为他治疗。当他求助于这位精神科医生时，她给他开了治疗强迫症的药物，试图最大限度地降低他倒错行为的强迫性。不过，这非但未奏效，还产生了严重的躯体副作用，其中一些副作用令她大伤脑筋。因此她给他停止了药物治疗，并且告诉他，在她看来唯一可能帮到他的治疗是精神分析，因为精神分析是最深刻的治疗形式。应该提到的是，这个男人以前从未接触过心理学或精神分析，我相信他以前甚至都没有听说过"精神分析"这个词。他在绝望和无望中同意了她的提议。她在几次为他寻找精神分析师未果之后，她找到了我，因为她了解到我接困难的分析案例。看上去她不太愿意具体说明他倒错行为的性质和程度，以免我也拒绝治疗他。不过，当时我的想法已经很明确了，我想通过精神分析的深度和强度来拓展治疗工作的范围，并将分析作为一种独一无二的形成过程——借鉴"发展的新机遇"（Winnicott，1954a）、"基本错误（内）的新开端"（Balint，1968）和"信念领域"（Eigen，1981）这些强有力的观念。如果是这样的话，我想，精神分析应该能够为这个人的痛苦提供一个实打实的治疗方案，所以我同意接受他来做分析。

P在同一天就给我打了电话。在第一次会谈中，他告诉我，他的严重的性倒错一开始是恋鞋癖，方式是舔吻"里面有女人脚"的鞋子，伴有一种想让鞋子踩他的手指的受虐元素，他想起从幼儿园起就有这一愿望。多年来这种愿望逐渐升级为一种受虐恋物癖（"鞋子成为一种摧毁工具"），并且在过去几年已经变成一种相当严重和暴烈的受虐倒错症。在最初几个月的分析中，他用触目惊心的描述逐渐跟我说明，实事求是地告诉我，他几乎每晚都去嫖娼，通常每次找不同的性工作者，让她们用各种刑具，以越来越极端的方式羞辱和虐待他。在离开这个地方的时候，他就已经渴望下一次的虐待了。他寻求治疗是因为他知道，用他自己的话来说："如果再这样下去的话，我最终就会进医院——以重伤或死亡收场。"

经过几个月（每周四次，躺在躺椅上）的分析后，当他意识到我不会"因为他告诉过我什么而把他扔出治疗"时，他对我说："这是我的最后一站。精神分析。之后，就是墓地了。"从那时起，尽管我们历经了一些非常困难的时期，但是他一直都坚持治疗。

在他的"日常"生活中，他是名沉闷的会计师，与一名在工作中认识的女会计师处于无性婚姻中，关于倒错症，他对她只字未提。在分析的第二年，他用"疯狂的、野蛮的不一致"来描述他分裂的现实，他开始思考自己的倒错行为，而不只是去实施这些行为了。

也许因为都确实涉及性关系，与前两个案例相比，这次分析工作更让我感到匪夷所思。我们如何能理解对这种虐待、对如此充满羞辱和躯体伤害的暴力网的渴望和成瘾性的屈服呢？这是一个人类会有的吗？确切地说，这是任何生物都会有的吗？

有趣的是，弗洛伊德在《受虐狂的经济学问题》（"The economic problem of masochism"）（1924）一文中，就受虐狂令人费解的、神秘的本质也展开过论述：

> 人类的本能生活中存在着一种受虐倾向，从经济学的角度来看，可以说这有点儿神秘。因为如果精神过程遵循快乐原则，其首要目的是离苦得乐，那么受虐就颇令人费解。如果痛苦和不快乐，可能不是警告这么简单，而实际上就是目的的话，那么快乐原则就不管用了——这就好像我们精神生活的守望者被毒品麻醉得失去了战斗力一样。
>
> 如此，在我们看来，受虐狂面临着巨大危险，而与之相对应的施虐狂则完全不是这样。我们倾向于认为快乐原则是我们生活的守望者，而不仅仅是我们精神生活的守望者。
>
> （p. 159）

我回想起在这次分析工作之初，以及后来为了理解、弄明白受虐是怎么回事，我阅读了所有谈到严重受虐狂的文章。然而，除了本雅米尼和齐沃尼（Benyamini and Zivoni，2002）提出的"对仪式化创伤的渴望"这一表述，我并没有读到其他让我感到真正相关的东西，也没有给我提供无媒介的理解。即便是根特（Ghent）那篇引人入胜的论文《受虐、屈服、投降：受虐是投降的倒错》（"Masochism, submission, surrender: Masochism as a perversion of surrender"）（1990），将受虐狂视为一种人类根深蒂固的屈服于需求的倒错的观点，也并不能解释我的病人所描述的暴烈的、残酷的受虐。因此，我意识到，只有做到置身于治疗内并且要通过治疗本身，我才可以找到一个有形的、无媒介的理解。

通过我与这些病人进行分析的经验，我体内进化出对严重倒错形成的理解，我想借鉴生理学领域的一个术语——自切（autotomy），并且介绍波兰诗人（1996年诺贝尔文学奖获得者）维斯瓦娃·辛波丝卡（Wislawa Szymborska）一首关于自切的感人诗篇（1983）来说明我的这一理解。自切是一个生物学术语，指的是一些生物为了幸存而放弃身体完整性的能力。在危急当头，它们会把自己分裂成两个不相连的部分——一部分留在原地被捕食者吞食，而另一部分则成功逃脱并幸存下来，随后从逃脱的部分中会再生出另一部分。例如，壁虎会自断尾巴，让尾巴在捕食者面前抽动得以逃生，海参的方式则是将自己一分为二，正如辛波丝卡的诗中所描述的那样，我觉得诗句非常惟妙惟肖、扣人心弦。

自　切

危险中海参将自己一分为二：
一个供世界吞食
第二个则逃脱了

它暴烈地把自己分裂成厄运和救赎
……分裂成过去和未来。

在海参的身体中央，豁开一道裂口，

两个边缘立即彼此陌路。

一边是死亡,一边是生命。
这里是绝望,那里是希望……

死得其所,不越界。
从残存中再生。

我们,也懂得如何分裂自己
但只是分裂成血肉和一声碎语……

这里有一颗沉重的心,那里没全死(non omnis moriar),
这三个字,宛如三缕轻烟……

(Wislawa Szymborska,1983,
由 Czeslaw Milosz 翻译成英文)

Non omnis moriar(拉丁语)——我不会全死!透过这些词语,我想把倒错的解决方案描述为深刻的、大规模的分裂和解离,以求得幸存和保住精神存在(psychic existence),尽管这种方案比诗中的海参更困难、更复杂。

儿童需要并希望得到父母的爱、保护和赞许。我认为严重倒错源于倒错病人童年早期原初孤注一掷的绝望尝试,试图战胜残酷环境的侵袭,战胜来自精神或精神-躯体的、无法忍受的暴力和虐待的侵袭,这些是病人既无法承受也无法逃脱的。在这种创伤性的摧毁的情境下,婴幼儿不得不将对暴力、痛苦、恐惧和湮灭的感知从自身分裂、解离,并移除出去,因为儿童所依赖的重要他者给他带来的是恐怖,或是对他予以冷漠和施虐性的刀枪不入的反应,而没有给他提供保护、抱持、涵容,以及修复这些暴力情境的可能性的信心。

因此,一种自切的解决方案出现了——大规模的解离分裂成两个不相连的部分，彼此陌路，以此作为一种精神幸存的手段。一部分（逃离的第二个自体）继续在这个世界上运作，依靠惯性幸存下来，从情感受损、缺乏和迟钝、无生命力中幸存下来，通过与经验的核心脱节而幸存下来。有时，看上去仿佛只剩下一层外壳——"这就是全部了"，我的受虐狂病人索然无味地说着他的日常生活。有时，物质上的成功或智力上的运作，在某种程度上弥补了情感部分的分裂和解离，而情感部分则留下来被吞食——用辛波丝卡的话来说就是"从残存中再生"。

另一部分（供以被吞食的那部分自体）则被困在吞食的状态中，自杀式地被任何关于伤害和狩猎的事所吸引，被任何能具现和实现（有时达到完全实现的程度）黑暗暴力、毁灭、吞噬、施虐和刀枪不入所吸引——这些统统都发生在心灵内部以及发生在自体-他者的关系中。

倒错的场景实现着的同时也未能实现——通过试图将过去发生的无法忍受的创伤转换为在当下产生的令人兴奋的倒错场景，最激烈的体验和感知在这里被唤起。因此这就成为一种倒错的仪式——冻结、重复和暴力——一种预期的、自体诱导的，以及精心安排的痛苦，聚焦于身体（而不是心灵）上，因此无法提供真正的解决方案，不可能缓解，也不可能疗愈。

这是一种强迫性重复，一种对仪式化的创伤上瘾的欲望，它不断地演绎着恐惧、暴力和羞辱的侵入——试图控制创伤、制造创伤、占用创伤、战胜创伤，内心深处甚至又渴望修复创伤——什么都可以，只要创伤不再是无法忍受、无法控制的。因此，倒错行为是一种攥紧姿态，在其肉体、现实性和强度上防止坍塌而陷入恐惧、精神死亡及彻底的内在湮灭。倒错是性变态者试图阻止坠入深渊的最后一搏。

斯托罗楼、阿特伍德和布兰查夫特（Stolorow, Atwood and Brantchaft, 1994）的一篇有关受虐狂的文章提到，一位反复要求她的心理治疗师打她的病人说："肉体的痛苦好过精神上的死亡。"我的恋物-受虐狂病人，在分析第一年总是反复说："它比任何东西都更能支撑你。你不会让任何人或任何事把它从你身边夺走。如果放弃了它，那将是无法忍受的，因为除此以外那里别无他物了。"

斯托勒（1975）认为，倒错可能是对抗精神病性抑郁症的一种防御，而露易丝·卡普兰（Louise Kaplan, 1993）指出：

> 倒错的特点在于它的绝望性和固定性。倒错是一个人别无选择的方式，不然就会被焦虑、抑郁或精神病所淹没……是为了去战胜这些本来具有毁灭性的情绪状态。因此，扭曲变态的性……实际上是对个人恶魔的一种绥靖……与其说是追求（性）快感，不如说是对幸存的考验。
>
> （pp. 10, 12）

还有，弗洛伊德在《恋物癖》（"Fetishism"）（1927）一文中更具体地表达了这点：

> ……当恋物癖被建立起来时，某些过程发生了，这让人想起创伤性失忆症中的记忆停止。在后一种情况下，这就好像是暗恐和创伤性的记忆之前的最后一抹印象，以恋物癖的形式被保留下来。
>
> （p. 155）

这让我想起了儒勒·凡尔纳（Jules Verne）㊀作品中的一起谋杀案，凶手之所以被发现，是因为谋杀事件被定格（frozen）在受害者临死前那一秒的视网膜上，那一秒因此成了生死分水岭。死者的眼睛记录下了这场致命的遭遇，这是生者无法做到的。同样，严重倒错记录并冻结了自我与重要他者之间血腥的创伤性核心经验。倒错体现了创伤性情境的特定体验-情感性的关键品质，并且在靠近被命中的地方停下来，这是达到恐惧、湮灭和精神死亡的全部强度之前的最后一抹印象——一次又一次具体地、不懈地把过去毁灭性经历的印记呈现出来。这种倒错脚本揭露出解离的恐怖，无论是作为施加者还是被施加者都是如此。但是倒错能实现一种外化，并在倒错的伪装下返回吞噬的地方，并返回极其糟糕的客体那里（无论是否跟客体有关联，都是糟糕的客体），与此同时，它淡化并掩盖了恐怖、惊慌或

㊀ 儒勒·凡尔纳：19世纪法国小说家、剧作家及诗人。——译者注

者背叛，淡化并掩盖了本可不同的对事物的渴望，淡化并掩盖了丧失和毁灭——生命和希望的湮灭。被攻击的、破裂的主体，变成了分裂的客体，从过去的创伤性恐怖记忆中解离出来，形成倒错——我不会全死！

我将此与温尼科特（1974）的论文《崩溃的恐惧》联系起来，温尼科特认为，即便是最严重精神病性的疾病综合征，也是一种大规模的防御组织，以对抗崩溃和无法思考的原始极度痛苦，这些崩溃和痛苦都已经发生过了，但是由于它们是如此无法忍受和如此可怕，以至于病人过去无法体验到它们，所以现在也就无法忆起。因此，病人就一定会持续对此感到恐惧，并且强迫性地在未来找寻它。这一在记忆中没有体验性存在的崩溃，会一直如幽灵般萦绕，纠缠着并坚持要得到真正的实现。

同样，我认为倒错也是一种防御组织——经由分裂、外化和强迫性的性化——以对抗一种暴烈的、毁灭性的、无法忍受的和令人窒息的早期过往情境。在田纳西·威廉斯○（Tennessee Williams，1947）的《欲望号街车》(*A Streetcar Named Desire*）中，女主角布兰奇（Blanche）解释自己离经叛道的性行为："欲望是死亡的对立面。"温尼科特在他的一篇早期文章《躁狂的防御》（"The Manic Defence"）（1935）中写道："这里的关键词是生与死。"（p. 134）因此可以说，倒错的关键品质，不是一种性化躁狂的"对阉割的否认"，而是"对湮灭性摧毁的否认"。

在我看来，严重倒错的世界"不再是俄狄浦斯情结的世界"。在希腊悲剧中，有三个著名的儿子，他们的命运迥异（Verhaeghe，1999）。一个极端是埃斯库罗斯（Aeschylus）○笔下的俄瑞斯忒斯（Orestes），为给父亲阿伽门农（Agamemnon）之死报仇，他谋杀了母亲克吕泰涅斯特拉（Clytemnestra），他却被判无罪，躲过了复仇三女神（Furies）的报复，这样一来复仇女神变成了佑护神欧墨尼得斯（Eumenides）○。在中间是索福克勒斯（Sophocles）○笔下的俄狄浦斯（Oedipus），他没能逃脱他的命运，

○ 田纳西·威廉斯，美国20世纪最伟大的三大戏剧家之一。——译者注
○ 埃斯库罗斯，古希腊悲剧诗人。——译者注
○ 欧墨尼得斯，在希腊语中意为"仁慈的人"，这是由于希腊人敬畏神祇，担心直接说出女神之名会招致厄运，故而对女神使用的敬称与讳称。——译者注
○ 索福克勒斯，古希腊悲剧作家。——译者注

发现自己杀死了父亲，还与母亲同床共枕，因此他弄瞎了自己，流亡国外。另一个极端，最悲惨、最可怕的是潘修斯，出自欧里庇得斯[一]的最后一部戏剧《酒神的伴侣》（*The Bacchae*），类似俄狄浦斯的故事，发生在底比斯（Thebes），潘修斯国王伪装成一个女人，企图偷窥他的母亲阿革薇（Agave）和她的姐妹们所领导的酒神巴克坎忒斯（Bacchantes）的狂欢盛宴。他暴露了身份，被抓了起来。无论他如何苦苦哀求，但在他的母亲疯狂的眼中他就是一匹野兽，被他的母亲和野蛮庆祝巴克斯（Bacchus）或狄俄尼索斯（Dionysus）仪式的巴克坎忒斯或迈那得斯（Maenads），撕成碎片，被活活吞食——巴克斯本身就是一个神，每年都死而复生；这是一种仪式，任何经过的雄性动物都会被吞食掉。

严重倒错不是植根于俄狄浦斯的世界，而是植根于潘修斯的世界，它一开始是异装癖和窥阴癖，持续下去是暴露癖，一直发展到施－受虐的暴力和同类相食谋杀的地步。这是由母亲的疯狂和吞食[二]、癫狂，以及纵欲迷醉所形成的混合体所统治的一个世界，同时也是由毁灭和死亡之欲望的仪式结合体所统治的一个世界。

倒错是可治疗的吗

现在我将讨论对倒错进行精神分析性治疗的难题以及改变的可能性。在介绍我的方法时，我的出发点将是，相当激进和近乎悖论地选择了法国精神分析师德姆乌赞（1973）描述过的一个著名受虐倒错案例，他强调的是严重倒错在最早期的、无可挽回的宿命。

[一] 欧里庇得斯，古希腊悲剧作家，与埃斯库罗斯和索福克勒斯并称为希腊三大悲剧大师。——译者注

[二] 值得注意的是，关于女性的性行为，弗洛伊德这样写道："对女性早期的、前俄狄浦斯期的洞察给我们带来惊喜，就像在另一个领域发现了希腊文明背后的米诺斯－迈锡尼文明一样。在我看来，这种对于母亲的最初依恋领域中的一切，在分析中太难以把握了——随着岁月的流逝而变得暗淡无光，几乎不可能重新焕发生机——就仿佛它已经屈从于一种特别无情的压抑。确实女性分析师……似乎能够更容易、更清楚地察觉到这些事实……因为害怕被母亲杀掉（或许是吞食）这事看上去令人惊讶，但却是常事。"（1931, pp. 226-227）

德姆乌赞的受虐倒错案例

德姆乌赞（De M'Uzan，1973）描述的是一个严重的倒错受虐狂M先生。德姆乌赞没有给M做过心理治疗，而是对他进行过两次会诊（consultation），M由一名放射科医生转诊过来，这名医生在一次体检中注意到了这位病人的倒错行为迹象。M欣然接受了放射科医生的转诊。不过，德姆乌赞写道，尽管情况是，精神分析师们很少见到色欲（活现的）受虐狂——不同于道德受虐狂或所谓的女性的受虐狂（幻想中的受虐）——的案例，因而精神分析师一旦碰到这样的机会，就会立刻投入研究，但是他还是花了10年的时间才写出这篇论文。此外，他并不想追踪这个案例，也推迟了对此进行理论探讨的写作。事实上，他是在11年后（1984/2003，英文版），也就是在对M先生进行两次会诊的21年后，才撰写了对该案例的理论探讨。德姆乌赞认为，这是因为这个案例涉及的倒错行为太过极端了，以至于一开始他不知道该说什么，同样，读者也会感到"既着迷又惊恐地难以置信，并强烈感觉到，除了或多或少还算成功的合理化之外，只能说是无话可说"（p. 455）。对此，德姆乌赞补充说，他不愿意更进一步研究这个案例，也与在同M的这两次面谈中，德姆乌赞感觉到的藏在他貌似友好和直率的"烟幕"背后嘲弄的、挑衅的态度有关。

德姆乌赞遇见M时，他已经65岁了。当时，M已经退休，曾经是位受人尊敬的资深电子工程师。他跟他的养女及其丈夫住在郊区的一栋小房子里，无论是在社会上还是在事业上，看上去他都过着一种体面的生活，丝毫没有道德受虐狂的迹象。但当他袒露出自己受损的身体时，反差令人难以接受，这也证实了他对自己极端受虐行为的描述。德姆乌赞用长达数页的篇幅详细描述了M的身体遭受的极端自残痕迹，全身都是文身。他的肚脐和直肠都变形了，右胸被撕裂，在一个虐待狂伙伴的要求下，他的身体被酷刑折磨得不成样子。

M是家中独子，父母年迈而"慈祥"，他10岁时在学校就开始受虐，寻求体罚。在接下来的几年里，随着他成为同学们施暴的对象，这种情况不断升级，并且在他25岁时与15岁的表妹结婚后发展到了极致。表妹也是个受虐狂（在遇到 M 之前，11 岁开始），共同的倒错让他们走到了一起。对夫妻俩实施酷刑的通常是一个或两个男人，M 和他的妻子扮演受害者的角色。在婚后的头三年，他们在受虐的同时也过着正常的性生活，并生了一个女儿。M 非常依恋他的妻子，他形容妻子甜美可人，他们八年的婚姻是"一扫阴霾的八年幸福时光"（p.457）。但是他的妻子在极度的折磨中耗竭，23 岁时死于肺结核。妻子的过世令 M 深受打击。他陷入抑郁状态，染上了肺结核，在疗养院住了两年后完全康复。随后，他的受虐行为又故态重萌了。这次他希望找个有经验的伴侣，他与一个性工作者结了婚，但不久便离了婚，因为她参与了犯罪活动，连累他受到刑事诉讼。德姆乌赞回忆到：

> 在这桩婚姻中，他除了收养一位年轻女仆做女儿之外，什么也没有留下。就是在这个时候，他的倒错行为完全停止了……甚至他做梦的内容，严格来说一直是受虐的，也完全变成了异性恋，且受虐成分越来越少……从此就在他所创造的家庭环境中，展开了他的生活，他非常依恋这个家，在这样的家庭环境里，无人知晓他的怪异往事。
>
> （p. 458）

德姆乌赞在解释这种倒错受虐狂时，聚焦于（关于 M、他的第一任妻子，也就是他的表妹，以及他的父亲都是受虐狂——M 在他父亲过世后从父亲的信件中发现了这一点）"本能量的过剩"的构成因素。这种过剩导致了一种不可抗拒的释放张力的趋势。根据德姆乌赞的观点，量化的本能过剩的作用体现在 M 倒错行为的时间顺序上。这些倒错行为始于青春期，在他年近五旬时，"随着临近衰老和生理变化"，所有的倒错行为都消失了，并且梦和幻想最终完全摆脱了受虐的表征。对此，德姆乌赞补充道，如果量的过剩，与早期客体缺陷或与从"他者"那里"撕裂"出来的原始的、野蛮又岌岌可危的"我"联系在一起，它就会威胁到个体的心理整合能力，尤其是在精神装置没有获得充分发展的情况下。这种情况使得自我会更加依赖身体层面的初级经验，尤其是肉体上的疼痛，以竭力进行重组。因此，构成性的量化因素与早期客体缺陷或野蛮分离的共存，"为主体的命运打上了封印"（p. 465）。11 年后（1984/2003），德姆乌赞将 M 的遭遇描述为兴奋的"量的奴隶"，这种情况是致命的和不可逆转的，因为他生命最早期的创伤性的情境无法从心理上阐述。"当量在实际创伤中构成时，量就是宿命。"（p.716）

在我看来，德姆乌赞对 M 色欲受虐狂的命运所发生的骤然剧变所做的解释，竟然没有提到这种剧变很可能是 M 的人文环境变化的影响——主要是他与他收养的女儿之间有着多年的深厚关系。根据德姆乌赞的描述，正是在这里 M 开始过上了平静的家庭生活，摆脱了所有受虐活动，甚至逐渐摆脱了受虐的梦。兴奋的过剩量和早期客体 – 缺陷或早期创伤性的分离，是否只受年龄因素的影响，而不受重要而截然不同的客体关系形成的影响？尽管德姆乌赞没有进一步探讨，但我发现很难不把这些不同关系的出现与影响视为基本体验，它们消除了早期创伤性的情境⊖的宿命封印，从而开启新篇章，暗示着"一切都是可以预见的，而且（仍）被赋予了选择的自由"（Pirkei Avot，3:15）。

正是在这个地方——在这里，全新而基本的体验以及对"早期基本环境供应失败"的纠正（Winnicott 的观点，1963b，p. 258），在倒错的世界里面产生了——我试图将严重倒错的精神分析性治疗定位在此，正如我现在要描述的那样。这种治疗方法，在根本的、更广泛的意义上，也体现了探索、追求，以及扩展精神分析性治疗边界的可能性。

"心理治疗"与倒错

让我从那些关于精神分析最早的文字开始，从精神分析发展的新纪元开始，从弗洛伊德 1890 年撰写的最早期论文《心理（或精神）治疗》

⊖ 这里让我想起了温尼科特（1963b）强调的纠正严重精神障碍中"早期基本环境供应失败"的重要性："正是在精神病身上——而不是精神神经症身上——我们必须期望找到自体 – 疗愈（self-cure）的例子。一些环境事件，或许是一段友谊，可能会纠正基本供应的失败，并且解开一些在某些方面或者其他方面阻碍成熟的障碍"（p. 258）。温尼科特认为，在分析过程中，这种矫正性的供应是不够的，还应该在治疗中，辅以纠正早期创伤性的失败，现在通过分析师的失败（"以病人的方式失败"）重新过活。

("Psychical (or mental) treatment")的开篇段落开始。人们曾以为这篇文章写于1905年，直到人们发现这些令人震惊的论点实际早在1890年就已经写出来了（Berman and Rolnik, 2002）。34岁的弗洛伊德是一位神经生理学家，即将成为一名精神分析师，风华正茂的弗洛伊德充满了新生思想，他写到如下文字。

> "Psyche"是希腊语，可以翻译成"mind"（德语为"Seele"——见斯特雷奇的译注㊀）。因此，这个术语的意思应该是"对精神生活病理现象的治疗"。然而，它的含义并非如此。更确切地说，"心理治疗"（psychical treatment）是从心理（mind）启动的治疗，是通过第一时间和即刻直接作用于人类心理的措施而进行的治疗（无论是精神障碍还是躯体障碍）。
>
> 这些手段中最重要的是话语（words）的运用；话语是精神治疗（mental treatment）的基本工具。毫无疑问，一个外行人会发现他很难理解"仅仅"通过话语就能消除身心的病理障碍。他会觉得这是在要求他相信魔法。不过他也没有错得太离谱，因为我们在日常使用的话语无非就是被稀释的魔法。但是，我们必须绕个弯子，才能解释科学是如何着手让话语至少部分恢复其昔日魔法力量的。
>
> （1890, p. 283）

要相信（尤其是在思考倒错的治疗时）"心理治疗"并不是"对精神生活病理现象的治疗"，而是源于心灵（psyche）的治疗，是通过"心理措施，第一时间和即刻直接作用于人类心灵"的治疗，这一点不容小觑。更何况，分析师寻找的不是"被稀释的魔法"话语，而是那些重新获得了"至少部分恢复了其昔日魔法力量的"的话语。

在2002年的一次演讲中，罗尔尼克（Rolnik）提出了以下观点：

㊀ 根据斯特雷奇的译注，"（德语的）'Seele'这个词实际上比英语的'mind'更接近希腊语的'psyche'"（Freud, 1890, p.283）。希腊语"psukhe"实际上被翻译为"灵魂，呼吸"（*Collins Dictionary*）。

诚然，弗洛伊德后来试图关闭神学和神秘主义可能进入他的作品的所有缝隙，但他从未成功地将它们完全封印住……无论如何，我的观点是，如果那个神秘主义的开场白——心灵对心灵的治疗——没有持续在精神分析理论中产生回荡，没有得到滋养，它就不会延续百年。

从弗洛伊德（1890）在论文《心理治疗》中的早期表达，我转向我自己的思考，我将从倒错治疗中分析师在场的角度，谈谈我自己关于"心灵对心灵的治疗"这一治疗性因素的想法（这些思考包含了我对临床精神分析中治疗性行动模式所持的根本的、更宽广的假设）："临在"和病人－分析师深层的内在相连。

治疗倒错中的"临在"

我认为，分析师把自己"交付出来到场"或"临在"是治疗倒错根本不可或缺的方式。正如我前面写的（本书第 2 章），我首次针对大规模的见诸行动外、见诸行动内，以及活现发展出了这种治疗方式，我认为，治疗工作中的这些见诸行动情境的命运，在很大程度上取决于分析师把自己交付出来"在那里"、待在这些见诸行动情境的强烈冲击里面并与之融为一体的意愿和能力（1998a，1998b）。因此这种方法成为一种倾听、体验、理解、记忆和交流的方式。因为见诸行动——以非语言的方式——表达了创伤性经验的内部区域，这些是被切割出去并丧失了话语的区域。此外我还强调，大规模见诸行动情境中分析师的"临在"形成了一种强大的抱持、涵容和保护因素，其存在和累积效应改变了自体－他者场域（the self-other field），改变了病人世界中对于恐怖、创伤性的缺失和情感失败的内在体验。因此它能够，从内部，突破病理性的自体－他人关系和防御的重复循环。

这一点在倒错行为中表现得尤为明显，其中见诸行动——被定义为"见诸行动外""活现"或"上演"（performance）——是核心要素（Goldberg，1975；Khan，1979；Kaplan，1993）。从这一视角，我理解了前面提过的精神病性受虐狂病人安娜（Stolorow et al., 1994）的反应，她反复要求治疗师打她，直到她终于能够写信给治疗师说"肉体的痛苦好过精神上的死亡"才停下来。通过她发出"打我"的请求，我想，她是在一遍又一遍地请求治疗师用在场的方式进入、共享和影响她孤独而疏离的受虐性的解决方案以及她对精神死亡的恐惧。

此外，鉴于倒错发展的客体关系和自体客体关系模型，在我看来，治疗倒错中特别重要的是建立起这种"在场"——也就是分析师基本的、功能性的"临在"，聚焦的是调谐、接受、抱持和涵容，而不是提供属于病人－分析师关系（客体或主体关系）的诠释，尤其不是提供属于病人－分析师分离性的诠释。

如本章理论－临床部分所述，关于倒错形成的客体关系和自体客体关系的视角（包括我本人和德姆乌赞的）将其主要归结为早期发育阶段中被干扰的、创伤性的核心经历。倒错是婴儿期自我或自体的一种防御组织，为的是在具创伤性的、吞没性的，以及湮灭性的压倒性的母性环境或者原初父母环境中幸存下来，并且获得对这一环境的掌控。因此，在倒错的治疗工作中，分析师把自己交付到调谐、功能性的"临在"具有重大的相关性（relevance）。这种相关性是本体体验论的，而不是认识论的。分析师的"临在"可以重新动员病人的原初和根本的需求，与一个具抱持性的、涵容性的和保护性的在场实现一种相连的、相融的存在。与此同时，也可以与分析师形成一种实际的（actual）⊖新的、原初的内在相连——这个分析师"在那里是为了被使用"（温尼科特的理解），分析师是稳定的、持续的，并且经验－贴近病人对关联的需求、恐惧，以及无力感。可汗（1979）也写道：

> 在性变态者的治疗过程中，我们面临着一项艰巨的治疗任务……摆在我们面前的是，性变态者无法通过其客体关系来影响和改变。没有人能在日常生活中为一个性变态者做那么多事情，

⊖ 这里"实际的"（actual）有两层含义："在当下以及在实现的过程中，也就是说，试图让过去没有发生的事情变成现实。"（Pontalis, 2003, p.45）

因为他可能如刘易斯·卡罗尔（Lewis Carroll）笔下的特威德迪（Tweedledee）所言："不过是一种痴心妄想。"

(p. 30)

我相信，这里所描述的分析师的"临在"，为渗入、造访和影响性变态者的内部世界创造出了一种根本的新可能性。

根据温尼科特学派的退行理论，我所阐述的过程可以描述为：经由分析师的"临在"，病人的退缩性与解离性的组织——在此语境下，指的是"倒错"——得以转化，进入退行到依赖（regression to dependence）的过程（Winnicott, 1954b）。[佛朗哥·德马西（Franco De Masi, 2003）也认为早期"（始于婴儿期的）性化的退缩是倒错——实际上是所有倒错——的核心和起源"（p. 87）]。温尼科特认为，在退缩状态下，是病人在抱持着自体。但如果分析师证明自己有能力抱持病人，并且有能力"在（病人）退缩的自体周围放置一种介质"（p. 257），这就能让病人敢于放弃退缩的自体防御性的（self-defensive）组织，从而将退缩转化为退行，这就带来了退行所承载的修正病人过往需求的适应失败或不足的机遇。因此，一个新的发展机会随之而来。巴林特（1968）同样将这一新开端描述为"①回到'原始的'物，回到错误发展开始之前的那个点，这个过程可以描述为退行，以及②同时，发现了一种新的、更适合的方法，这相当于一种进展"（p. 132）。

我强调在倒错治疗中退行的作用，是因为退行为分析性过程提供了一次激进的新可能，以一种返回到极早期发展过程的深刻方式，影响并纠正病人过去的环境失败（本书第10章）。温尼科特认为，经由在分析中退行到依赖，"当下返回到过往，当下就是过往"（1955-1956，p. 298），以及有机会让分析的"现今环境做出充足适应，尽管这个适应姗姗来迟了"，并提供足够好的抱持和照料（handling），从而可以实际上改变病人的过去（1954a，p. 283）。"我们以某种方式默默地传达了可靠性，而病人以成长做出了回应，而这种成长本应是在人类照护的极早阶段里就已经发生的。"（1988a，p. 102）

治疗倒错过程中的病人－分析师内在相连

经由"临在"和退行，病人和分析师进入了体验的另一领域——接触和影响的深层的、情感层面的病人－分析师内在相连或"同在"的领域——超越病人和分析师各自精神存在的、一种原初而具形成性的二合一实体。这意味着打破并改变了病人（和分析师）的精神空间[一]。在病人和分析师的精神的这种深层的内在相连中，一种新的可能性被创造和呈现出来，以接触、体验、涵容和影响至今仍未知的、最解离的或被冻结的存在及关联方面，这些方面对病人（和分析师）来说是无法忍受和无法思考的，要不然就无法抵达或产生。这种新的可能性成为实际治疗现实的部分，不仅复活了最初过往情境，同时也是一种形成过程，一种转化性的过程，通过突破病人的重复和重建的极限，来实现改变［在我 2004 年的一篇关于"在精神分析性治疗中形成根本性的新体验"的论文中，我称之为"过去－当下（past-present）的现实"和治疗中的"风险地带"］。

这些就是倒错治疗的关键议题。由于倒错的解离而隐秘的本质，由于它是一种自体诱导的解离性分裂的幸存方案，是一种强迫性驱动和兴奋的仪式，所以它并不能真正改变内心深处的僵局，性变态者无法独自从这些重复轮回中解脱出来。但是，在满载倒错的精神空间中，置身于分析师的"临在"，通过分析师的"临在"，在病人慢慢地向分析师披露他的隐秘、焦虑、感觉和欲望，同时也慢慢地、逐渐地揭示他隐藏的渴望的时候，一个新的内在话语就被培育出来、被听到、发生进化，尽管有时深陷在最黑暗的洞穴里。一种当下的、替代性的体验情感性的现实被创造出来。治疗步履维艰，极其困难。治疗的心理空间和分析师的内在相连的心灵充斥着倒错的效应，或充斥着在绝望、空虚和迷失的世界中寻求出路的搜寻，尤其是在激烈的倒错解决方案被动摇而消退的时候（于是，当外部现实因分裂的倒错结构发生变化而发生混乱时，这种情况往往会更加复杂）。有

[一] 丹妮尔·奎诺多兹（2002）在一篇总结一例跨性别病人分析的论文中，描述了当加入精神现实的维度时候，病人的精神空间发生了变化，从二维的、平面的、具体的现实变成立体三维的内部空间。在我看来，这种变化是"临在"以及与分析师的心灵内在相连的结果，这种方式开辟出了这一新的维度。

时，分析师会被推向职业和个人能力的焦虑极限[参见丹妮尔·奎诺多茨（Danielle Quinodoz，2002）的沉痛描述⊖]。

但是，我相信，分析师置身于这些体验的"临在"以及与病人的内在相连——把那些"自切"的分裂部分托在了一起——随着时间的推移，缓慢侵蚀掉那被封锁住的无言恐惧、秘密、解离，以及深深孤独的威力；他们挣扎着"在那里面"，以承受、遏制并减缓摧毁性、暴力、愤怒和欲望的凶猛残暴；挣扎着从失败、坍塌、抑郁和绝望中幸存下来，从强烈的无助感中幸存下来，从病人在根本上觉得有无法挽回的缺陷的这一感受中幸存下来。这些全部复苏了，攥紧并依附于分析师——依附在分析师的在场，依附于与分析师的连接——这些是艰难、沉重和具攻击性的；可以说，病人对分析师和治疗的依附，取代了对倒错解决方案的依附。同时，也为体验和处理它们创造了可能性，从而形成了一种不同的体验、关联和存在的方式。所有这一切让倒错的本质发生了深刻变化，同时伴随着生命、连接和希望的缓慢渐入（本书第8章）。

我想再次强调：在这些基于"临在"、内在相连，以及退行到依赖和原初经验的治疗中，分析师实际而持续的在场极其重要。

温尼科特（1954-1955）关于分析性治疗中"一个好乳房的内射（introjection）"的论述，完成了以弗洛伊德早期（1890）关于"心理治疗"及其"魔法力量"的论述所开启的循环：

> 我们（分析师）要的是什么，我们想要"被吃掉"，而不是被魔法般内射。这跟受虐一点关系都没有。"被吃掉"是母亲的

⊖ 由此，我谨提及丹妮尔·奎诺多茨（2002）在题为"建立秩序前的地震"的小节中的叙述，她描述了她的易性癖病人，在经过大约五年半的分析（持续了七年）后通知她，自己计划进行一系列的变性手术的时候，她所体验到的极其强烈的愕然、失望、崩溃和被抛弃的感受。她写道："有那么一瞬间，我觉得一切都在坍塌；西蒙娜抛弃了我，打了我的脸，对我进行了有史以来最猛烈的攻击——她把一切都放回到具体的层面，放回到外在的表象层面，而我原以为她现在应该是在寻找一种更内在的、心灵的认同感。"（p. 787）奎诺多茨接着描述了她处理这些感受的方式。这种围绕着激烈地返回倒错解决方案的艰难治疗过程（我将在这里介绍的第一个临床范例中也有描述），对于与严重倒错工作的精神分析师和治疗师来说并不陌生，而且它们通常是核心创伤性的失败感受与体验在治疗中复苏（revival）之后出现的。

愿望，实际上也是母亲在照顾婴儿的极早期阶段的需要。这意味着，无论是谁，没有受到同类相食的攻击的人，往往会觉得自己在人们的修复和补偿活动的范围之外。……当且仅当我们"被吃掉"、被磨损、被偷取之后，我们才能有一丝丝也被魔法性地内射，并被置于某人内在世界的储存部门。

(Winnicott, 1954-1955, p. 276)

我认为，一般而言精神分析性治疗的魔法和神奇，尤其是倒错治疗的魔法和神奇，是置身于一种深刻的孤独中所创造出的情感连接的魔法和神奇。这种连接是困难的、浓厚的，有时是令人生畏的，会遭到拒绝的和具拒绝性的，会受到威胁和具威胁性的，无论连接有没有发生都会如此。因此，这种连接很脆弱，靠一丝一缕编织起来，为它的存在而挣扎着，但又因此它也被有力地锻造起来。正是病人的心灵与分析师的心灵的这种内在相连，并且因此置身于病人的心灵中，使得能够——借助其本体体验论的现实——形成超越严酷和孤独的倒错现实的一种突破。(我认为，在所有精神障碍中，性变态者的存在体验是最孤独的、最孤立的和最疏离的——不仅仅与外在世界疏离，也与病人内在世界脱节的部分疏离。)

在本章开头我所描述的三个倒错病人的治疗中，这些过程缓慢而渐进地发生着，并在治疗期间通过终止倒错行为而具体表现出来。"心理治疗"是通过情感深层的病人－分析师内在相连的"临在"、接触和影响而进行的，这一过程涉及重要渴求和脆弱性，以及在这个过程中创造出的"爱洛斯"("Eros"，Racker 的观点，1968⊖)，最终消融了倒错的强烈影响。或者，用费伦齐 (1933) 的话来说，这些过程再次创造出童年早期特有的"消极客体爱"和"柔情" (tenderness)，而在柔情的早期阶段，当成人的激

⊖ 拉克尔 (Racker, 1968) 有力地指出："分析性的转化过程在很大程度上取决于分析师能够为他的病人付诸实践的爱洛斯的数量和质量。它是爱洛斯的一种具体特定形式，是被称为理解的爱洛斯，并且它也是一种理解的具体特定形式。最重要的是，它是对人类所拒绝的、所恐惧的和所憎恨的东西的理解，而这要归功于更强大的战斗力量。" (p. 32) "去理解就是要克服一分为二……理解，与另一个人结合，以及由此产生的爱，从根本上来说是一回事。"(p. 174)

烈情感或激烈惩罚强加到儿童身上时，这些特征就被扭曲并转为"激情"（passion）。

根特在他论述受虐狂（1990）的论文中也提到了柔情。他引用诗人叶芝（Yeats）的诗句"轻柔地踩啊，因为你踩的是我的梦"，并且他写道："我们应该'轻柔地踩'在病人的受虐和顺从上。这些也往往以一种伪装和扭曲的方式，表达着对被发现和被认可的深切渴望。"（p. 234）

为了说明在倒错的分析性治疗中分析师的"临在"以及病人与分析师至关重要的情感内在相连，我将介绍三个治疗片段，描述的治疗小节取自倒错病人的分析。第一个片段来自我跟病人的一节艰难而关键的分析。第二个片段来自马文·格拉塞尔（Marvin Glasser，1986）描述的一节分析性治疗，我将把它与我跟病人的分析进行对比。在第三个片段中，我将回到第一个片段中的病人的分析，这是那节分析之后一年多的事情。

案例一：驱逐和遣返

在本章开头我描述过的恋物-受虐狂病人（病人P），现在是他分析的第二年，我休假中断后的第一节治疗，他到了。（在这些治疗中，由分析师休假所造成的这些间隔是最麻烦的。）一打开门，我就注意到他的脸是浮肿的。

他躺在躺椅上，简短问了一句："你好吗？"之后，他平静且直截了当地、平铺直叙地告诉我详情细节，那天早晨他去找了个性工作者，很便宜，一次只收100谢克尔（约25美元），让她虐待他，然后他回到家，接着来做治疗。

在这样的分析中，第一次我感到了极大的疲倦和反感，尽管他已经讲述过远比这暴力得多、怪异得多的场景，也许正是因为这种泛滥成灾的、令人悲哀的低贱吧。我在心里对自己说，所有做的艰辛努力有什么意义，辛辛苦苦做的整个分析、花这么多钱和时间在上面有什么意义。还不如每天去找性工作者，挨五分钟揍，付费100谢克尔，就可以完事。

于是我退缩了，沉默下来。

然后我注意到他变得非常激动，与之前平静而脱离的状态形成鲜明对

比。仿佛他已经听到了我的想法,他说:

> 什么也做不了。我问你:怎么了?有什么好说的?当我被踩躏的时候,我就存在了。这就像异形(the Alien)钻进了我的肚子而待在那里,每次都会破肚而出,就是这样。仅此而已。没有解决的办法。一切只会变得更糟。我完了。我生来如此,死也如此。我在 40 岁之前就会死掉。

他坐了起来,浑身发抖,那张被打得鼻青脸肿的脸,忽然显得那么憔悴,不成样子,那么卑微。我意识到,他感知到并知道我已经抛弃了他,任由他在战场上受了伤,迷失了方向,而且我离开他去救我自己了。于是,我回到这个卑劣的、让人绝望和铤而走险的地方,这是他和我一起的地方,我说:

> 你太绝望了,是因为你觉得我已经放弃了。而当我们两个都放弃了的时候,就再没有什么可以守住的了。这真的很令人绝望,不过我们还在继续。

他静静地躺回去,在分析中(也许是在他生命中)第一次热泪盈眶,他说:"死亡可以如此低贱。你应该把我锁在治疗里。"

案例二:过去就是此刻形成的

这个片段摘自格拉塞尔(Glasser[①], 1986)的论文,在此逐字引用。他提出了他本人的概念:倒错中的"核心情结"(the core complex),并且他通过描述一节治疗对此进行了说明。

> 核心情结是一种基本的、中心的、连贯的结构,建立于婴儿早期,由对亲密的满足与安全的渴望、对湮灭与抛弃的焦虑,以及伴随的抑郁、攻击性和施受虐等内在 – 关联的成分所构成。

---

① 感谢已故的马文·格拉塞尔(Mervin Glasser)博士,我借用了他的话来阐明我的(不同)方式。

我们可以用与一个同性恋[①]病人的一节治疗来简要说明这些成分。

  他一直在抱怨他的母亲最近去伦敦看望他时，是如此爱搭不理的。我评论说，尽管他给了我母亲的这类表现的很多例子，我对他的说法还是有些疑惑，因为我们在很多次谈话中看到，他是多么无法忍受母亲向他靠近，他是如何被迫把她推开的。他的反应明显变得焦躁起来，并说他发现他的母亲令人窒息：她就像一只蜘蛛趴在他脸上（他这么说的时候，他把手张开捂在嘴、鼻子和眼睛上，然后紧紧抓住自己的脸）。我接受他把"蜘蛛"投射到母亲/我的身上，我提醒他对我的缺席或迟到感到生气，提醒他一次次强迫性地、贪婪地吃巧克力，提醒他一次次强迫性地去公共厕所对他能找到的任何男人口交的行为。显然我的评论太过激烈，或者说太过有效，因为他接着说，在我说话的时候，他感觉很糟糕，而且他感受到有一种极其强烈的欲望，想转过身来引诱我，这样我就不会继续说那些了。

  核心情结动力学得到了很好的阐述：当我挑战他对母亲/我的渴望的否认时，他感受到他自己被我的评论所侵入和控制了，他认为我的评论旨在让他成为我想要他成为的样子，而不是成为他自己，因而他试图通过对我口交，将我们的关系性化为一种施受虐关系，从而获得对我的控制，并且控制他要不要接受什么东西进来，以解决他要取消我还是保留我这两个冲突的愿望。

（pp. 10-11）

我发现自己惊讶地意识到，两位分析师（这里指的是格拉塞尔和我自己）能够始于从根本上兼容的理论观点（即用受困扰的早期母婴关系模型来理解倒错的发展），而最终却提供了如此不同的实际治疗行动过程。因为我觉得，在前面的这节治疗中，格拉塞尔极力强调专横的母亲在倒错形成中的核心作用，即孩子体验到的这个母亲，是扼杀和消灭了他对原初的

[①] 我引用这段叙述，因为这段叙述清楚地说明了这一节的治疗行动，即便是在 DSM-Ⅳ中，同性恋已经从性变态（倒错）中删除了。

融合、亲密和安全的深切渴望的母亲，这种强调只是让病人在这节治疗中体验性地重复他与母亲之间的专横关系，在这节治疗中，从病人抱怨母亲的疏离开始，格拉塞尔就没有对病人的感受提供调谐的、共情的反思性倾听，这种倾听会带来经验-贴近的理解、诠释和"爱洛斯"。相反，他是基于（权威性地知道关于病人以及他与母亲关系的真相的）分析师的立场给出了（强加的）诠释。因此，在我看来，这种诠释并没有超越病人的性化，也没有抵达他孤独的、根深蒂固的痛苦。

分析师，"轻柔地踩啊"，因为你踩上的那些梦、那些深深的渴望，以及"核心情感需要"，是在早年就被碾碎和被扭曲了的（格拉塞尔的原话），它们正在等待着被发现、被认可和被遇见。

回到我的案例：扭曲能被抚平吗？

现在我回到我的恋物-受虐狂病人P身上，用这个案例来说明：①倒错行为终止后分析的摆荡本质；②突破并超越他分裂的世界到达一个新可能性的挣扎（与渴望）；③坚持治疗而非倒错的重要性。然而，很难用一份逐字报告来描述分析师的默然"临在"。因为在"临在"中对连接与理解的感知，主要是通过允许病人对我们说话的强度，通过倾听并与这一体验、其声音、意象和活现进行沟通——感受并随着它们的影响而演变——来实现的。

这些片段取自分析跨入第三年的连续两节治疗，距离我前面所述的那节治疗超过一年，并且在他停止实施倒错行为好几个月了之后。

病人这样开场：

> 你希望我把自己带到这里来。所以我现在就带着内在的我，带着我的疯狂，带着我的抑郁。我说着昨天我说过的话，尽管我没有那么抑郁和悲伤了。过去，我几乎从来没有细想过。我过着很不寻常的生活，追求恋物和残暴的虐待，躲避周围一切。我会回到家，亲吻妻子的脸颊，一切都会好起来。在这里，也是如此，我来了，说得头头是道，接着还是继续残暴的恋物行为。现

在我要告诉你，一切都是狗屎，都是虚无，我离开这里，拼命努力不沾恋物行为。它把我撕成碎片。现在我在所有这堆狗屎中找不到一个出口。当我和你说话时，还是颇为美好的时光，但是当我离开这里的时候……

我的行为和倾向起起落落，毫无稳定可言。所以，即使是在一天结束时，我告诉自己"你现在冷静些了"，我仍会提醒自己，接下来不过就是下一轮的消沉，不过是个错觉罢了。我的发展整个都被卷入一连串阴谋诡计中。归根结底，我觉得自己什么都不是，我什么也不是。在电影《低俗小说》（*Pulp Fiction*）中，约翰·特拉沃尔塔（John Travolta）饰演的文森特冒尽风险，最终像狗一样死去。所以，你现在要编些什么好听的话呢……

我说：

在那些时刻，当你冒着风险，感到如此没有安全感时，当你开始感到绝望时，我的话语被需要。[请注意我说的"我的话语被需要"（my words are needed），而不是"你需要我的话语"（you need my words），我想用这种方式，强调在这个过程中病人－分析师的内在相连，而不是"我－你"分离的体验。]

病人说道，声音急促：

即使你不会明白……这不仅仅是倒错。这是我的整个行为。这是一个不一样的世界。我的整个本质不一样，这个世界的本质是，你不是真的存在于正常的现实中，你压根就不在那里。你不是真实的；这是一场盛大的演出。而恋物癖——那是真实的。不过事实上，我现在没有花钱在恋物癖和残酷的虐待了，这是真的，让我感觉不错。特别棒。真的。不过就是太少了。少到你会摇摆不定，让你周围的每个人都感到不安。更简单点的方法就是，来一通残暴的恋物，亲吻妻子的脸颊，然后闭嘴。

如果你说"我为什么要接这样的案例"怎么办？我认为，如果治疗，如果精神分析，有丝毫机会，可以让一个从很小就发展得如此性变态的人，过上正常的生活，如果存在这一机会——坦率地说，我认为根本就没有机会——那么我相信治疗会相当漫长。无论成功与否，显然都是需要好些年。治疗就是如此……我每时每刻都在想这件事——除了晚上睡觉的那几个小时，我满脑子都是这件事。因为我想，如果真的要从一个轨道，移到另一个轨道的话，似乎好难好难。我的内心世界，老天帮帮我，完全是另一回事，是一个为了渗透或改变它的世界——它是颗原子弹。我的内心世界，是一个你无法理解到的在我体内是如何运行的世界。我这么说并不是出于绝望。你是最接近理解我的人。也许它无法改变，这就是我们最终会得出的结论，它无法改变。太不一样了。也许这是不可能的。我的内心是一个完全不一样的世界。如果我治不好，我就会死。死了更好。

我不知道事情会走向何处，而且对我现在想到的事情没想法。在过去的几个月里，我一直带着那种疯狂的感觉来到这里，这种感觉一直都有，在我独自挣扎的那一刻，老天爷没有出现，我彻底陷入了恐慌，一切都失去了，彻底的绝望，一切都是狗屎。从真正意义上说，这才是真实的我。但如果我孤注一掷地来找你，同时又断言治疗毫无意义，永远也不会有好结果，那么你所了解到的正是我现在的处境。所以，与过去相比，现在你几乎知道了一切——每天我都处于兴奋状态，我的内心被摧毁了，病入膏肓。

在接下来的一节治疗中，他说：

我被恋物癖绑定在我存在的最核心，不过有些事情已经发生了……我想从最开始就选择干净和纯洁，如果这回事有可能的话。我很想要一个女朋友或妻子，想要一个伴侣。我不明白该怎么去做。这似乎太遥远了，我得不到。当你的起点很低，从底部开始太难了。对我来说就像是攀登珠穆朗玛峰一样。

结语

我用生物学的一个术语("自切")作为开始,最后我还想进一步参考生物学(也许,还受到德姆乌赞生物学思考的影响),引用达尔文的进化论著作中的一段话来做总结:"每一个有机生物的构造,都以最基本的方式,与所有其他有机生物的构造相关联,依靠这种关联才能与其他有机生物竞争,以此避开它们或者捕食它们。"(*On the Origin of the Species*,1859)

此外,乔纳森·韦纳(Jonathan Weiner,1995)在其著作《雀喙:我们这个时代的进化故事》(*The Beak of the Finch: A Story of Evolution in Our Time*)中,追踪了彼得和罗斯玛丽·格兰特夫妇(Peter and Rosemary Grant)两位科学家的发现,他们从20世纪70年代开始,在加拉帕戈斯群岛中心——达尔文获得进化论初步线索的地方⊖——花了大约20年的时间,证明了他们感到惊讶的地方:达尔文并没有完全认识到他本人理论的力量。韦纳证明,进化既不罕见也不缓慢,它每时每刻都在发生,甚至肉眼可见。该书第19章"行进中的伙伴"开篇引用了西奥多修斯·多布赞斯基(Theodosius Dobzhansky)⊖的一段话:"创造不是一种行为,而是一个过程;它……就在我们眼前进行着。人类并非只能充当旁观者;他可以成为创造过程中的助手、合作者、伙伴。"(Dobzhansky,转引自Weiner,1995,p. 267)

我也想把达尔文及其追随者(关于进化和创造过程中的伙伴关系)的生物学事实论述应用到人类的个人化的进化上。我相信,一般来说在精神分析性治疗中,尤其是在对性变态者的精神分析性治疗中,如果能够予以"临在"和分析师-病人内在相连及影响充足的时间,病人的精神结构就会在与分析师心灵的不渝的、深深的、持续的连接中,以最本质的方式受到影响并发生变化。

⊖ 达尔文在此研究达尔文雀。——译者注
⊖ 西奥多修斯·多布赞斯基,遗传学家,现代新达尔文合成论大师,他证明突变极其常见,而且经常并不致死,因而并没有所谓的"正常"基因,而只有不同的品种,根据机缘和当时当地的情况而延续着自己。——译者注

第二部分
崩溃的『声音』

　　第二部分将深入探究无法忍受的、痛苦的、被噤声的、被埋葬的创伤性尖叫，探索人类心灵破碎的浩瀚无垠，这超越了性，超越了倒错，超越了大规模的解离，也超越了死亡。我将继续探索如何在分析性在场和病人－分析师深层的内在相连或"同在"的这一维度内工作，这样可以深化进入合一，使得我们能够遇见、抵达和转化病人最未知的、无表征的状态，主要是核心灾难以及无法思考的、未被体验到的崩溃和疯狂。

寻找生命与爱的微弱火花

1978年7月3日,比昂去世前一年,在塔维斯托克(Tavistock)研讨会上,81岁高龄的他(2005b)重提了他早先(1970, p. 13)描述过的灾难性情绪爆炸(创伤)所导致的病人心灵"残骸"这一可怕画面,并且感人肺腑地说:

> 总而言之,展现在我们面前的是这些残骸,曾经是、现在仍是病人的残留物。这就好比在即将熄灭的余烬上吹气,让星星之火可以燎原;火苗重新燃起,尽管看上去是一堆死灰。我们能不能看看所有这些残骸,并从中发现些许生命的微弱火花呢?
>
> (2005b, pp. 44-45)

"生命的火花,这种对生命、成长和发展的冲动",以及与死亡和湮灭的斗争,是温尼科特的工作和著作中矢志不渝的关注点(Winnicott, 1964b, p. 27; Goldman, 2012)。在此,我还想补充荷马的精彩描述:当"黑烬中的火引"在巨大的、可怕的孤独中挣扎着活下来时,火引隐藏在黑烬中是为了保留"火种"(Odyssey, 5:490)。

在我病人的精神残骸中,我能不能找到些许隐藏着生命和爱的微弱火种呢?

The Emergence
——— of ———
Analytic Oneness

第 8 章

"因为你以慈悲将我的心带回我的生命中"

倒错、崩溃、绝望和死亡状态中的"临在"、激情和慈悲

> 不是 passion，而是 compassion。
> com——意为"同在"。
> 会是怎样的同在？
> 转译它。
>
> ——安妮·卡森
> （Anne Carson[一]，"The Truth about God"，1992）

安妮·卡森的诗句优美地捕捉到了本章的主题。compassion（慈悲）在这里的意思是分析师与病人深深的苦难、湮灭和绝望的极度痛苦状态"同在"或内在相连。我将描述我如何看待从 passion 到 compassion[二]的转变，这是基于以下内容的精神分析性工作：分析性在场和病人 – 分析师"同在"或内在相连；尤其是分析师进行的至关重要的挣扎，即在病人重新过活无法忍受的压倒性极度痛苦的早期崩溃和疯狂的过程中，分析师为了有

[一] 安妮·卡森（Anne Carson），加拿大诗人，2001 年获 T.S.Eliot 诗歌奖的首位女诗人。——译者注

[二] passion，拉丁语词源意为"受苦"，后引申为"激情"；因此 compassion 词源意为"共同受苦"，即"慈悲"。——译者注

能力并且有意愿与这个过程同在或与之同在其中、合而为一而进行的挣扎。

慈悲

理论临床背景

compassion（慈悲），源自拉丁语 com—with（同在，在一起），pati—suffer（受苦），意思是 suffer-with（在一起受苦）（我还想补充：同在其中一起受苦；置身于另一个人的受苦之中并与之同在）。在词源学上，它不是通常被视为同义词的 pity（源自拉丁语 pietas，意为责任）或 mercy（源自拉丁语 merces，意为补偿）㊀。此外，单词"patient"（病人）源自同一个拉丁语单词 pati—suffer（受苦）。因此，正如这个词的词源所表明的那样，慈悲就是与病人同在并成为病人。

因此，慈悲的同在（withness of compassion）将慈悲与其他因他人的痛苦而产生的悲伤（sorrow）感受，如怜悯（pity）和仁慈（mercy）［也包括良善（kindness）和慷慨（generosity）等情感］区别开来。慈悲意味着卷入和共享，而怜悯和仁慈通常被认为是更界限分明、更疏离和不带个人色彩的，还可能包括对他人的受苦所表现出的清高、优越感，以及屈尊低就。

根据极具影响力的政治哲学家汉娜·阿伦特（Hannah Arendt, 1965）的观点：怜悯是对他人痛苦不幸的关怀，不是出于与受苦者的亲密关系，也不是出于对受苦者的爱；而慈悲则是一种爱，它直接指向"特定人"的"具体的受苦"；怜悯"可能是对慈悲的倒错"（the perversion of compassion），因为怜悯的人"并没有感同身受"，并且保持着一种"多愁善感的距离"。阿伦特认为：

> compassion（慈悲），就好像是感染了别人的痛苦而受苦，而怜悯，是没有感同身受的惋惜不忍，两者不仅不是同一个东西，甚至可能没什么关联。慈悲，就其本质而言，无法被整个阶级或民族

㊀ 《柯林斯词典：21 世纪版》（*Collins English Dictionary: 21st Century Edition*），2000 年出版，单词"pity"和"mercy"分别在第 690 页和第 561 页。

的苦难，尤其整个人类的苦难所触发。compassion 无法越过单个人的受苦范围，而只能保持它本应是共同受苦（co-suffering）的样子。compassion 的力量取决于 passion 本身的力量，相较于理性，passion 本身只能理解特殊性，却没有普遍性的概念，也没有概括能力。

（p.85）

精神分析文献很少探讨慈悲。为数不多的几篇关于慈悲的论文——我找到了五篇——对于精神分析性治疗的背景下慈悲的本质和意义，表现出了很大的差异，尽管它们全都采取了非常人性化的立场。

伯恩斯坦（Bernstein，2001）将精神分析性工作中回避慈悲归因为"对慈悲的恐惧"，或"尽管是一位精神分析师，但也是人"（p.209）。他认为对弗洛伊德的误读固化了两个陋习：对反移情的恐惧和节制原则。这两个桎梏剥夺了精神分析师运用所有感受的特权，尤其是运用慈悲的感受以及对病人表现出慈悲感的特权。他简要描述了两例受困扰女性病人的艰难治疗，他认为前一个病人治疗之所以失败，是因为当时他还没有准备好让自己作为一位心怀慈悲的人类治疗师行动；而在 15 年后的第二个案例中，他能够并且愿意承担起心怀慈悲的责任。

费纳（Feiner，1993）将这种对精神分析性慈悲的抑制归因于慈悲与规范之间的辩证关系。在这方面，纳赫特早在他 1965 年的论文《终结分析的原则与技术》（"Criteria and technique for the termination of analysis"）中就已经提出，任何情况下，分析师都必须用一种新的在场（他以往的论文中描述过的，"一种打心底的良善"）逐渐改变善意中立的态度并取而代之。但是，对于那些自我功能受到真实的、严重的创伤和巨大苦难困扰的病人，分析师这边（在分析关系的某些方面）必须有一种真心实意的"满足（gratification）态度"，这种态度源于对苦难（misery）由衷的慈悲，而苦难正是病人无休止而又反常的攻击性和索求的根源。

杨-艾森卓思（Young-Eisendrath，2001）认为，在治疗的过程中以及治疗后，受苦（suffering）得到改善以及对自己与他人慈悲心的增长，是精神分析性治疗成功的主要目标。她指出了培养慈悲心的两个途径：一是

"无可非议的、理想化的移情"（p.276），这种移情充满了逾越受苦的希望；二是在病人与分析师"相互依存的发现关系"中探索病人的受苦。

在自体心理学传统的框架下，科胡特（1978，1984）研究了慈悲与共情的关联。奥兰治（Orange，2006）的观点以科胡特和费纳（Kohut and Feiner，1993）对慈悲的精神分析思考为基础，同时也受到复杂性理论（complexity theory）的影响。她认为，慈悲是让分析师有意愿并有能力沉入病人的受苦与分崩离析的生命的领域的那个共情部分。这样病人的受苦能够在情感上得到理解和整合，而不再是解离和碎片化，并能够肯定病人为人的尊严。

然而，上述论文都是从交互的、关系取向的两人心理学的角度来理解慈悲的。奥兰治甚至在她的论文中写到，慈悲是"我曾（在她1995年出版的书中）称之为见证的精神分析性功能的一个更为关系型的版本"（2006，p.7）。不过，"见证"这一术语适用于两个主体之间的交互作用（Stem，2012；Reis尝试在其2009a，2009b著作中拓宽了见证的概念），而我提出精神分析性"同在"的概念——在那里，同在于受苦的体验里面，在深层的病人–分析师内在相连中，这样才可能与病人内心最深处的体验合而为一。

比昂（尤其是在他晚期）的著作所开辟出的独特概念空间，促进了我对passion与compassion（慈悲）以及这两者之间来回移动这一现象的思考——不过在比昂的著作中，正如桑德勒（Sandler，2005）所言："比昂在一些开创性的文章中用到了compassion和passion这两个词。不过，这两个词并没有提升为概念。比昂使用的是'compassion'一词的白话、口语意义。"（p.146）

一开始，我是偶然读到比昂（1963）对passion的精彩论述的：

> 我的意思是，这个术语代表一种强烈而温暖的情感体验，而没有丝毫暴力迹象……passion是两个心灵连接的证据，如果passion到场，就不可能少于两个心灵。
>
> （pp.12-13）

后来，比昂走得更远了，并在其晚期著作中阐述了他的意义深远的概念：合一以及分析师就是 O 和成为 O、病人未知的和不可知的终极情感现实（尽管比昂并没有将此跟慈悲联系起来）："分析师无法认同这个 O；他必须就是（be）它。"（1970，p.27）分析师的这种"成为"，在格罗茨坦（2010）关于婴儿期创伤和长期阻抗（尤其是负性治疗反应）的著作中有详尽阐述，他提到："分析师……'成为'被分析者的极度痛楚和极度痛苦的必要性。"(Grotstein，2010，p.25）

最后，引用比昂（1991）满怀慈悲的、感人肺腑的话语："我认为，没有慈悲我们就无法容受我们的工作——因为对我们和我们的病人来说，痛苦都太司空见惯了。"(p.522）

比昂的这些观点已经融入了我对慈悲的思考，慈悲是置身于受苦受虐里面的病人-分析师"同在"——慈悲，融合了强烈而温暖的 passion（激情）体验，而没有丝毫暴力迹象，且超越了分析师的投射内射性认同（projective-introjective identification），直到分析师与病人内心最深处的情感现实合而为一。

尽管关于慈悲的精神分析性著作很少，但在过去几十年里，以色列的精神分析师们就这一课题，特别是将慈悲视为一种病人-分析师内在相连的现象，撰写了一些引人入胜的著作。

库尔卡（2008a，2008b）把自体心理学与佛教联系起来，他认为慈悲是"主体与主体之间个性分割（individuality partition）的消融"，这样一来，"慈悲不是一种人际状态，而是一种超个人状态；不是一种感受，而是一种非二元内在相连的伦理抉择，一种将人转变为纯粹在场的存在主义超越"。（2008a，pp.118-119）"慈悲，全面影响着东方文化的根基，是对二元性的舍弃，犹如鱼水不可分离……犹如人与人之间、人类与世界之间不可分离。"（2008b，p.1）

艺术家兼精神分析师埃廷格（2006）在《母体边界空间》(The matrixial borderspace) 一书中，将慈悲与原初母性连接两者联系起来。她区分了"有慈悲的共情"（empathy-within-compassion）与"无慈悲的共情"（empathy-without-compassion）。"有慈悲的共情"意味着慈悲中（对病人，也是朝向病人的重要原初人物)的共情,这与"无慈悲的共情"(一种仅朝向病人的共情)形成对比。埃廷格认为,对病人无慈悲的共情也指向病人古老而实际的重要原初客体,这样会导致内心分裂,"危及母体领域本身",并且"……导致固着在'基本错误'的位置"(2010, pp. 2, 4)。

然而,我想要从这些对慈悲的广泛视角中回来,从将慈悲视为众生内在相连以及慈悲是朝向病人的重要客体的视角中回来,而只聚焦在病人-分析师内在相连里的慈悲。我将专注探讨分析师的艰难挣扎,有时候甚至是极艰苦卓绝的挣扎,挣扎着把自己交付出来——用其全部力量、全心、全情、全意(Eigen, 1981)——去到那里并待在病人受苦的那个痛苦的、被湮灭-正在湮灭的现实性里面,在深层的内在相连中,在病人-分析师的受苦中。

案例

"因为你以慈悲将我的心带回我的生命中"

这里呈现的临床资料,取自与一名严重恋物-受虐狂的倒错病人的每周四次的分析工作,我在讨论倒错的上一章描述过,在分析的第三年他停止了性倒错行为(Eshel, 2005;本书第 7 章)。现在我将继续描述分析后期的情况。

P 在年近 40 岁的时候开始接受精神分析,原因是前面几年的严重倒错行为,已经升级到了危及生命的地步。如前所述,精神科医生对他的药物治疗没有奏效,还产生了严重的躯体副作用,随后这位医生把他转介给我。因此,这位精神科医生告诉他,精神分析或许是唯一可以帮到他的治疗方法,因为精神分析是最深刻的治疗形式。他在绝望和无望中同意了她的提议。这位精神科医生把他转介给我,是因为她了解到我接困难案例,然而她还是担心一旦我得知他倒错的严重程度,我可能也会拒绝接受他成为我的病人。不过,那时我的想法已经很明确了,我想要通过精神分析的深度和强度来拓展我治疗工作的范围;还有,因此考虑到,精神分析应该能够为这个人的痛苦提供一个实在的治疗方案，我同意接受他来做分析。

P在同一天给我打了电话。在初次访谈中，他告诉我，他的严重倒错一开始是恋鞋癖，方式是舔吻鞋子，伴有一种想让鞋子踩他的手指的受虐元素，他想起从幼儿园起就有这一愿望。多年来这种愿望逐渐升级为一种受虐恋物癖，并且在过去几年已经变成一种相当严重和暴烈的受虐倒错症。在最初几个月的分析过程中，他用触目惊心的描述逐渐跟我说明，他几乎每晚都去嫖娼，通常每次都是不同的性工作者，让她们用各种各样的刑具，以越来越极端的方式羞辱和虐待他。他寻求治疗，因为他知道"如果再这样下去的话，最终就会进医院——以重伤或死亡收场"。

经过几个月的分析后，当他意识到我不会"因为他告诉过我什么而把他扔出治疗"时，他对我说："这是我的最后一站。精神分析。之后，就是墓地了。"从那时起，尽管我们历经了一些非常困难的时期，但是他一直坚持治疗。

在他的"日常"生活中，他是名沉闷的会计师，与一位在工作中认识的女人处于无性婚姻中，关于倒错症，他对她只字未提。在第一年分析结束时，他告诉她关于他自己和他的秘密生活的"真相"。她的反应是震惊和反感，并且决定他们应该分手，于是他们离了婚。

在分析的头几年里，直到第三年P停止倒错行为，我逐渐认识到：分析性工作至关重要的是分析师（我的）不渝的"临在"和分析师与倒错病人的内在相连，因此以这种方式从而同在其中并倾听倒错，这种方式超越了其病理，因为倒错具备幸存的功能以及它承载着深刻的孤独和绝望。在性倒错病人的分析中，我借鉴了巴林特，特别是温尼科特的"治疗性退行"的进化进程的根本功能，即：将倒错主要理解为由一种早期的、最具创伤的、母性的环境失败（而非操纵性的见诸行动）所导致的需求状况，并将随后的治疗重点放在为病人的需求状态和依赖提供抱持、可靠性及关注上。从温尼科特的退行角度来看，这种分析工作能够将病人的退缩和大规模的自体-防御组织——对这个病人来说，是将倒错——转化为退行，在治疗中退行到依赖，这带来了矫正病人过去经验和情感发展的一次新的机遇（Winnicott，1954a，b；1964a；1988a，b）。

在 P 停止倒错行为之后，到第三年年底，分析开始充满了巨大的扰动和混乱，充满了他对治疗和对我的严重依附，而不再依附于倒错。这导致分析中更深的退行。在治疗中，他狂热地对我说话，经常直呼我的名字，奥芙拉——以前他从未这样叫过我——不仅如此，现在他也开始在给我的语音留言中直呼我的名字。我将用他自己的话来呈现一些详细片段，因为我觉得这些片段最贴切地描述了他的实际体验，而且最能传达当时分析状况的动荡肆虐的本质。

这是周一的一节治疗——在周末间断后的一节治疗总是会变得相当艰难。

他开始道："不记得我的生命中曾经有过这样的时期，不知道我身上在发生什么，身心俱疲。不知道在发生什么。（叹气，继续沉默）我的旧世界全部在坍塌、瓦解和消失，这整个世界都是邪恶的，而我面对的是一个新世界，不知道怎么办。束手无策。"

我说："需要时间找到对策。"但我的话吊在空中。

他继续说："不知道，不知道在发生什么……不知道，奥芙拉，就是不知道我身上发生了什么，我曾经陷入的这件事（倒错），怎么一下子就消失了？——它去哪儿了？各种奇怪的东西，不知道，不知道我脑子里在想什么（他用手扶在前额）。不知道，不知道，什么都不知道，各种各样的东西在空中飞舞。也许我要疯了，不知道，就好像我的大脑被掏空了，就好像有东西在空中飞舞，就像在飓风里，就好像有什么东西让各种东西从我的大脑里飞出来。最近几天，我不清楚是什么情况，我没法控制发生在我身上的事情，就好像我正在分崩离析，有生以来第一次，彻底地分崩离析。不知道该怎么办——我要疯了。"

我说："你没有疯，你正在变化，很多变化。"

他说："我从来没有过这样的想法，这辈子从来没有过。暴力的最核心元素已经消失了。我站在一个新世界的入口处，不知道如何是好。我的脑子和身体该怎么办？不知道自己想要什么。我们聊了那么多了，奥芙拉，有什么庞然大物轰然坍塌了，不是逐渐坍塌的。真是好大的震动啊。"

他沉默下来，静静地躺着，好像睡着了，直到这一节治疗结束。

在大约八个月的动荡之后，他的困惑减少了。他说："显然，我不得不适应这种新情况，我不再是一个恋物癖者了，我需要冷静一点儿。"他坚持禁止自己实施倒错行为。他经常去看电影，听音乐，在不做分析的日子里开始锻炼身体，还通过互联网约会网站找女性约会。他称这段时间为"不确定的时代"，因为在此之前，他对一切都很熟悉，一切都在他的掌控之下。他说："我没和女人约会过，我没触摸过女人，也没有被女人触摸过。我好害怕，我刚有了不同于以往的体验。很难不掉进阴沟里去。"（他如此这般的说辞，尽管事实上他曾有过好些年的婚姻。在此，我想补充一点，过去这个男人无法忍受被人触摸。在治疗第一年，对他所描述的残忍的恋物 – 受虐狂的行为，当我问他为什么要让性工作者用高跟鞋后跟戳他，用她们的鞋子而不是用她们的手把香烟摁灭在他的身体上的时候，他回答说他无法忍受人类的手触摸到他。）

无论如何，尽管顾虑重重，尽管心惊胆战，现在他从跟女人打电话进展到了约会，他开始跟女人见面，交往的女人多了起来。见面止步于一夜情。随着时间的推移，去见女人这件事对他容易些了，甚至他还可以享受一些约会。然而，在内心深处，他仍感觉与世隔绝和脆弱，内心有一种巨大的空虚正在滋长，纠缠着他。好像是恋物消失过后，留下的是一片真空和无尽的空虚。

这是他在分析第一年期间反复诉说他的倒错行为的时候，他所能预见到的吗？——"它比任何东西都更能支撑你。你不会让任何人或任何东西把它从你身边夺走。如果放弃了它，那将是无法忍受的，因为除此以外那里别无他物了。"

现在，到了第四年，他说："太神奇了，太神奇了，我的整个生命，怎么被恋物癖占据了，不过现在什么都没有了，什么都没有了。不知道这里发生了什么。和女人在一起，这样看上去好不真实：我想要的真的不是这样。昨天晚上，我和那个主动接近我的女人聊了——不知道，看上去毫无意义，就像，是什么呢？是什么呢？为了什么，猛然间，好像一切都显得毫无意义，奇怪，奇怪……不知道该怎么办，奥芙拉，总感觉完全被切断了。不知道到如今，我所幻想的一切在哪里，那些年占据我的一切，去哪里了……这一切把我抛入了一个没有中心的世界。我的内心，空空如也……

感觉好不真实，真的没办法在这人世间存在——而主要是，病入膏肓。"

他给了自己时间去尝试，直到他生日那天，也就是接近分析第四年的末尾。"世界之间的转换犹如惊涛骇浪。以色列宇航员伊兰·拉蒙（Ilan Ramon）[①]在世界之间的转换中没能幸存下来。我正在经历一场同样巨大的震荡。要么以死亡作为终结，要么代之以不一样的人生。"

进入崩溃

但在他生日后，在分析第五年的这整整一年，深深的绝望、深不可测的空虚和死亡盘踞在他的内心，并成了唯一的现实——可怕又绝对。这是分析中艰难而折腾的一年。他重又开始在互联网上搜索那些具有"极端暴力和自我毁灭"的最残暴的恋物-受虐狂网站。他在骇人的幻想中手淫，尽管他并没有实际恢复倒错行为。他说："这是一种彻底的自我毁灭，没有任何刹车，就好像我内心没有一滴自爱，没有一滴慈悲（这里的"慈悲"是他的原话），没有一滴自怜，没有一滴任何东西，任何东西。真的难以置信，奥芙拉，难以置信，只有恐惧、仇恨、暴力、自卑感和对苛责的害怕。"

他请了一年的无薪休假，因为他无法忍受自己的内心世界与他的"正常、虚假"的艰苦运转的外部世界之间存在巨大落差。"我在那里是很正常，这就是我无法好转的原因。我的死亡正是那些年围绕着恋物癖建立起来的正常生活。"他靠自己的积蓄生活，他的全部存在都卷入到治疗之中，坍塌在治疗之中。他想要"住院治疗"，如此存在。因此存在。感受真实。

但现在看来，倒错的防御盾牌已经完全被打破了。他说："恋物癖的能量不是生命能量，而是修复死亡的能量。它介于生与死之间——了无生机，死盛于生，虽生犹死。"事实上我也写过关于倒错的文章，我认为倒错是一种"自切性质的"、大规模的、分裂性的防御，如此是为了求得精神上的幸存，这样"我不会全死"："倒错行为是一种攥紧姿态，在其肉体、现实性和强度上防止坍塌而陷入恐惧、精神死亡及彻底的内在湮灭。倒错是性变

[①] 以色列宇航员，在 2003 年哥伦比亚号太空舱重返地球大气层时，遭遇舱毁人亡。

态者试图阻止坠入深渊的最后一搏。"（Eshel，2005，pp. 1078-1079）

但现在这种阻止坠入深渊的最后一搏已经坍塌了。倒错不再修复死亡，不再确保幸存了。整整这一年，死亡是他的存在核心。它无处不在，时时刻刻，以威胁的力量涌入。

他每次都会来，从不迟到，从不要求时间的任何改动，来的时候身心交瘁——"恋物和暴力正在摧毁我身上的每一点良善"——或者没有生命、空空如也，没有活着的力量和意愿。他动不动就在治疗中睡着了——一种静息、静止和静寂的睡眠。他会给我留很多语音留言，一天起码有一条，在周三和周末间断期间，我们见不了面，他就会给我发好几条信息。他在治疗中和在留言中所说的话都充满了绝望、肝肠寸断的空虚和死亡，而我试图理解和诠释的任何努力都没有任何意义、没有任何价值或影响。他一遍遍地说："我对你没什么可说的，奥芙拉，我只是没什么好说的。一切都是巨大的虚无。我宁愿被吸进黑洞。一切都是胡扯，一切都是空话，最好是都被吸进虚无之中，奥芙拉，然后完蛋——彻底消失。我就是没有任何打算，我不想要任何打算，什么也不想要——什么都没有，奥芙拉，什么都没有，我没什么可说的。一切都毫无意义，包括你的话……它们毫无意义，里面什么也没有，奥芙拉，什么也没有，什么也没有。"

这期间，突然，他童年最早期的残酷细节意外地（也许并不那么意外）被揭露了出来。在此之前，每当他问起母亲他的童年，母亲总是回答说："一切都很好。"但现在他问起她时，她说："那可真难啊！"并且告诉他那个死婴的事情。原来他母亲怀孕过六次。大他18个月的哥哥出生之前，他母亲有过两次流产。出于这个原因，在那次怀孕期间，她被要求完全卧床休息。这样一来那些年她根本就没有工作，一直备孕，而且怀孕非常艰难。他认为父亲想生很多孩子。他母亲怀着他的时候，有一次抱着他哥哥的时候摔了一跤，她以为又要流产了。不过哥哥出生一年半之后，他出生了，患有先天性心脏病（永存动脉干），七岁时，父亲陪他做了手术。他母亲没有来医院。

他出生后那年，"那时我好小"，他说，母亲不记得确切时间了，她怀孕不到六个月的时候又生了一个儿子，12天后夭折。母亲只记得人们告诉她这个孩子有问题。她不记得是否见过这个孩子,也不记得,她是不是在医院住了12天,直到孩子死去。她还没有给孩子取名字。她不记得他们是不是埋葬了这个孩子,"但是在(他的)脑海里",他记得母亲曾经告诉他,他的父亲和外婆(母亲的母亲)已经料理好了这件事,把孩子埋葬了。在他20个月大的时候,母亲怀上了他的第二个弟弟,这个弟弟在他两岁半时出生,母亲差点儿在这次分娩中死去。

我表示,我们开始理解到,在他生命最初的那些年,他的母亲曾经历过可怕的经历,忍受过悲痛、苦难、抑郁和死亡。我说婴儿在母亲的精神和身体里着床,并在那里形成和成长。而生他的母亲悲痛欲绝、生不如死。作为一个婴幼儿,他渴望依附于母亲的精神和身体并在其中成长,而母亲极度痛苦的感觉让他不堪重负,他的世界中充斥着母亲极度痛苦的感觉——抑郁、死亡、一个死婴。

起初,这些话似乎对他还有点儿意义。他说:"我是一个小小婴儿,遭遇过可怕的事情。"两年半后,他又说:"当我还是个婴儿的时候,我就疯了。"但现在这种新出现的理解,很快就转向对我具有能真正地遇见、吸收并感受他内心的对根本虚无和死亡的绝望感的这一能力的可怕而又致命的攻击。它变成了一种来自外部的、虚幻的、"仿佛"的东西——这离那个在创伤湮灭性的冲击之下不堪重负的婴儿和小孩太遥远了。话语越多,理解越深,他觉得我们之间的鸿沟就越大,而且跟死亡和凋零没有什么真正联系。⊖他反复说:"我是个死去的婴儿,是一个倒错的成人。我整天都在想,我就想今晚死了算了,不想等到明天了。就是这样。我希望今晚死掉得了。就是觉得完全是多余的,奥芙拉,完全是多余的。你这么健康,奥芙拉,而我却病成这样。我们搭不上。大话、幻象、谎言,除此之外什么也没有。这次跟你谈完后,我希望睡过去,不想醒来。不想醒来。"

我说:"那么你的身心将决定我们能不能继续下去。"而在每节治疗结

⊖ 这种感觉,与格兰德(Grand,2000)曾对严重创伤病人难以逾越的"灾难性孤独"以及分析师与病人之间不可避免的分离痛苦的有力描述非常相似:"创伤幸存者在其自身消亡的时刻仍然是孤独的。在他将死未死的那一刻,没有人知道他是谁;现在也没有人了解他,了解他活着时湮灭的记忆。这个他无法被人了解的地方,是一个灾难性的孤独之地……死亡在其无法逾越的孤寂中附身。"(p.4)

束的时候，我都不知道他会不会存活下来，不知道他下次还会不会再来。似乎连他感知生命和希望的微弱提醒都不复存在，只是一种毁灭性的绝望状态。

分析现在成了与一个终端客体（博拉斯的观点，1995，p. 76）——确切来说，是终端的和湮灭[⊖]性的客体——以及与他生命头一年的绝望相遇的一个地方。这是否就是他让我在抑郁和死亡的强烈影响下，遇见和体验到一位抑郁的、了无生机的母亲/他者（m/other）的那个终端的、湮灭性的和侵入性的存在方式，这个母亲/他者诱发了抑郁和死亡，并且无法从死亡中解脱出来？又或许是，过早发生的损害无法被修复——尽管他一遍遍重复——只有死亡可以修复吗？去死，然后这样可能重新开始？

关于这一点，我想起了奥托·魏宁格（Otto Weininger）的临终遗言，这位才华横溢的年轻思想家，内心充满了自我憎恨，对他的犹太血统的憎恨，对女人的憎恨。在他发表了《性与性格》（Sex and Character）一书并且在皈依了基督教一年后，23 岁的他在遗书中写道："一个诚实的人，在他感到自己遭到无可挽回的损毁时，会心甘情愿地走向死亡。"（Sobol，1982，p. 121）他写了这句话，随后杀死了他自己。我于是开始忧心忡忡。

在我的临床工作中，我第一次做了这样的建议，建议他回去找当初将他转介给我的精神科医生，给他开点儿药物，以暂时缓解这种可怕的折磨。但是他愤怒而伤心地回答："你怎么能对我说这样的话？我以为你这里会有希望，找你和精神分析会有希望。我不需要任何其他东西来维持我身体的活力；就是为此我患了恋物癖，比比皆是，而且熟悉了这么多年。但是我并不存在。我不存在。这里什么也没有。我死了。根本上就是这么回事——我死了。"我感受到，他的话哭喊出了他非常真实的、持续的绝望存在……

"病得很重的人身上获得新机遇的希望很渺茫。"（Winnicott，1954a，

⊖ 我想补充艾根（2010）对湮灭的浓墨重彩的描述，非常贴合这里表达的极度痛苦的体验："湮灭不是一个静止的状态。它一直持续、持续、持续着，它令人吃惊。我无法用言语来形容。就像坐在电流持续不断的电椅上，或者被窒息但你又永远死不了。你一直处于变得越来越窒息的状态中……我觉得这一定就是婴儿的部分感受，以他们自己的方式……尖叫、尖叫着，然后这尖叫声消散了。"（pp.26-27）

p. 281）面对这种排山倒海的绝望，我暗自挣扎着寻找希望。我找到了两篇温尼科特的著作：《崩溃的恐惧》（温尼科特过世后，于 1974 年出版）以及续篇《疯狂心理学》（1965a），这两篇著作对我来说极为重要。温尼科特提到了婴儿期崩溃的灾难性影响，这个时候"自我组织（ego-organization）受到威胁。但是，只要依赖是一个活生生的事实，自我就无法组织起来对抗环境的失败"（1974，p. 103）。早期崩溃的极度痛苦，温尼科特也称之为"疯狂 X"（1965a），是如此无法思考和"不可名状地痛"，以至于无法被体验到；因此一种大规模防御组织——病人表现为一种疾病综合征——必须被组建起来以对抗这种痛苦。在我的病人身上，正是残暴的恋物-受虐狂的倒错行为，一次又一次，将他从一个无法忍受早期损害和摧毁的被动受害者，变成了这些行为主动的"实行者"，而这一切的背后，是一个难以逾越的内在死亡与空虚的深渊。

我提醒自己，根据温尼科特的观点，在早期崩溃或疯狂的湮灭与极度痛苦的深处，出现了一场深刻的内在挣扎，一场发生在被埋葬的、未被体验到的过往极度痛苦与去体验它的"基本冲动"之间的挣扎，因为体验它，它才能"在体验中恢复……在治疗中，在重新活出它的时候被忆起"（1965a，p. 126）。这唤起了对崩溃或重返最初疯狂的恐惧，但同时也唤起了病人想要抵达这一原初无法思考的崩溃状态，想要去冒险重新活出并体验到早期极度痛苦的强烈需求——这一次是在治疗中，与分析师在一起，并且在分析师的不一样的抱持与"辅助性的自我支持功能"的帮助下（1974，p. 105），让恢复成为可能。

我想我们现在已经置身于这个过程内了，触及了核心的崩溃、疯狂，触及了深刻的毁灭。但我不确定他是否能在这极度的恐怖中幸存下来。在如此折磨的崩溃和湮灭中，一个人能幸存下来吗？温尼科特在《崩溃的恐惧》一文中，提到了他没有成功防止其自杀的一个病人——这个病人想要死掉，是因为内在死亡的深刻感受，在她婴儿早期的心灵上就已经发生过了，尽管她的躯体还继续活着。她在寻求解决方案的绝望中杀死了她自己，这样就可以把她的身体交付给已经在精神上发生过的死亡（1974，p. 106）。

面对这些持续的死亡威胁，我试图让他承诺，在接下来的六个月内不会实施自杀。我说:"我不会继续治疗,除非你承诺不会杀死你自己。"他回答说:"什么,你要那样抛弃我吗,在五年这样的治疗之后?"

我说:"你永远都在我的脑海里占有一席之地,我会一直关心你,我会一直想着你怎样了,想着你感受如何——无论你是生还是死。我想这也是你对我的感受。但是如果你不承诺不会杀死你自己,我就不会继续治疗。如果你已经选择了死亡,治疗就没有意义了。"

他说:"如果我承诺了又没有遵守诺言呢?"

我说:"我相信你的承诺。"

他没有给出承诺。但是他确实停止了杀死自己的威胁。然而,无论是在治疗(他从未缺席过)中,还是在他给我的许多语音留言中,他都在说每晚他都希望自己早上不要醒来。他反复说:"我昨晚看着暴力和邪恶的网站,感觉好恶心。但愿早上我不要醒来了。什么都没发生,我死透了。对你我已经彻底绝望了,对治疗我也绝望了。两年来我都没有实际参与恋物行为了,但我脑子里的恋物正赢得胜利,占据了我的大脑。所以我死了,奥芙拉,真的死了。我死定了。就是那样。"

我总是回答:"这些话确实令人非常不安。我很感谢,你还没有对跟我分享这些感受感到绝望。"但我感觉,我的话也是为了保护自己免受这种暴力、免受一再的绝望所带来的强烈张力,对此,我也没有答案。

突破

现在我要谈谈发生了什么不一样的事情。那是周末休息后周一的一节治疗。治疗一开始他就说他已经死了。诚然,两年多来,他没有再实施任何恋物行为,这个月他甚至都没登录互联网,但他已经死了,内心什么也没发生。周末他试着又去跟女人见面,但这些对他毫无意义。他说:"什么都没有发生。我死了,就是死了。"然后陷入沉默。他的话深深触动了我的内心。死亡是真正获得胜利了吗?我不再试图用约定、承诺或诠释让我们从这种状态中摆脱出来。

我说:"我们已经做了一些事情。事情已经发生了。在我们这场宿命的相逢中,我们竭力做到最好,但我们真的不知道,我们是否会成功穿越这片巨大的死亡之地。这就像在死亡的汪洋大海中航行的一叶小舟……"

他没说话,陷入似睡状态,直到这一节结束。

我坐在他身后,脑海里浮现 S. 安斯基(S.Ansky)的戏剧《恶灵》(*The Dybbuk*)㊀——在利娅身上的附体恶灵是如何被驱走的,不过利娅接着就死掉了。在这里,恋物癖已经消失了,但他还会活着吗?接着,我看到了一幅类似圣母怜子图的景象——不是米开朗琪罗那尊著名的正面坐姿的圣母怜子像,而是一个搂着一具死尸的女人的身影。我从侧面看到她,看不到她的脸,她四处游荡着。我感到一种巨大的悲痛,这种悲痛变成了一种接纳,然后我感到了悲伤——非常宁静的、深刻的、纯粹的悲伤;无言无语,对我自己甚至也是无言无语;这种悲伤仿佛成了所有存在。我沉浸在这巨大的悲伤中,默默坐着,直到治疗最后。治疗结束后我把他叫醒,他拖着沉重的双腿,佝偻着背走了。外面,天已经黑了。一切结束了吗?

那天深夜(他离开两个多小时后),他打电话给我,听起来他很激动。他说:

> 离开你后,我四处转悠。最终我来到了贫民窟。我找到那个性工作者待的地方(三年前,在一次施受虐恋物行为后,这个性工作者亲了一下他,然后说:"你为什么要这样做呢?"),她不在那里。另一个性工作者在那里,我想是很久以前和我也有过恋物行为的人。
>
> 我给了她一点儿公平合理的小钱,她同意吻我,用手完成性事。(如我前面提到的,他不能忍受被人用手触摸,尤其不能忍受非暴力的触摸,因此他的性器官当然也不能承受这样的触摸。)她穿着高跟鞋,但这没有什么不同,她有乳房,还有那样的嘴巴。一切进行得很快,很顺利,也许太快太顺利了。当结束的时候,我紧张激动地直打哆嗦,接着我爆笑不已。我说:"哇,这

㊀ 《恶灵》,取材于犹太传说。讲的是钱农(Channon)和利娅(Leah)互相爱慕,但被利娅的父亲拆散,钱农也被打死,结果利娅的新婚夜上,钱农附到利娅身上,险些吓死未婚夫,然后一群拉比驱魔都没用,利娅选择将她的灵魂献给了钱农,在吹灭蜡烛时死去。——译者注

么容易！"她不明白我在说什么，也不明白我为什么哆嗦。就是这样，和其他时候不一样，很遗憾我不得不为此付出代价，然后在贫民窟里做这个。但也许这是一个阶段，我不知道，也许这是个阶段。我现在还是在特拉维夫的贫民窟跟你说话。

我说："听起来你很激动。""是的，"他回答说，"我很高兴，这太奇怪了。"次日早晨，我的手机收到他的一条长信息："我得告诉你我今天早上的感受。昨晚我回到家，好累好累，然后睡了。我想，昨晚我体内已经积累了好多疲惫。今天早上发生的事情就是，好多次我好想来治疗或者就躲在那儿。但是早上我起床后，我又不记得有过这样真实的感受，不记得有过这样一种强烈感受。我想，今天早上当我睁开眼睛，世上唯一我想做的，就是过来躲进治疗里。不知道是要躲到你心里，还是要和你一起——都一样。真的难以置信，我是多想来见你（笑）。然后我对自己说，这没什么可怕的啊，再怎么说也要等几个小时才能到，到那时就会不一样了。但就是这样，就是这样。我想告诉你，不过我不想一大早就去打扰你。所以我等了几个小时，告诉我自己'她说过我可以打电话的'。好了，我们两点钟见面。"

我们两点钟见面了。

尽管仍有其他困难时期，但从那刻起，治疗开始有了新进展，并且有了新的活力感，起初是隐秘的，但逐渐越来越明晰。我想起了温尼科特在《崩溃的恐惧》一文中那句令人难忘的话："但是，唉，除非已经抵达了谷底，除非恐惧的事情已经被体验到。"（1974，p. 105）

而我要补充道："除非已经抵达了谷底，除非在慈悲的抱持中、在分析师的'临在'以及与病人强烈的无法忍受的极度痛苦、毁灭和死亡的内在相连中，恐惧的事情已经被体验到。"分析师和病人（俩人）一起在那里，同在其中。对我来说，这是一个慈悲的至深瞬间，是与病人内心最深处情感现实合一的至深瞬间。

P 称随后的一年是"希望和幻象的疯狂角逐"的一年。现在，忽然间，他晚上不再有恋物－受虐狂的幻想的手淫行为了："让我诧异的是，我的内心拥有了一些以前从未体验过的惊人力量——我确信我仍会为此付出代价——这种力量阻止了恋物行为。奇怪的事情真的发生了。幻想中的鞋子已经消失了，好像有什么东西把它给涂抹掉了。我不知道该怎么说。"

他开始与两个女人交往（他还是害怕只和一个女人交往）。他去跟她们见面，跟她们一起吃饭，听她们说话，和她们说话，理解她们，去她们的房子里，躺上她们的床。他说："就当是学着跟女人一起生活的替代。"可怕的空虚逐渐消逝，不过当他尝试和她们发生性关系时，他的阴茎却无法勃起。然而，尽管他对跟两个女人一再发生这样的事感到非常尴尬，但他拒绝用她们进行恋物幻想，尽管他确信这么做他就会勃起。他一遍又一遍地重复着，内心坚定："我想要不同的性。与她们在一起的那些时刻，我有感受了。我很抑郁，我很难过，不过我就在那里。我真的在那里。我存在。"

在手淫的时候也是如此，他"哄骗了自动人偶"，并且"创造了一条替代性的平行轨道"。现在他总会反复说："我们会活下去的，让我们拭目以待吧。"他也开始做梦了。

这两个女人中的一个离开了他，因为他拒绝她提出服用伟哥的建议。他遇到了一个叫多琳的漂亮女人，比他大几岁。他感到"某些真实的东西开始在那里萌芽"，她成了他唯一的伴侣。在经历了三个月的"在床上的恐怖感——是恐怖，不单单是害怕"之后，他的阴茎开始可以勃起了。在一次分析小节中，恰好是前面所描述的抵达心灵死亡"底部"的那次治疗的两年后（我惊奇地发现刚好是同一天——1月21日），他对我说："我在等待，等待我的搜索找到自己的这个阶段。至于茫茫大海中的那一叶小舟，我依靠的是你，或许也依靠我自己。很难相信事情发生了这么大的变化。"听到他内心还保留着对死亡的汪洋大海中的那一叶小舟的记忆，我很是惊喜。

他跟多琳交往了九个月后，这期间，他告诉她他曾经倒错的恋物－受虐狂的世界，而她一直陪伴在他身边，在一次周末间断后周一的治疗中，他告诉我："从我们碰面到现在已经73小时了。我们已经给我的头脑洗礼了。现在我需要心灵洗礼——我要学着去爱。我想要跟人建立关系，全心全意。在我的内心，有一种奇异的量子跃迁，一些事情发生了，我不知道它们来自何方，去往哪里，但是我不是在抱怨。每次我说，哇！发生了一些事情，我不知道来自何处；我也认为我并不想试图破坏它们——但即使是我真的想破坏它们，我也怀疑我是否会成功。整个周末我一直在对你说'休斯顿，我们有麻烦了'。有一次，一艘宇宙飞船着火了，还有一次宇宙飞船得救了。我想要获救。就像我曾经说过的'我的内心一无所有，身无长物'，这次我想要，这次我的内心有了，我有了。我想感受更多……我想我现在缺少的是爱。我的大脑在疯狂运转，我的身体已经在这里了，但是我心里还没有发生。在极深的深处，还没有发生。休斯顿，我们遇到麻烦了。请你回答。"

于是我回答："休斯顿听到，休斯顿正在思考。这真的是个遥远而危险的旅程，像那样敞开心扉，并且如此渴望去感受。"

他说："整个周末我都在对自己说，也对你说，我们的旅程，始于无我，但是将终结于有我。"

结语：除非已经抵达谷底

这种艰难的治疗要求我与病人一起沉入崩溃，沉入彻底的毁灭、死亡、绝望和无望感中。我的病人对分析的奉献精神，还有温尼科特对体验病人早期崩溃的独特描述，都在那里与我同在。

根据温尼科特（1974）的观点，由于对尚未被体验到的（not-yet-experienced）可怕核心极度痛苦的极端防御，由于时间性的坍塌，无法造访已经发生过的崩溃。因此他写道：

> 在这种情况下，"忆起"的唯一方式就是第一次在当下，也就是在移情中，让病人体验到这一过去事情。于是这个过去同时也是未来的事情就变成了此时此地的事情，并平生第一次被病人所体验到。
>
> （p. 105）

这也同样适用于空虚："在治疗中出现的空虚，是病人试图要体验的一种状态，是一种除非在此刻第一次体验到，否则现在无法被忆起的过去状态。"（p.106）我要强调的是，为了让病人在那里并且体验到这些极度痛苦的感受，分析师必须在那里，同在其中。只有这样，已经发生过的致命崩溃才能在治疗中被体验到，并被（俩人）一起活出生命。

我思索我的病人，也思考分析中所展现出的"经受（suffering）痛苦"和"感受（feeling）痛苦"之间的区别，在感受痛苦中，痛苦诱导事件无法在心灵边界内被承受和完成，而只是触到其边界，每一次重现都会造成痛苦和创伤（Fedem，1952；Bion，1965；Mitrani，1995；Eshel，2013a）。痛苦、灾难、绝望和凋零——母亲无法将它们摄入体内，从而也无法忍受婴儿的极度痛苦，并涵容与缓解这种痛苦的这些轰炸性的经验——现在重新过活了，强力和绝望地轰炸着我的心灵边界。在这里，比昂（1959）的有力话语实现了关键的情感真实性：

> 从婴儿的角度来看，母亲本应吸收她对那个孩子即将死亡的恐惧，从而得以体验到这种恐惧。让孩子无法涵容的正是这种恐惧，……这个病人不得不去应对一个无法容受体验这种感受的母亲。
> （p.104）

但是比那更糟糕的是，当我的病人还是个婴儿的时候，就不得不应对一个自身被无法忍受的创伤性感受所压倒的母亲，母亲精神现实的致命冲击猛烈地、毁灭性地淹没了他。她不是格林（1986；Eshel，1998a，2016a；本书第3章）所描述的那个"死亡母亲"，孩子必须找到一种方式让母亲活起来。更确切地说，她是一个备受毁灭性的灾难感受、抑郁、死亡和一个死婴的打击的母亲，这些占据并威胁着孩子的精神存在，导致他成为一个饱受创伤的、被踩躏的、濒死的婴幼儿。⊖

⊖ "表观遗传传递"（epigenetic transmission）这一新概念源于这种早年生命中的创伤性环境状况或创伤性依恋（Jacobson，2009；转引自Zulueta，2012）。这或许可以解释鲍里斯（Boris，1987）的理论："有些婴儿，可能比其他婴儿更容易产生'我应该去死'的想法，即使不是现在死，也应该速速去死；即使不是暴死，也应该慢慢死去……但分析表明，原始的程序化紧迫感会持续贯穿人的一生。"（pp.353-354）冈萨雷斯（Gonzalez，2010）同样描述了始于童年早期的死亡深刻地凝结于生命中，给生命带来了根本性、致命性的影响。

博拉斯（1995）同样指出：

> 施受虐狂仍被他们持续不断地去重铸早期创伤的需要所困扰，尽管他们已经把对湮灭的焦虑转变成对其表征的兴奋……这些施受虐的结盟活现了濒死的自体，在这种情况下，孩子的自体逃脱了其杀戮，但永远都觉得有一种就要被命中，侥幸逃过一劫的感觉……自体的确曾一度遇到它的终端，环境中的确存在可怕的东西，导致了这样的精神张力，这是施受虐狂的生命未经考察的特征。
>
> （pp. 209-210）

我要说的是，根据温尼科特在《崩溃的恐惧》一文中的观点，第三年和第四年的分析工作的进展"以毁灭告终"（p. 105），因为并没有重新连接到病人崩溃和湮灭的全部强度。但是这些无法忍受的核心经验是不可能被逃离的，因此，第五年的整整一年，所有这些危险的、无法忍受的、未被涵容的和未被经受（unsuffered）的感受席卷而来，在治疗中被重新过活，冲击着他的心灵边界，冲击着我的心灵边界，绝望地恳求被接受、被经受（suffered）和被转化。我和这些感受在一起，讨论这些感受，对它们进行思考和理解，挣扎着确保能幸存下来；我越来越被这些感受所主宰，但是我还没有到那里，还没有到达病人内心最深处的毁灭，还不是"除非已经抵达了谷底，除非恐惧的事情已经被体验到"（Winnicott，1974，p. 105）。

我体验着崩溃、自杀，以及死亡的这一恐怖，但是还没有体验到死亡本身。直到那一刻，我完全把这些摄入我体内，和这个垂死的孩子-男人在一起，把那具死尸，抱在我心灵的臂弯中——思考着、感受着死亡，并将死亡"成梦"（Bion，1992，p. 216；Ogden，2004；Eigen，2001；Grotstein，2007，2009）。因此，这种绝望的攻击性恳求，在我内心变成了受苦和深沉的巨大悲伤。它变成了无言的、深深的灵到灵（psyche-to-psyche）的内在相连和慈悲；还有，被摄入进来并平生第一次被体验到和被经受的死亡，经由我同他成为一体的方式被转化，从而在他体内，能够形成一种不一样的、存在和体验的新的可能性。

带着爱和我一起到尽头

自从"呼叫休斯顿"事件之后，七年过去了。可以明确地说，在分析中沉入湮灭性的崩溃、毁灭、空虚、精神死亡和自杀性绝望的真实性中，并且病人与分析师（俩人）一起重新过活它们，使得我们有了根本性的可能，在那里并体验这一灾难性的冲击，从而以不一样的方式安然度过。

事实上，过去的几年 P 和一个女人保持着满意的关系，并且获得了更高水平的生活功能，甚至可以享受生活。然而，他坚决拒绝结束分析。他唯一一次尝试结束分析是在三年前，是在花了一年时间修通即将到来的分离之后，就在最后一个月快结束的时候，他抑郁发作，并且在本应是最后一次分析的那一天发生了严重的事故。

他悲伤地告诉我，一再说他无法离开分析，因为他仍然无法去爱。"在内心极深的深处，爱还没有发生。"无论是对他伴侣，还是对他自己。他确实拥有关系，一个稳固而良好的关系，但这不是爱；他仍然缺失他所渴望的爱。尽管发生了巨大的变化，他仍然无法体验或传递真正的爱。这种渴望伴随着分析中的一种强大的退行冲动，他想倒转到更早、再早一些，以便有机会重新过活并感受到在他很小的时候所错过的东西。

精神分析能让这种最基本的爱重新焕发生命吗？还有，我可以办到吗？我逐渐认识到，在这段分析旅程中诚然是活出了一种深深的、不屈不挠的献身精神，但是爱呢？

然而，随着时间的推移，我逐渐明白，我越来越深刻地理解到，P 不顾一切搜寻的是体验和感受爱的一种核心能力，一种没有遭受湮灭性摧毁或仇恨的能力，而不是寻求跟某个人的关系。而这段命运之旅，在其存在结构中深深交织着奉献、同在、未知、信任和希望，这段旅程仍在继续，尚未到终点。对生命和爱的激情洋溢的火花的追求仍在继续。

The Emergence of Analytic Oneness

第 9 章

崩溃的"声音"

论精神分析性工作中无法忍受的创伤性经验

如何能想象出创伤和崩溃的"声音"?

在本章中,我将从理论与临床的视角探讨创伤和崩溃的"声音"——尤其是探讨聆听这种被噤声的、哭泣的"声音"所遇到的重重困难;探讨与分析师在一起体验无法忍受的和未被体验到的东西至关重要性;探讨精神分析性工作抵达最初无法忍受的创伤的这个过程的核心,存在着巨大的恐怖,同时也蕴含着巨大的希望。

创伤和崩溃的"声音"

在弗洛伊德《梦的解析》(*The Interpretation of Dreams*,1900)一书中意义深远的第七章,也就是最后一章的开头,出乎意料地,他提出了一个建议。而在这之前,他描述了一个"感人的梦"——那个燃烧的亡儿,站在他熟睡的父亲床边,拉着他的胳膊,低声说:"父亲,难道你看不见我在燃烧吗?"(p. 509)弗洛伊德把这个梦(简单地,还有点神秘地)解释为愿望达成的梦,即把死去的孩子变成了一个活人;这个梦因此达成了父亲希望孩子依旧活着的愿望。但是这个梦也已经被重新诠释,仿佛弗洛伊德——关于创伤性的重复，尤其是关于创伤性的噩梦——在著作《超越快乐原则》中提出的晚期创伤理论，从愿望达成理论中悄然出现，一直在这里恳求着，低语着（Lacan,"Tuché and Automaton", in Caruth, 1996）。

于是，紧跟着这个凄厉的哭泣之梦，弗洛伊德提议，"诠释工作"之后我们转向一条新的路径——不是"走向光明、阐释和更充分的理解"（属于所有早期路径的），而是进入了"黑暗"。他写道：

> 只有在我们已经处理完与诠释工作有关的一切之后，我们才能开始意识到我们的梦心理学的不完整性……。因为我们必须清楚地领会到，我们旅程中轻松愉快的部分已经甩在身后了。除非我大错特错，迄今为止，我们所走过的所有路径都是引导我们走向光明——走向阐释和更完整的理解。而一旦我们竭力更深入地洞察所涉及的心理过程，我们就会发现，每条路径都会在黑暗中结束。
>
> （pp. 510-511）

20年后，弗洛伊德（1920）在其具开创性的和复杂的著作《超越快乐原则》中提到并探讨了创伤的概念，该著作常常被认为是他最引人入胜而又最具争议性的著作之一。尽管他最开始把快乐原则放在精神分析理论的主导地位，但是他超越了快乐原则，认为要去重复创伤性的经历和创伤性的梦的强迫性冲动，"完全无视快乐原则"（p. 36）。纵览全文，他对建立在快乐原则至上基础上的元心理学进行了彻底重构。

在经过25年的努力工作后，弗洛伊德第一次在这篇文章中阐述了精神分析技术目标的变化。起初的着重点可以在以下文本中窥见：

> 发掘无意识的材料……重要的是，精神分析过去是一种诠释的艺术。由于这并不能解决治疗问题……主要重点在于病人的阻抗……但越来越清楚的是，既定目标——无意识应该变成有意识的这一目标——通过那种方法并不能完全实现。病人无法忆起他内心被压抑的全部内容，而他无法忆起的可能正是关键的部

分……他不得不将被压抑的材料作为当前经验来重复，而不是（如医生更愿意看到的）将其作为属于过去的东西来记忆。

(p. 18)

弗洛伊德接着阐述了创伤概念，这必然意味着"对另一种刺激的有效屏障的一次突破"（p. 29），引发要去重复的强迫性冲动，它"凌驾于快乐原则之上，比快乐原则更原始、更基本、更本能"（p. 23）。强迫性冲动的重要任务是要去重复、控制或束缚过载的兴奋。只有在这项任务完成后，快乐原则（及其修饰，现实原则）的主导地位才可能无阻。

弗洛伊德指出，在某些人身上，这些重复尤其惊人。"它们给人带来一种被某种邪恶命运所追逐或被某种'恶魔'力量附体的印象。"（p. 21）他用一个奇特而戏剧性的故事来说明这一点：

> 托尔夸托·塔索（Torquato Tasso）在他的浪漫史诗《被解放的耶路撒冷》（*Gerusalemme Liberata*）中，描绘出命运最令人感伤的诗意画面。主人公坦克雷德（Tancred）在一场决斗中，无意中杀死了以敌军骑士的盔甲乔装的、他所热恋的克洛琳达（Clorinda）。把她下葬后，他进入到一片奇异的魔法森林，这片森林让十字军胆战心惊。他拔出剑砍向一棵高大的树；但是，树的刀口淌出了鲜血，克洛琳达哀怨的声音从树上传来，原来她的灵魂被囚禁在树中，抱怨他又一次伤到了他所爱恋的人。
>
> (p.22)

弗洛伊德认为，坦克雷德在一场决斗中致命地伤到了乔装的爱人，然后又不明就里地，看似偶然地再次伤到了她，这些灾难性行为有力表达出某种创伤的经历的重复方式，通过一个人不明就里的行为，不知不觉地且不懈地重复它自身。这种重复，处于创伤的核心，它凌驾于任何快乐和现实的原则之上，因此也给弗洛伊德的理论和临床思考带来了"广泛突破"（Freud, 1920, p. 31）。

凯茜·卡鲁斯在创伤方面著述颇丰，她撰写了引人入胜的《未被认领的经验：创伤、叙述和历史》一书，以弗洛伊德文章中的这一独特观点为基础，阐述了"伤口和声音"（the wound and the voice）——哭泣的伤口——的概念。她生动地指出：

> 弗洛伊德的举例所引起的共鸣超越了对强迫性重复的戏剧性示例，也许也还超越了弗洛伊德的创伤的概念理论或意识理论的局限。在我看来，在塔索的这个例子中，尤为触目惊心的，不仅仅是造成伤害的无意识行为以及它不经意和无意的重复，还有那令人感伤和悲痛呼喊的声音，悖论地（paradoxically）通过伤口发出的声音。坦克雷德不仅重复了他的行为，并且在重复过程中，他第一次听到了一个声音在向他呼喊，让他看看他都做了什么……因此，坦克雷德的故事所表达的创伤性的经历，不仅仅是人类行为者重复和不明就里的行为的谜团，也是一个人类声音的他者性（otherness）的谜团，这个声音从伤口中呼喊出来，见证了坦克雷德他自己都无法完整了解的真相。
>
> （pp. 2-3）

对卡鲁斯来说，这个故事令人感伤的地方在于，它把"不明就里""具伤害性的重复"与"哭泣声的见证"惊人地并置在一起。这是一种"双重伤口"，因为精神的伤口 - 创伤（wound-trauma），与身体的伤口不同，它是一种在最初被体验到时，由于太过意外和具压倒性以至于无法被完整悉知的事件，因此直到它再次出现在幸存者的重复行为和噩梦中时，才能被意识到。正是精神的伤口 - 创伤的未同化的本质——正是它最初不为人知的方式——使得它日后返回来幽灵般纠缠幸存者。

因此，根据卡鲁斯的说法：

> 这则关于伤口和声音的寓言告诉我们的，以及弗洛伊德关于创伤的著作的核心是什么，既在它所言说的内容中，又在它不经意中讲述的故事中。其内容就是，创伤似乎远不止是一种病理，或者不单单是心灵受伤的疾病——它永远是一个伤口故事，它呼

喊着，向我们诉说着，试图告诉我们一个用其他方式无法获得的现实或真相。

（1996，p. 4）

这种"声音"迟迟没有出现，迟迟没有诉说，它固执地坚持要见证一个被断开的、噤声的、隐藏的伤口，把我们带到需要分析性聆听的地方：听之以耳、听之以脑（mind）、听之以心（heart）——正如我早先提出的一颗"聆听之心"（Eshel，1996，2004a，2015a；本书第 1 章）。

但是，当面对创伤的神秘而逗弄性的外表——无声、重复和奇怪的哭泣，面对恳求了解而又无法接近，面对一位受了致命伤的乔装女人和一棵流出血的树时——尤其是在大规模解离的情境下，聆听创伤的那个必要的、正确的甚或切实可行的方式是什么？这种重复的"双重伤口"的哭泣在临床情境中的意义是什么？

卡鲁斯在她的书的开头引用了塔索的一段话：

> 虽然恐怖令人胆战心惊，
> 再一次猛击，
> 他击中了它，决定随后去看看。
> （Tasso，Jerusalem Liberated，引自 Caruth，p. 1）

那么，对于病人，对于分析师/治疗师来说，当创伤性的体验的一触即发时，"恐怖令人胆战心惊"是什么意思呢？在治疗中该如何面对这种恐怖呢？

进入崩溃

1. 弗洛伊德与费伦齐

温尼科特晚年（1969c，p. 241）写道："我们很难相信，弗洛伊德一直让我们继续进行他发明的精神分析所带来的研究，而当我们向前迈出一步时，他却没能参与。"在我看来，弗洛伊德在著作《超越快乐原则》中提出的卓越的创伤理论，孕育出日后精神分析性理论和实践中与创伤和创伤性的记忆相关的创新思想、研究，以及未知的未来发展。然而，对于理解实际童年创伤的关键意义及其在精神分析性治疗的临床体验中复杂而严酷的影响方面，弗洛伊德却戛然止步了。

早在 1897 年，弗洛伊德就摈弃了诱奸理论（seduction theory），这是一个急剧而神秘的转变，因为诱奸理论——认为神经症是儿童遭受成人（通常是父亲）的性虐待的结果——一直是他前两年（1895，1896）最初提出的癔症理论的核心。㊀但在 1897 年的年底，在 1897 年 9 月 21 日他给弗利斯（Fliess），他在精神分析发展早期最亲密的朋友，写的一封信中，透露了一个最重要的秘密："现在，我想立即向你吐露一个重大的秘密，这是我在过去几个月中慢慢领悟到的。我不再相信我的神经官能症的（神经症理论）了。"随后，20 世纪初，他果断代之以精神内驱力模型：不可接受和被禁止的婴儿期愿望、幻想、记忆和焦虑与俄狄浦斯情境相关，它们的压抑与早期创伤性的性经历的现实脱节了。

结果，精神分析性的思想和实践中对创伤的研究因弗洛伊德而被大大延迟，并且，在过去几十年中大部分研究是在解离而非压抑方面有了显著进展。可以说，精神分析对创伤的探索本身就经历了一个创伤性的历程，因此也需要一个双重的、姗姗来迟的显现来找到一个"声音"。这一创伤性的历程在精神分析早期就风起云涌。费伦齐（1873—1933）的工作，特别是在他生命的最后几年，突出强调了实际童年创伤的重要性及其对人格

㊀ 确实是一个急剧而神秘的转变。1896 年 4 月 21 日，弗洛伊德在当地精神病学和神经病学学会发表题为"癔症病因学"（The Aetiology of Hysteria）的演讲时，仍然致力于将诱奸理论摆在这些遴选的专业受众面前。著名的理查德·克拉夫特 – 埃宾（Richard von Krafft-Ebing）主持了演讲，他说弗洛伊德的演讲"是一场生动、高超的法医学表演……他努力要说服那些半信半疑的听众，让他们必须在儿童的性虐待中寻找癔症的根源。弗洛伊德指出，他治疗过的所有 18 个病例都得出了这个结论"。但几天后，他恼怒地给弗利斯写信说这次演讲"受到了驴子们的冷遇，而克拉夫特 – 埃宾还做出了一个奇怪的判断，'听起来像是一个科学童话故事'，而这还是在我向他们展示了一个千年之久的问题的解决方案——尼罗河的源头之后"！对了，弗洛伊德毫不客气地补充道："让他们全都下地狱去吧，我这还是说得比较委婉的。"他觉得周围的气氛前所未有的寒冷，并确信他的演讲使他成了一个被排斥的对象（Ciay, 1988, p. 93）。这次演讲及论文《癔症病因学》（1896）的发表，标志着弗洛伊德癔症创伤性的起源理论的终结。

和分析性治疗的影响。这在弗洛伊德和费伦齐之间造成了越来越大的、悲剧性而不可调和的裂痕，尤其是费伦齐最终的创新性临床思想和他影响深远的最后一篇论文《言语的混淆》的发表，导致了对他精神失常的指控，并随后被精神分析界排斥（Haynal，1988；Stanton，1990；Aron and Harris，1993；Aron，1996；Berman，2004；Eshel，2016a，d）。

弗洛伊德放弃了诱奸理论，取而代之的是精神内驱力模型、婴儿期幻想和压抑，而费伦齐则极力强调童年性虐待和身体虐待的创伤事实以及随后产生的人格解离、人格碎片化，甚至人格微粒化。他坚持认为，与压抑不同，解离防御的是对创伤性经验的压倒性记忆。弗洛伊德认为，性虐待记忆是基于本能驱动的幻想，这些主张与弗洛伊德的观点大相径庭。此外，费伦齐还研究了大胆的治疗方法，以应对治疗中创伤性的过度刺激、恐怖和解离的重现，同时他认为分析师是重要的修复力量。

随着费伦齐与弗洛伊德在理论和临床上的分歧越来越大，他们之间的关系也越来越紧张，给他们两人都带来了极大的痛苦。最后，费伦齐决定在1932年9月于威斯巴登（Wiesbaden）举行的国际精神分析协会大会上介绍他的创新性观点。这次对他的最后一篇论文——《成人与儿童之间言语的混淆：温柔与激情的语言》（"Confusion of tongues between adults and the child: The language of tenderness and of passion"）（1933）的演讲，宣告了费伦齐和弗洛伊德之间关系的破裂（Dupont，1985；Stanton，1990；Berman，2004）。

费伦齐迫切希望获得弗洛伊德的赞同，他在前往威斯巴登大会的途中在维也纳短暂停留，给弗洛伊德读了他的论文《成人与儿童之间言语的混淆》，因为弗洛伊德病重无法出席大会。这一次见面（事实证明，这是他们的最后一次见面）完全是一场灾难。弗洛伊德觉得受到了这篇论文的攻击，并认为这倒退到了他放弃已久的诱奸理论。他要求费伦齐不要在大会上宣读这篇论文，并且至少一年内都不要发表，直到他重新考虑论文中提出的观点。费伦齐拒绝了，因此分手的时候弗洛伊德没有跟他握手。费伦齐深感受伤，踉跄而出，虽然他的踉跄可能是他健康状况恶化的早期症状，但我们无法回避这一刻所蕴含的残酷的情感含义。

的确，创伤叠着创伤……

费伦齐在大会开幕式上宣读了他的论文，但随后他感到极度身心交瘁，健康状况急剧恶化。他被诊断出患有恶性贫血。七个月后，于1933年5月22日病逝。

博拉斯（2011）认为"要么费伦齐看到的是（弗洛伊德）以前未曾看到过的病人，要么，更有可能的是，费伦齐看到的是弗洛伊德无法允许自己去体验并因此会看到的东西"，费伦齐"能够以（弗洛伊德）无法承受的方式追随精神分析"。（pp. xv, xvi）

2. 温尼科特

费伦齐1933年英年早逝之后，他的晚期思想受到精神分析界的排斥，此后过了很多年，童年创伤、解离和提取童年虐待记忆的可能性等议题，才在精神分析理论和临床思考中得到重新定位。在英国的精神分析文献中，主要由独立（中间）学派的精神分析学家们在客体关系理论、创伤性的早期关系和治疗性退行方面发展了这些观点。这群精神分析学家包括试图对弗洛伊德的"经典"理论和技术做出和解姿态的巴林特（他也是费伦齐的被分析者和弟子）（1968），温尼科特（1945，1965a，1965b，1974），可汗（1963，1964，1971），以及爱丁堡的费尔贝恩（Fairbairn, 1952）。在美国对这一领域进行了研究的精神分析学家包括沙利文（Sullivan, 1954），圣戈尔德（Shengold, 1989），写了大量关于创伤对记忆影响的文章的莫德尔（Modell, 1990, 2005, 2006, 2009），莱文（Levine, 1990a, 1990b, 1997, 2014），以及赫尔曼（Herman, 1992）。从20世纪80年代末到90年代初，关系取向精神分析师们经常讨论这一主题：戴维斯和弗劳利聚焦于童年遭受性虐待的成年幸存者的治疗（1991, 1992, 1994；Davies, 1996），布朗伯格（Bromberg, 1998, 2006, 2011）、唐纳·斯特恩（Donnel Stern, 1997, 2003, 2004, 2009, 2010, 2012），以及将创伤定义为"导致解离的事件"（p. ix）的豪威尔（Howell, 2005）。在法国，达瓦纳和戈迪利埃尔（Davoine and Gaudilliere, 2004）对疯狂和创伤进行了开拓性研究。

在临床情境中对创伤的探索围绕着被噤声的、被解离的伤口与发出的呼叫声之间深刻复杂的关系；对无法忍受的创伤性经验的知所不知（knowing-not-knowing），同时强烈想要这样的创伤性经验而又无法接近它。这是一种无法忍受的双重讲述——是一个创伤性经验的无法忍受的本质的故事，也是这个创伤性经验幸存下来的持续着的无法忍受的本质的故事（Caruth，1996）。"创伤性的经历产生的不是记忆，而是现实"（Hernandez，1998），并且带来对抵达这一最初创伤的恐怖，如此一来它既抗拒同时也强烈要求去那里。

对我来说，这方面最鼓舞人心的精神分析著作是温尼科特的遗作《崩溃的恐惧》（据说写于1963年，但在他去世后的1974年出版）及其续篇《疯狂心理学》（1965a）和《临床退行的概念与防御组织的比较》（"The concept of clinical regression compared with that of defence organization"）（1967a）。温尼科特描述了一个人生命之初的崩溃带来的灾难性影响。这种早期崩溃的极端原始痛苦，温尼科特也称之为"疯狂X"，是如此无法思考和"不可名状地痛"，以至于无法被体验到。因此，一个精神病性的性质的新的大规模防御组织，表现为病人的疾病综合征，必须立即构建起来以对抗这样的痛苦，目的是封闭和消除这种无法思考的痛苦的威胁。因此，个体就被禁锢在一个极端解离的、永驻的"防御组织下面无法思考的事态"（p. 103）中，这件事情已经发生了，但是因为还没有被体验到，就不能进入过去式，并且还会在未来恐惧而强迫性地搜寻它。因此这是一场永恒无时间性的（timeless）、持续进行的灾难，因此，现在，即将发生——永不而又永远发生着⊖；直到且除非它在治疗中被重新过活并且被体验到，否则对一个人的存在带来的无休止的影响就会持续下去。

温尼科特描述了在早期崩溃或疯狂的无法思考的极度痛苦深处，存在着一种深刻的内心挣扎——一种在那里被埋葬的、未被体验到的、可怕的过往极度痛苦与要去体验它的"基本冲动"之间的挣扎，从而"在体验中被恢复，因为它不可能在记忆中被恢复……疯狂只有在它被重新过活的时候才能被忆起"（1965a，p.126，125）。它要在治疗中，在"对分析师的

⊖ 用T.S.艾略特的话来说，这就是"永不而又永远"——"这里，永恒时刻的交叉点/……永不而又永远"(Little Gidding，p. 215)。

失败和错误做出反应"的过程中，与此同时，更重要的是在分析师不一样的抱持和"辅助性自我支持功能"下，与分析师一起被重新过活，这样让恢复成为可能。因此，这种思考所包含的分析性工作的最难点，涉及一个至关重要的问题：这一次如何重新过活灾难性的过往？——它会不会同样以无法思考、未被体验到的方式发生？或者它能发生吗？它能被活出来与被体验到吗？即使以前不曾被体验到且一直都未曾被体验过？有没有"在分析这里得到以前从未有过的东西的希望"的存在呢（Winnicott, 1986a, p.32）？

温尼科特（1974）表达的力度——"'崩溃'用来描述无法思考的事态""原始极度痛苦（这里如果用焦虑这个词还不够强烈）"以及"这些创伤性事件携带着无法思考的焦虑，或最大的痛苦"（1967a）——捕捉到了在治疗中重新过活、体验和修复早期崩溃是多么困难，同时也是多么至关重要。

因此，用卡鲁斯的话来说，治疗将成为"双重伤口"的场所——经由创伤的延迟显现和听到从伤口发出的呼喊声的可能性。再加上温尼科特的观点——治疗不仅仅会实现那一声迟来的创伤重新激活的哭喊，也会实现之前从未有过的，重新过活、体验和纠正它的一种新的机遇。

温尼科特本人在论文一开始，就有力强调了温尼科特的理论关于崩溃恐惧的观点的重大临床意义："我相信，我的临床体验最近让我对崩溃恐惧的含义有了一个新的理解……这个理解对我来说是新出现的，对其他从事心理治疗的人来说，或许也是新事物。"（Winnicott, 1974, p.103；参阅 Ogden, 2014）

克莱尔·温尼科特（Clare Winnicott）在她的论文《崩溃的恐惧：一则临床范例》（"Fear of breakdown: A clinical example", 1980）也有力强调了这一至关重要的临床意义："当我把治疗中正在发生的事情，与温尼科特的论文《崩溃的恐惧》中的理论建构联系起来的一刻，对我来说，是那种把所有一切叠加而聚集到一起的累积性体验之一。在那一刻，我看到了我的病人获得可喜结果的可能性。"（1980, p. 351）

确实，对于病人的人格与经验中受更深困扰的方面，如何理解及进行精神分析性工作，温尼科特的观点开辟了新的可能性。秘鲁杰出精神治疗师马克斯·埃尔南德斯（Max Hernandez）就此写道：

> 在某种程度上，温尼科特的概念可以说是对弗洛伊德的最后临床评论之一的激进改写——一种具有恢宏影响的重塑。弗洛伊德（1937b）写到，"通常，当一个神经症病人被焦虑状态所引导，预期会发生某种可怕的事件时，他实际上只是受到了被压抑的记忆的影响（这种记忆正寻求进入意识，但无法成为意识），当时令人恐惧的事情确实发生过。我相信，我们应该从这类针对精神病人的工作中获得大量有价值的知识，即使它并没有带来治疗上的成功"。（p. 268）但温尼科特（1974）认为，（关于更精神病性的现象），"原始极度痛苦的最初经验无法进入过去式，除非自我能够首先将其聚集起来纳入自己当下时间的体验中，并进入此刻的全能控制［假定存在母亲（分析师）的辅助性自我支持功能］"。（p. 105）在分析性过程中，只有当病人将最初的环境失败聚集起来纳入他在移情体验中的全能领域时，才可能停止寻找或注意尚未被体验到的这一过去事件。
>
> （Hernandez, 1998, p.137）

因此重点在于：在治疗情境中，与分析师在一起，允许无法忍受的极度痛苦被逐渐体验到，并活出生命。

"所有这一切都是非常艰难的、耗时的和痛苦的，"温尼科特写道，"但是，唉，除非已经抵达了谷底，除非恐惧的事情已经被体验到，否则就没有到头。"（1974，p. 105）

因此，这里的基本问题，并且我认为精神分析性工作核心的最困难问题之一，就是我们，分析师和治疗师，有多大的意愿，去抵达那令人无法忍受的真实性，抵达病人最具创伤性的经验、崩溃和疯狂；去面对令人悚然的恐怖和痛苦，聆听从流着血的伤口中呼喊出的声音——用格罗茨坦（2010, p. 10）的话来说，这是"来自墓穴的声音"。当治疗中的病人反复指向持续进行着的伤害，而没有能力去穿越它时，我们如何能待在里面，从而穿越这些灾难性改变（catastrophic change）的被破坏 – 破坏着（devastated-devastating）的状态——在新生状态中——直到病人同分析师"（俩人）一起"变得能够去体验、去容忍从而能够去应对他们最初环境中那些无法思考的焦虑呢？

"必须有人感受到它，我们才能将其奉为现实。"（Eigen，2004，p.65）我相信，只有通过在里面，置身于在病人最深的感受状态及其情绪影响里面，置身于朝向崩溃和痊愈的强力拉扯里面，直到"过去恐惧的事情已经被体验到"——灾难性影响才会转变为灾难性改变（Bion，1965），才能够与分析师／治疗师在一起形成一种灾难性机会（catastrophic chance）。

在第 8 章中，我用一个非常困难的临床案例描述了这种方法，接受分析的是一名严重的恋物 – 受虐狂病人。在分析的第三年，病人停止了倒错行为，导致了极端的坍塌，尤其是第五年的整整一年，他陷入了彻底的毁灭、空虚、精神死亡和带有强烈自杀倾向的绝望。在对分析中出现的这种崩溃进行工作的过程中，病人早年崩溃的深层原因得以逐渐展现。而且最重要的是，这带来了之前从未有过的关键可能性，即重新过活病人无法忍受的崩溃和死亡——这一次是与分析师（俩人）一起——不一样的是这一次以体验的方式安然度过。

现在，我将用来自埃尔南德斯、哈里·冈特瑞普（Harry Guntrip）和利察·古特雷斯 – 格林（Litza Guttieres-Green）的精神分析著作中的三个的临床详例，还有著名英国女作家弗吉尼亚·伍尔夫（1976/2002）的一篇自传体文章，来进一步说明这一思考。所有这些例子都带有早期崩溃的印记，其中大规模防御组织已经封闭和消除了那一无法思考的极度痛苦经验。因此，早期崩溃作为未被体验到的、未获生命而死亡的部分，潜伏心灵深处，深深编织入他们生命的心理结构中。因此，至关重要的是在治疗中体验那未被体验到的经历（experiencing the unexperienced），而不是揭示某一特定创伤。也就是说，根本可能是在那里，病人同分析师在一起去经受住被湮灭 – 正在湮灭的经验，这对于病人来说是不可能通过独自去到那里可以体验到的。

案例

埃尔南德斯：崩溃被听到了[1]

埃尔南德斯在其敏锐的理论–临床论文（1998）中，将温尼科特的早期崩溃的概念扩展为一般创伤理论：已经发生了的无法忍受的创伤性的现实，由于其大规模的防御组织和时间位移而无法造访也无法被体验到，从而产生了一种永驻的对创伤性的体验逼近又回避的感知。因此，埃尔南德斯强调，至关重要的是在"无法思考的事态"和临床情境中发生的二次创伤的全部影响中，分析师与病人同在，没有对"无法思考的空白，那充满原始极度痛苦的空虚"（p.140）强行赋予意义。这需要分析师适应病人的自我需要，以便提供抱持，从而确保反复出现的对崩溃的预期性恐惧体验，逐渐落入病人不断增强的能力范围之内。

埃尔南德斯用一个30岁男子长程分析的临床材料，来说明这种处理无法忍受的创伤经验的方法，该男子因为焦虑而寻求治疗，每当上班或是跟朋友在一起时他就感到焦虑——觉得老板"对他吹毛求疵"，朋友也对他嘲笑不已。他说，有些时刻这种焦虑让他无法容忍。在这些时刻，他害怕自己会摔成碎片或者更糟。他曾有两次因无法应对的焦虑发作而住院，而且他知道这种情况肯定会再次发生。在第一次治疗即将结束时，他告诉埃尔南德斯，他必须把一些事情交付给他，不过他想最好等到一个合适的时机再说。他瑟瑟发抖，并且因为浑身冒汗没有跟埃尔南德斯握手。治疗过程中，他谈到了自己的生活和家庭。他曾是一个孤独、悲伤而退缩的男孩。他本来是一名出色的足球运动员，这一直是他唯一的慰藉。在青春期，他极其腼腆。比赛前后换衣服简直就是"地狱"。男孩们在他背后大笑，这种情况让他没办法成为职业球员。他完成了学业，继续与父母住在一起。母亲曾反复发作抑郁症，在他小时候住过好几次院。

有一次，在治疗快结束时，他用几乎听不见的声音说，他担心"被跟踪"，他无法解释这种感觉，但他急切地想要我相信他。

---

[1] 感谢马克斯·埃尔南德斯医生慷慨允许我使用这个临床范例。

他确实有一段时间没有纠结这个问题了。他谈到手心出汗和两手发抖让他很难受。人们意识到他的紧张，不是盛气凌人，就是取笑他。日子很不好过。他经常性地失眠，午夜在大汗淋漓中醒来，想不起自己做了什么梦。过了一段时间后，他说他必须告诉我，他在第一次见面他曾暗示过的事情。他甚至变得更紧张惶恐了，接着他告诉我他曾被一群男孩强暴过。事情发生在一次学校郊游中，当时他只有八岁。事后，他们还戏弄他。这次治疗接下来的时间里，他一直保持沉默。有一段时间，他用一种近乎着魔的方式谈起一个朋友，这个朋友和一个女孩背叛了他。也许这个朋友知道在他身上曾发生了什么。有时他会想象或"像在电影中那样看到"那出整个情节。随后他突然质问我，为什么我不问问在他身上发生过什么。在我保持沉默的时候，他就会变得紧张焦虑。我说，他可能觉得我没有意识到整个经历对他来说是多么痛苦，而且觉得我对此根本就不关心。接下来的治疗中，他提到强暴发生前的一些情景，以及他回家后发生了什么：尽管他的内衣上有血污，但没有人给他半点儿关心。我告诉他，可能他对我的沉默所感受到的，就像是过去父母的无动于衷给他带来的感受一样。

在那个时期的分析中，他担心失去工作——他会再次住进精神科病房。他不断提及"发生在我身上的事"。我注意到，在没有非常明确的解释的情况下，每当我提到这一点，我都会说："那就是你说的发生在你身上的事。"有一次，我刚说完这句话，他立马气得站起来盯着我说："你不相信我？你是说我在撒谎吗？"他浑身发抖，大汗淋漓。我告诉他："看来这事不曾发生过，这事仍在发生着。"（It seems it hasn't happened, it is still happening.）这一次治疗他一直在哭，到结束的时候我陪着他，示意他可以洗把脸，然后我在门边等着他离开。在接下来的几周里，他沉浸在那次强暴经历中，极忐忑地探讨了他的屈服、被动，以及与帮派头目之间令人困惑的情感纠葛的原因。他试图准确地描述当时的情况。然而，这一套似乎无济于事。不过在一次特别的治疗中,他的说话方式发生了变化。他以一种严肃、阴郁的语气谈到,他感觉自己已经抽离出身体,仿佛他不是他自己,仿佛他被清空了,毫无生机。他非常缓慢地、费劲地指向灯的插头,低声说道:"好像有人把我和生命本身断开了连接。"看上去他似乎已经能够面对这一赤裸裸的、可怕的经历了,这一经历就隐藏在焦虑、恐惧之下,隐藏在侵犯行为本身的"闪回"之下。

(pp. 138-139)

我感觉到在这里,治疗经验渐进地、小心翼翼地,并且以极大的敏感性和耐心,在病人的"偏执"反应中开辟出了一个空间;在这个空间中,可以听到那一声从创伤深处爆发出来的、无法被听到的声音——这一被扼杀的哭声来自那流血的双重创伤,即在孩提时代遭受的强暴以及强暴发生前后压倒性的父母的忽视所带来的双重创伤。而这种彻底的方式使创伤得以逐渐展现,直到抵达被湮灭-正在湮灭的内心最核心深处的这一日益增长的恐怖。与分析师一起经受的这一灾难性的重新激活就形成了一种灾难性的机会。

冈特瑞普:致命崩溃

我现在要讨论另一个更复杂的临床示例,其中关于创伤的信息是已知的,却是一种完全没有记忆、尚未被体验到的崩溃——是一种在早期就"已经发生过",却又"尚未发生"的崩溃(温尼科特的原话)。这是冈特瑞普在他的自传性论文《我与费尔贝恩和温尼科特的分析经验:精神分析治疗能达到的结果有多圆满?》("My experience of analysis with Fairbairn and Winnicott: How complete a result does psychoanalytic therapy achieve?")中他自己作为案例接受分析的描述。根据《柯林斯词典》(*Collins Dictionary*):"complete"(圆满)的意思是"绝对的,完美的,完成的,具有所有必要的部分(拉丁语——complere,去填满)",在这里所有这些意思都正确。

冈特瑞普的这篇论文(1975)写于他生命的最后阶段,论文开端就谈到了副标题中的这个问题，提到了冈特瑞普在费尔贝恩和温尼科特这两位杰出的精神分析人物那里接受的精神分析性治疗：

> 结果可能有多圆满？这个问题对我来说相当重要，因为它与一个不寻常的因素有关——三岁半时，我关于弟弟的死亡所遭受的严重创伤，导致完全失忆。两次分析都未能突破失忆，但在两次分析结束后，记忆出乎意料地恢复了……不过，每一次分析，作为后分析（post-analytic）发展，都以不同的方式为记忆恢复做了准备。
>
> （pp. 145-146）

冈特瑞普的叙述集中在母亲对他的养育失败上，也基于在他青少年时期和成年后母亲所告诉他的事情。冈特瑞普的母亲在结婚前，就是一个负担过重的"小母亲"，因为她的母亲，"一个昏头昏脑的选美皇后"，甚至在她还是学校的学生的时候，就让她留在家里照料她的11个兄弟姐妹。冈特瑞普的父亲是卫理公会教派的传教士，建立并领导一个传教会堂，对她承担起照料寡居母亲和兄弟姐妹的责任很是钦佩。他们结婚了，但是他不知道她受够了养育孩子，再也不想生孩子了。她给冈特瑞普哺乳，因为她认为这样可以避孕；但她拒绝给比冈特瑞普小两岁的弟弟珀西（Percy）哺乳，结果在冈特瑞普三岁半时珀西死掉了，此后她拒绝进一步的亲近行为。在冈特瑞普一岁时，她开了一家企业，连续七年亏损，于是把他留给同住的一位病弱的姨妈照顾。

冈特瑞普的完全失忆围绕着珀西之死的创伤及其背后的一切。

> （母亲）告诉我，三岁半的时候，我走进房间，看到珀西赤身裸体躺在她的腿上，已经死了。我冲上去抓住他说："别让他走。你永远也找不回他了！"她把我送出房间，然后我很神秘地病倒了，人们认为我快死了。她的医生说："他为他弟弟伤心欲绝。如果你的母亲天性都救不了他的话，我也救不了他。"于是她把我带到一位慈爱的姨妈家里，我在那里康复了。费尔贝恩和温尼

科特都认为，如果她没有把我从她自己身边送走，我很可能就死掉了。所有这些记忆全都被压抑了。

(p.149)

在珀西离世以及归家之后，冈特瑞普发起了迫使母亲给予他母爱的四年积极战斗：从三岁半到五岁，他反复患上心身疾病（psychosomatic illness）和戏剧性地突发高烧；从五岁到七岁，他变得执拗，开始去上学，更加独立了。他母亲总是大发雷霆，暴揍他。七岁时，他上了规模大一点儿的学校，稳固发展着他自己家庭之外的生活。在他八岁时，他母亲开了家新店，取得巨大的成功。她没那么抑郁了，支付他在各种喜好和活动上的所有花销。母亲晚年时总说"我就不应该结婚生子。我不是做贤妻良母的料，我天生是一位职业女性"（p.149）和"你父亲和玛丽姨妈去世后，我孤身一人，我曾养过一条狗，但我不得不放弃了。我忍不住要殴打它"（p.150）。

冈特瑞普认为，他的精神分裂样的孤立与不真实的体验，尤其是与作为"珀西替代者"的朋友们突然分离引发的那场神秘的消耗性疾病的体验，是由弟弟的死亡这一无法忆起的严重创伤、随后他自己发病，以及最早期与母亲的关系所引起的。这些对他造成了"一种无意识从生命中抽离出来，陷入坍塌和显现的凋零状态"（p.149）。因此，尽管他作为利兹教堂的一名牧师，作为一位心理治疗师和一个居家男人，取得了表面上的成功，但是他还是来寻求精神分析性治疗的帮助。

但冈特瑞普的失忆一直持续到他70岁，贯穿他的余生和两次分析。他在48岁开始接受费尔贝恩的分析，到59岁止，持续11年，超过1000个小节（1949～1960年）。费尔贝恩根据他的理论，着重对冈特瑞普的"后珀西"阶段内化的力比多与反力比多的坏客体关系的"内部封闭系统"进行俄狄浦斯取向的分析。然而，经过三四年的分析，冈特瑞普觉得他真正的问题不是俄狄浦斯情结的三人坏客体关系和冲突，而是他母亲在认同他这件事上从开始就失败了，还有他更深层次的精神分裂样的问题。八年分析之后，危机终于爆发了，冈特瑞普的老朋友骤然离世，导致又一场可怕的"珀西病"。然而，当时费尔贝恩身患重病，长达六个月都无法工作，在恢复工作后，他诠释说，生病期间的他被冈特瑞普移情为他曾奄奄一息的弟弟。冈特瑞普担心，由于费尔贝恩健康状况不佳、身体虚弱，没有人将帮他处理"珀西创伤"强烈的再度激活的状况，也害怕费尔贝恩在完成他的分析之前就死去，因此决定在费尔贝恩尚且在世的时候就找温尼科特做分析。

冈特瑞普每月从利兹动身去温尼科特那里做几次治疗，从61岁到67岁（1962～1968年）共150节。他感受到，温尼科特对婴儿期有着深刻的直觉接触，这让他能够找回他生命最初的终极的好母亲，并且在移情中他在温尼科特身上重新创造出了她。因此，温尼科特进入了冈特瑞普最早期的创伤岁月中由没有关联能力的母亲所留下的空虚，这正是"珀西创伤"的具体表现。不仅仅是失去了珀西，还有珀西之死和独自与一个无法使他保持活力的母亲在一起所带来的双重伤口，导致冈特瑞普坍塌，进入明显的垂死状态；但现在，他觉得自己不再是独自与一个没有关联的母亲在一起了。

冈特瑞普最后一次见到温尼科特是在1969年（当时温尼科特从纽约病愈归来，但冈特瑞普并未提及此事）。1971年元旦，他听说温尼科特生病了，大约两周后，他被告知温尼科特已经去世。当天晚上，冈特瑞普做了一个惊人的梦。他见到了他的母亲，全身一片漆黑，一动不动，定定地望向空中，完全不理会他，他站在一边盯着她，感觉自己被吓呆了。这是他第一次梦见母亲这个样子，以前她总是攻击他。他的第一个念头是："我已经失去温尼科特了，我现在又留下来独自与母亲在一起，她沉浸在抑郁中，对我视而不见。这就是珀西去世时我的感受。"（p.154）他担心失去温尼科特会形成对"珀西创伤"的重复。但最终他意识到，这一次不一样了。在其他突然的分离与死亡中，他都没有梦到过他的母亲——于是他就会病倒，就像珀西死后一样。这一次，一系列扣人心弦的梦启动了，夜复一夜地持续着，按时间顺序把他带回了他曾经住过的每一栋房屋，一直到在那糟糕的最初七年间所居住的房屋。家庭人物出现了，他的父亲和母亲不断出现——他的父亲一直都支持他，他母亲总是心怀敌意，但是不见珀西的踪迹；他试图停留在与母亲争吵的"后珀西"期。接着，两个月后，他做了两个梦，终于突破了对珀西生与死的失忆。冈特瑞普清晰地看到他自己在梦中是三岁，推着一辆婴儿车，车里是他一岁大的弟弟。他很紧张，焦急地看向左边的母亲，看她是否会注意到他们。但母亲定定地盯着远方，没有理会他们，就像那一系列梦中的第一个梦一样。

第二天夜里的梦更为惊人。

> 我与另一个男人，我自己的双重者，站在一起，两人都伸出手去抓一个死物。忽然间，那另一个男人蜷作一团坍塌下去。紧接着梦变换到一个亮着灯的房间，在那里我又看到了珀西。我知道那就是他，坐在一个没有脸、没有胳膊和没有乳房的女人的腿上。她只不过是一个可以坐的大腿，而不是一个人。他看起来非常沮丧，嘴角下垂，而我正试图让他微笑。
>
> （p.154）

在这个梦中，冈特瑞普觉得自己找回了看到死去的珀西时的崩溃，并试图吸引他的注意力的记忆。但还不止于此。在这两个梦中，他实际上都回到了珀西死前的早些时候，看到了"无脸的"（faceless）人格解体的母亲，看到的是漆黑的抑郁母亲，对于他和弟弟，这个母亲都完全无法关联上——奥格登（Ogden，2014）的一篇论文同样有力地表达了这一观点，这篇论文是对温尼科特"崩溃的恐惧"（1974）的扩展。奥格登认为，婴儿期母婴纽带的破裂是一种无法思考的极度痛苦，它无法被体验到；因此，病人需要找到这种恐惧的源头的驱动力，那就是他感到自己未被体验到的关键部分找不到了、丢失了和没有过活，所以他必须把它们拿回来。多年来，冈特瑞普一直被人诟病，因为他主要是通过自我设定解除失忆的目标来建构整体治疗情境，从而控制他的治疗（Glatzer and Evans，1977；Padel，1996；Markillie，1996）。但在我看来，奥格登的论文大力支持了冈特瑞普的主张。

这一系列梦让冈特瑞普重新审视了自己的所有分析记录，直到他意识到，尽管温尼科特的死亡让他想起了珀西的死亡，但情况完全不同了。他没有梦到温尼科特的死亡，而是梦到了珀西的死亡，梦到他母亲在关联他和弟弟这件事上完全失败了。他得出了令人信服的结论：

> 是什么在我的深深的无意识中给了我力量，让我再次面对这一基本创伤？这一定是因为对我而言温尼科特并没有死，也不可能死，当然对许多其他人来说也是如此……温尼科特恰恰与我早年因母亲的失败而病倒而丢失的那部分我建立了活生生的关系。他取代了母亲的位置，使我有可能在实际的梦境重现中，忆起她的令人瘫痪的精神分裂样的疏离，而且是安全地忆起来。慢慢地，这形成了我心中日益坚定的信念，我从那自主退行的扣人心弦的梦-系列的火山喷发中恢复过来，我感受到自己终于收获了我 20 多年来在分析中所寻求的收益。在所有……都已经修通之后，还有一件事仍需处理——在最初七年间构成我们家庭生活的个人关系的整体氛围的质量。对我母亲来说，悲伤情绪萦绕着她，挥之不去，她在童年时受到如此严重的伤害，以至于她既不能存在，也不能让我存在，不能让我们成为我们的"真自体"。我不可能拥有另一套的记忆。但是……什么是精神分析性的心理治疗？在我看来，它就是提供了一种可靠的和有理解力的人类关系，这种关系能够与深受创伤压抑的儿童建立联系，使人能够在一种全新的真实关系的保障下，带着最早成长形成时期遗留下来的创伤，在它渗透或爆发到意识中的时候，能更稳定地生活。
>
> （pp. 154-155）

因此，冈特瑞普讲述他如何突破失忆，最终更有能力地活着的这个悲喜录结束了。冈特瑞普写这篇论文时，他已经 73 岁了。但是大约一年后，当这篇论文发表时，冈特瑞普已经不在人世了（在论文首页有特别说明）。他在食道癌手术后去世，享年不到 74 岁；他的两位分析师都在差不多的年龄去世，温尼科特 74 岁，费尔贝恩 75 岁。

如此想活下去的冈特瑞普的死，给我留下了不安的感觉和疑问。冈特瑞普在论文开头提出了一个问题："精神分析治疗能达到的结果有多圆满?"（Guntrip，1975，p.45）而我问："精神分析治疗能达到的结果应该（should）有多圆满?"

莫非是冈特瑞普因身心羸弱、垂垂老矣，而无法容受解离的爆发、无法容受早期创伤的返回和温尼科特之死这一毁灭性的"双重伤口"（Caruth，1996），尽管他极度渴望并挣扎着要去突破失忆？

解离性的防御组织背后是否蕴含着一种幸存的智慧，尽管代价高昂，但还是应该被考虑在内？或者说，独自孤单地承受这些创伤性的冲击，会不会引发压倒性崩溃的返回，从而重新激活创伤性的记忆，而没有能力顶住再次爆发的死亡、抛弃和情感伤害的巨大痛苦而活出来？冈特瑞普被"留在那个创伤事件全面爆发的地方，而没有人在那里帮助（他）"（p.151），正如他自己写的，在他离开与费尔贝恩的治疗之前，他害怕费尔贝恩会像珀西那样死去。

进一步思考孤独、同在与无同在

多年来，我一直认为，俄狄浦斯的故事主要是一个悲剧，这个故事讲述的是一个人无依无靠试图突破大规模的早期解离，并且为了抵达童年最早期的潜在未知和致命崩溃，却被他所进行的毫不妥协的孤独抗争所摧毁了——因为在神话中，最初骇人听闻的罪行是他的父母意图谋杀他这个婴儿，一个被自己的亲生母亲送去处死的婴儿。

特别想说的一点是，这里我想起了英国女作家弗吉尼亚·伍尔夫死后出版的自传《往事素描》（*Sketch of the Past*，1976/2002），她的这部著作与冈特瑞普的著作产生了密切共鸣，并且也是在她生命的最后两年中写就的。与冈特瑞普一样，她表达了一种深切的渴望，渴望再次依附她过去的体验，更完整地重新过活她的全部生命，拥有更多"存在时刻"（moments of being）：

> 我常常想，难道我们强烈感受到的事物不可能独立于我们的思想而存在吗？它们事实上不就是寂然存在着（still in existence）吗？……与其在这里记住一个场景，在那里记住一个声音，不如

我在墙上装一个插头；收听那往事……我觉得强烈的情感一定会留下痕迹；问题只是要发现我们如何才能让自己再次依附它，如此我们就能从一开始就活出我们的生命。

（p. 81）

伍尔夫也描述了与一种遽然的不真实感和"非存在"感的挣扎。"有那么一刻……莫名其妙地我就能发现，一切陡然变得不真实了；我被悬空了；我无法跨过水坑；我试图去触摸到什么……整个世界就变得不真实了。"（p.90）"作为一个孩子，然后，我的日子，就像现在一样，包含了很大一部分这种棉絮，这种非存在……然后，我就知道，无端地就会来一次猝然的猛烈冲击。"（p.84）

伍尔夫的《往事素描》描述了她在一系列创伤以及在她母亲、同母异父的姐姐史黛拉（Stella）（她母亲第一次婚姻中的长女，母亲死后替代母职）、父亲和弟弟托比（Thoby）之死的阴影下的生活。甚至她父母的婚姻也都是在他们挚爱的第一任配偶去世后的第二次婚姻。伍尔夫写道：

我母亲的死对我一直是一种潜在的悲伤——年方13岁的我无法驾驭它，无法预见它，无法处理它。但两年后史黛拉的死却落在了另一种不同的实体上；落在一种精神素材和存在事物上，它格外不受保护，没有成形（unformed），没有设防，忧心惊惧，容易接受，尚可预期……但在这特定的精神和肉体的表面下，沉沦着另一种死亡……当再一次难以置信地——不可置信地——仿佛一个人被某些承诺狠狠地欺骗了一样；不仅如此，还被残忍地告知，不要像个傻瓜一样对事情还抱有希望；我记得在她（史黛拉）死后，我对自己说"但这是不可能的，事情不是这样的，不可能是，这样的"——这个打击，死亡的第二击，击中了我；我颤抖着，泪眼蒙眬，而我……就坐在我破碎的蛹的边缘上。

（p. 130）

此外，伍尔夫小时候曾遭到同母异父的哥哥杰瑞德·杜克沃斯

(Gerald Duckworth)的性虐待。

弗吉尼亚·伍尔夫在《往事素描》停笔四个月后，在乌斯河（River Ouse）中沉河自杀（她给丈夫留下了一封饱含爱意与感激的信，就像冈特瑞普曾留给他家人一封充满感激的遗书一样）。

这是不是又一次独自经历所有这些无法忍受的创伤性的记忆的重新激活和压倒性的摧毁所带来的"恐怖的恍惚"呢？用伍尔夫的话说："那种坍塌……仿佛我被动地被置于大锤的重击之下；暴露在整个意义的雪崩之中，这些意义在我身上堆积和释放，不受任何保护，没有任何东西可以抵挡。"（p. 90）

俄狄浦斯、冈特瑞普、弗吉尼亚·伍尔夫——对我来说，他们具现了遭遇内心深处的创伤时不受保护的、折磨人的孤独，太过可怕而无法去体验的孤独。

关于临床工作，我在这里努力所表达的超越了分析师的死亡（冈特瑞普的说法）的范畴，而是"分析师不在那里"——无论是实际的不在场或是情感上的不在场。我相信，为了抵达创伤性的解离状态及其恐怖的核心，分析师必须在那里，置身于病人的世界里面，采用的方式是我所描述的：在穿越这个过程之中，分析师置身其中"临在"，并且随后形成的深层的病人－分析师内在相连或"同在"（Eshel，1998a，b，2001，2004a，b，2005，2006，2007a，2009，2010，2012b，2013a，b；2014，2016，2017b；本书第1～8章）。

病人－分析师"同在"或病人同分析师的深层的内在相连，进一步推进了在精神分析性思考中，尤其在思考创伤案例中日益盛行的"见证"的概念（Caruth，1995；Donnel Stem，2012；Reis，2009a）。正是分析师的"同在"的在场这一根本品质，在创伤区域内产生了一种不同的可能性，这种可能性以前是不存在的，是被排除出去了的。对于温尼科特的概念"尚未被体验到的崩溃"，艾根的解读是："温尼科特指出，那个恐怖太可怕而无法被体验到，那一刻需要寻到一个人承受这一恐怖，哪怕只是一点点，或者每次只是一点点。"（2004，p. 26）

置身于创伤性的体验的骇人的重新激活的状况，这种与之同在的方式唤起了奥格登（2001b）对病人自发的声明："我不会让这种事情发生的。"当时他的病人想起了童年被忽视和被邻居猥亵的记忆，处于无以复加的压倒性焦虑和迫在眉睫的分崩离析的感受中。奥格登（p.166）写道："我意识到我承诺了很多。"并且他还在一个说明性脚注中补充道："要不是我花了好多年时间阅读和重读温尼科特关于精神－躯体和分析过程中的退行的作用的那些论文的话，我相信我无法自发对病人说出（那句话）。"（p. 171）"我不会让这种事情发生的"——现在，分析师同在其中的在场，与－病人－内在相连，就不会让这种事情发生。奥格登后来谈到温尼科特的"崩溃的恐惧"时表述道："病人现在不是独自一人了，因为这个时候他与一个分析师在一起，这个分析师能够承受病人的以及他自身的崩溃和原始极度痛苦的体验。"（Ogden, 2014）

然而，不管是见证还是能够与病人内心最深处的体验合一的"同在"，去经受创伤性的体验都是困难和令人生畏的，因为创伤破坏和扭曲了心灵。即使是魔幻小说中的哈利·波特（Harry Potter），他在襁褓中因为他母亲舍命保护他而躲过伏地魔（Voldemort）的凶残袭击并幸存下来，但是该系列小说的最后一本揭示了，当时伏地魔邪恶灵魂的一个片段，不经意间附着在了哈利的灵魂上（*Harry Potter and the Deathly Hallows*, Rowling, 2007）。创伤的复活，使治疗充斥着需要体验创伤的无法忍受之苦——伴随着崩溃、疯狂、丧失、毁灭、精神死亡、痛苦的绝望与无助、扭曲与"对侵略者的认同"（Ferenczi, 1933）、不断攀升的心理与生理的风险。当分析师在那里，在那里面时，它们就会渗透、影响、攻击和玷污分析师的心灵。对这种创伤性的冲击有各种描述：创伤性的反移情（Herman, 1992）、创伤的"传染"（Terr, 1985）、替代性的创伤（McCann and Pearlman, 1990）、继发性的创伤性的应激（Baird and Kracen, 2006）、童年性虐待幸存者的八种移情－反移情模式（Davies and Frawley, 1994），以及"反创伤"（countertrauma）（Gartner, 2014）。根据达瓦纳和戈迪利埃尔（2004）的观点，分析师必须成为那个"被骇到的他者"（horrified other），允许创伤的冲击瓦解分析师与被分析者的边界，瓦解过去与当下的边界。

我想用一个令人黯然神伤的临床案例来说明这种思考方式。

古特雷斯 – 格林：被抛弃的崩溃

这个临床案例取自安德烈·格林的最后一本书《精神分析性工作的幻象和幻灭》（Illusions and Disillusions of Psychoanalytic Work，2011），该书于他去世前几个月出版，从理论和临床的角度探讨了精神分析性治疗中令人失望的并且有时是悲剧性的过程。临床部分呈现了十几个令人失望的或失败的案例，案例取自格林的分析工作和他同事的临床经历，随后格林对案例的困难要点或特点做了简评。这是很有趣的一点，因为格林在他的著作中很少呈现临床案例。可以说在这里格林超越了他自己，"超越了关乎临床实践的舒适位置，为精神分析性治疗中的失败引入了一种深刻的探讨"（Fiorini，2011，p. ix）。

我将讨论分析师古特雷斯 – 格林报告的案例，题为《阿丽亚娜：无法调和的移情》（"Ariane: an unresolvable transference"）。这是对一位41岁女性阿丽亚娜的困难分析，发生在20世纪末。阿丽亚娜因严重的焦虑发作，感觉自己不存在，因酗酒、失恋和自杀企图而被转介接受治疗。她谈到了一种空白（void）感，一个既让她害怕又吸引她的黑洞。

阿丽亚娜的母亲在她出生时就病倒了，在阿丽亚娜六岁时就去世了；这个孩子在生命极早期就受到恐怖和敌意的折磨。她对自己的童年没有记忆。她唯一记得的是她母亲的葬礼：她被留在家里，透过窗户她看到一群人和她的家人身着"黑装"。她害怕得躲在桌子下面。尽管童年经历坎坷，她还是成功完成了大学学业，获得了很高的评价，她和一位同学结了婚，生了两个孩子。但在她看来，这一切不过是一场"疯狂的仓皇逃亡"，在此期间，她竭尽全力去"填洞"，没有设法避免抑郁发作。

由于一些政治事件，阿丽亚娜和她的丈夫被迫带着两个幼子流亡国外，阿丽亚娜因此陷入严重抑郁。她经历了失败的心理治疗，并几度冒着婚姻解体的风险离开丈夫又回到他身边。她也失去了工作。由于自杀威胁、惊恐发作和酗酒，她曾在精神科短期住院，接受过精神药物治疗，但都收效甚微。第一次接受古特雷斯 – 格林的咨询时，阿丽亚娜坚持认为自己已经没有希望了,"死亡会是一种解脱"。

尽管她的临床表现很糟糕,古特雷斯－格林还是接受了对她的治疗,两人之间的关系立刻变得艰难而又脆弱。一种持续的紧迫感占了上风,治疗偶尔会因住院而中断。古特雷斯－格林体验到了无助的感受,她想自己正在经历的事情与病人所描述的很类似。很难跟随联想的流动,去记住、理解、思考和诠释这些混乱的材料。古特雷斯－格林有时在治疗中会被极度强烈的睡意侵袭,几乎睁不开眼睛。她努力维持住能够涵容与保护病人——以及她自己——的设置,以对抗病人的毁灭性。她阅读弗洛伊德、费伦齐、温尼科特、塔斯汀和格林的文章,以应对病人让她面临的问题。她认为有可能阿丽亚娜的母亲一直都无法与女儿建立联系,因此无法让女儿从她的离世中幸存下来,无法给女儿一个足够安全的基础。阿丽亚娜对获得持久可靠的关系没有信心;她退缩在自恋性冷漠的面具后面,与此同时,对已故母亲的怨恨与仇恨在移情中正被重新过活。

然而,阿丽亚娜的见诸行动逐渐减少,出现了更多精细的材料,真正的分析工作开始了。阿丽亚娜定期过来,不再说要中断治疗了。她承认了自己的依赖和依恋,也开始照顾她的孩子们。她现在带着许多梦来到治疗。尽管她并没有摆脱焦虑,但她的洞察力让分析师感到事态良好,发展有望。

古特雷斯－格林和阿丽亚娜之前的治疗师均认为,这个洞、这个空白代表着阿丽亚娜曾在其中避难的母亲的坟墓,现在阿丽亚娜将此与她生命起源的那个缺失联系起来。她说:"我想重新找到一种连续感来填补这个空白。"她一直把这种感觉与她母亲的死联系在一起,因为她的治疗师,包括古特雷斯－格林,都已经为她建立起了这种连接,也因为她不知道如何对此诠释。但是现在她说:

> 我认为那是在(母亲过世)之前,某些重要事情并没有发生而留下了一个洞。我一直无法谈及于此,或者一直不知道如何谈。当我告诉你我并不了解我的母亲时,我开始明白了。
>
> (p. 125)

因此古特雷斯-格林在这里对自己说，记忆的丧失隐藏着崩溃，这一崩溃早已经发生过了（根据温尼科特"崩溃的恐惧"）。

被埋葬的记忆与无意识幻想逐渐变得可以接近，尽管它们留下了特殊的特征。而阿丽亚娜能够将她的幻想转化为影像，并将它们传达给她的分析师，她指出她的所有梦中的人物"说"的都是法语，分析的语言，而不是用她的母语。正是在分析工作的过程中，在她分析师的在场中，她学会了直接看看它们；即便它们仍是骇人的，她也能找到词语描述它们了。她说："我已经学会了和你说话。"（p.127）然而，这些表征有一种大规模的、重复的特征，好像存在一个她无法建立的连接，所以她无法超越它们。某些重要东西仍无法表征。

难道这不是那核心灾难的"声音"，很久以前这就已经发生过了，至今仍在持续，仍未被相遇，尚未被体验到？根据古特雷斯-格林的描述，对空白、黑洞、死亡坟墓的各种不同诠释，并没有以更稳定的方式成功创造出希望。然而对阿丽亚娜来说，空的和丢失的东西总是比充满的更重要；恨战胜了爱。阿丽亚娜说：

> 我感到绝望，因为尽管有了这些变化，我仍持续感到孤独和空虚。我的生命没有意义，尽管我说不出为什么。我们一起理解和重新建构起来的东西围绕着一个洞。这个洞里有什么，我永远不会知道；非常简单，它并没有发生过，而这就是所缺乏的东西。因此，我无法知道我所缺乏的是什么，我也无法有任何希望来填补这个空白。
>
> （p. 127）

古特雷斯-格林用症状上的改善来宽慰自己：阿丽亚娜看起来更平静些了，也不那么以自我为中心了；她谈到了她周围的人，而不再只是她自身的恐怖了。

第二年夏天，病人决定结束治疗，跟孩子和丈夫一起返回原籍国。暑假过后，治疗就结束了。阿丽亚娜会时不时打个电话过来；但渐渐地，电话越来越少——古特雷斯-格林以为阿丽亚娜只是想确保她还活着——后来电话联系也停止了。我逐字引用最后一段。

> 她回来了；几年过去了，她的样子把我吓了一跳。当然，她老了，但她看上去萎靡不振；她丈夫已经离开了她而再婚；孩子们到外地读书，已经开始了工作。他们过得不错，但是她并不太常见到他们。他们都有了自己的生活。"每个人都抛弃了我，我孤身一人。"她勉强挤出一丝微笑，她没有照顾好自己，也没有钱，她给我看她一口坏牙："我已经老了，你看！"我问她是否在接受治疗。"没有，我想回到你身边。"我拒绝了。她明白了，但她原本希望有可能，她说，带着她那一丝无奈的微笑。她怔怔地望着远方，似乎在做梦……梦到了什么呢？我永远不会知道。她又离开了，留给我的感受是目睹了一场灾难，并感到对此负有部分责任。
>
> （p. 128）

我认为这是一个悲剧性的也是灾难性的结局。㊀在我接下来要说的话中，我不是要对古特雷斯-格林持批评或居高临下的态度。我很欣赏在呈现这个困难案例时她的坦率和勇气。我们所有的人，分析师和治疗师，都曾面临过治疗中的有些时刻、地点、个人——但愿这种情况不是很多——使得我们无法或不情愿继续治疗的情况。而一个遭受严重困扰的病人来了，身无分文，没有丈夫，孑然一身，潦倒不堪，牙齿腐烂，没有让分析

㊀ 我在想，古特雷斯-格林为她的病人选的名字——Ariane（阿丽亚娜）——是否透露了她自己对放弃她的病人所产生的复杂感情。Ariane是希腊名Ariadne（阿里阿德涅）的法文翻译，这个名字主要描述在恋爱中被无情抛弃的女人。在希腊神话中，阿里阿德涅是克里特国王米诺斯（Minos）的女儿，她爱上了雅典国王埃勾斯（Aegeus）的儿子忒修斯（Theseus），忒修斯来到克里特，是为了在迷宫中给弥诺陶洛斯（Minotaur）（人身牛头怪物）献祭，却打算杀死它。为了帮助他杀死弥诺陶洛斯并找到走出迷宫的路，阿里阿德涅给了他一把剑和一团线。在忒修斯成功杀死弥诺陶洛斯后，她与忒修斯私奔了，但忒修斯趁着她酣睡之际，把她遗弃在纳克索斯（Naxos）岛上。阿里阿德涅感到很悲伤绝望，想去死，但被狄俄尼索斯发现了，狄俄尼索斯娶了她，生了两个孩子。然而，最终阿里阿德涅死得很惨（在一些神话中，她是被杀死的，在另一些神话中，她是自杀）。

师产生再次把她带回到治疗中的意愿。

但是，让我根据卡鲁斯和温尼科特对于聆听毁灭性的早期创伤和崩溃的哭泣"声音"的想法，来重新考虑这个案例。在这里，我特别仰赖温尼科特对"崩溃恐惧"的激进观点，正如克莱尔·温尼科特所评论的那样："某些重要东西从临床卷入的深处浮出水面，成为有意识的领悟，并为整个临床实践领域创造出了新的取向。"（1974，p. 103）而温尼科特本人在这篇论文的开头就坚称，这种对崩溃恐惧的意义的全新临床理解，导致了对一些问题的重新阐述，"这些问题困扰我们，因为我们在临床上做得没有我们希望的那么好"（p. 103）。

鉴于我对温尼科特《崩溃的恐惧》和《疯狂心理学》两篇论文的理解，在我看来，这个病人这并不像安德烈·格林在对这个案例的评论（p. 131）中所总结的那样，是一个"顽固且不可逾越地对康复有阻抗"的无法治疗的病人。她也不是古特雷斯－格林的观点中表达的那样，是"心理工作无法填补的一个裂开的洞，个中内容甚至连她自己都无法想象"，随着"移情，对分析形成阻抗……没有任何进化的可能……她持续表现得就像一个开放的伤口"（pp. 130-131）。相反，她的回来是一个命运攸关的时刻，在这一时刻，她表达着一种真实的崩溃。病人向她的分析师直接呈现出了这一本质，呈现了她的灾难的本质，她的孤单、失落与空虚的本质，她坍塌到了最底层的本质。以这种具体而骇人的方式，她把早期灾难在她被损毁的心灵和生命中留下的无情印记、毁灭、荒凉和虚无的真正的、实际意义，移交给了她的分析师。确实，"就在希望被抛弃前的最后一声尖叫"（Winnicott，1969a，p.117），从她无法慰藉的"开放伤口"深处哭喊出来。

此外，根据温尼科特（1974）《崩溃的恐惧》一文的观点，我想补充的是，之前"所谓的（在分析中的）进展以毁灭告终"（Winnicott，1974，p. 105），是因为还没有重新连接上病人崩溃的完整的、痛苦的广度，这原本是可以在她返回时得以实现的崩溃。我相信，这本可以成为治疗中的位点（place-time），在这个时空内"已经抵达了谷底"，并且"恐惧的事情"能够被遇见并被体验到（Winnicott，1974，p. 105）。它开启了一种可能性，可以去面对无法接近的潜在灾难性状况的压倒性的性质和程度，而这种灾难性状况正等着能够被听到；它开启了一种尚未被体验过的可能性，因为从她（病人）生命最初起，她所拥有的是一个无法获得的、病重的母亲，因此与这样的母亲在一起，无法产生"母亲和孩子一起过活体验"（Winnicott，1945，p. 152）的母体经验。这就留下了一个"空白"，一个"裂开的洞"，在治疗中病人变得能够感受到并且表达出来，她说："我认为那是在（母亲过世）之前，某些重要事情并没有发生而留下了一个洞"（Green，2011，p.125）。因此，现在它第一次成为可能，分析师在"过去 – 当下现实中"（Eshel，2004b），与病人同在于崩溃的真实性里面，并且穿越了它，这是一种病人同分析师"(俩人)一起"的方式；因此分析师与病人一起忍受和体验，为病人忍受和体验这一已经发生过但尚未被体验过的崩溃。

安德烈·格林在书中如此结尾："提供真正抱持的是意义，而不是客体。"（2011，p. 190）在我看来，提供真正抱持的意义要产生的话，就需要分析师与病人同在其中，一起坠入崩溃和整个毁灭感中。很类似，艾根（1993）沉痛写道："更多的是卷入其中而不是有能力知道……如果要发生疗愈或深刻的变化，就必须唤起与对灾难感同样深刻或更深刻的能力。"（1993，p.219）

最后，我想引用比昂的有力表达作为结语，我认为在这方面他的表达最为贴切，也最为重要：第一段话出自洛杉矶第三次研讨会（1967年4月17日），跟一个病人有关；第二段话出自塔维斯托克研讨会（1978年7月3日），当时比昂81岁高龄，而且和安德烈·格林一样，是一位已经从事了50年精神分析实践的杰出精神分析作家。

比昂（2013/1967）这样谈到他的病人：

> 所有这一切都以这样一种方式进行着，以至于会被人们认为没什么大不了而不予理会，他没有继续他的分析，或者没有继续诸如此类的事情，所以这种体验不可能像那一样痛苦。直到你注意到他身上发生了某些事情，你看到他脸上的表情，一目了然，

清清楚楚显示着强烈的受苦……诸如此类的事情，对他而言是极度痛苦的。确实如此痛苦……

(p.71)

在11年后，于1978年比昂在塔维斯托克说：

> 我不想表现得像在批评或贬低我的同事，但我最近越来越确信精神科医生和精神分析师不相信精神受苦（mental suffering）这回事，并且他们也不相信对精神受苦进行的任何治疗。……从根本上说，他们从来就没有感受到，来到咨询室的这个人实际上是在受苦，他们从来没有感受到有一种接触精神受苦的正确路线。即便精神分析可能足以接近正确的轨道，足以值得进一步研究。但并非如此，"是的，我知道"……一种技术设施，它很容易获得，往往会构成对抗真实事物的壁垒。

(2005b, p. 48)

我觉得，在我治疗生涯的最早期，《五十分钟一小时》（*The Fifty-Minute Hour*）的作者林德纳（Lindner, 1976）、晚一些年份的卡鲁斯（1996）、比昂——特别是他的晚期著作（1970, 2005a, b; 2013）、艾根对"信念领域"的阐述（1981, 2004），尤其是温尼科特关于退行和崩溃恐惧的著作，已经激励了我，让我更加大胆，更加坚信与病人一起体验崩溃和创伤的强大可能性；或者说，他们让我能够发掘并拥抱我内心的勇气和信念。他们还提供给我一些词语，让我能够表达出在这项艰难的精神分析性工作核心中的、巨大的恐怖与希望。

The Emergence
——— of ———
Analytic Oneness

第 10 章

临床精神分析从扩展到革命性变革

比昂和温尼科特的激进影响

20世纪60年代以来，比昂和温尼科特对临床精神分析的理论和实践产生了深远的影响。他们开创性的观点得到了全世界精神分析师和心理治疗师们的广泛研究，并在精神分析领域掀起了一股活跃的浪潮，对传统的理论与实践提出了挑战。然而，在我看来，他们最激进的思想的革命性意义在某些方面仍被回避，被低估，或被批评和拒弃了（也见 Reiner, 2012；Symington and Symington, 1996）。他们的临床理念与传统精神分析性工作的彻底背离上，所遇到的反应尤为如此。在本章中，我将尝试探讨他们的临床理念的进化，以推出我所认为的临床精神分析的革命性方法——精神分析从扩展到科学革命和范式转移（或范式变革）的变迁，因此我会用到托马斯·库恩描述科学进化本质的术语[一]。

库恩（1962）在其开创性的科学进化理论中，论证了科学理论和知识经历着"常规"和"革命"阶段的交替，而不是以线性、累积的方式来获

[一] 多年来，有几位作者曾使用库恩的术语描述精神分析思想史（Britton, 1998；Govrin, 2016；Hughes, 1989；Levenson, 1972；Lifton, 1976；McDougall, 1995；Modell, 1986, 1993），或者研究温尼科特的范式变革（Abram, 2008, 2013；Eshel, 2013c；Loparic, 2002, 2010）以及对比昂的研究（Brown, 2013）。

取知识。在"常规科学"的长期发展过程中，科学家们通过以范式为导向的"解谜活动"来扩大主流范式，从而大大增长知识，并在这种范式中积累越来越多的处理谜团的经验和解决方案。然而，随着时间的推移，无法在主流范式背景下解释或解决的发现或观察会累积起来，给现存范式带来严重问题。这就导致了触发革命性研究的一场"危机"。最终，一种新范式出现了，为这一领域的理解和实践开辟了新的途径。

库恩（1962）写道：

> 从一个处于危机的范式变迁到一个新范式，从中得以产生常规科学的一个新传统，这远不是一个累积过程，也不是一个通过阐明或扩展旧范式而实现的过程。更确切地说，这是一个从新的基本原理出发重建该研究领域的过程，这种重建改变了该研究领域中一些最基本的理论概括，也改变了该研究领域中许多范式方法和应用。在过渡期间，新范式和旧范式所能解决的问题之间会有大量但绝不是全部的重叠。但是解决的模式也会有决定性的差异……由此产生的向新范式的变迁就是科学革命。

（pp.84-85, 90）

新兴的新范式会赢得自己的追随者，并且在新范式的追随者和旧的常规范式的拥趸之间往往会发生一种"接踵而来的关于是否接受新范式的争论"。库恩认为，在这一过程之后会出现"沟通破裂"，需要将一种范式的语言"转译"成另一种范式的语言，以便"让沟通破裂的参与者切身体会彼此观点的优缺点"。这并不能保证说服力，"而且，即使有说服力，也不必然同时或随后出现向某一范式的皈依。……对大多数人来说，转译是一个具威胁性的过程，并且对于常规科学来说完全是异质的……尽管如此，当一个接一个的争论，一个接一个的挑战能被充分面对时"，转译会成为一种说服和对话的资源（Kuhn，1962，pp. 202-204）。

我认为，比昂晚期和温尼科特的理论和临床上的思考，特别是他们的思考对临床精神分析基础以及分析性过程的深远意义和影响，给精神分析带来了革命性变革，激发人们体会到一种持续进行中的变迁、争议、剧变、挣扎和转译。尤其是比昂晚期的深奥概念"在 O 中转化",以及温尼科特对精神分析性工作的临床－技术(clinical-technical)修正,强调更严重困扰病人治疗中的退行和原初沟通;这两者都在分析中产生了存在和成为的形成性的体验,目的是让情感体验从其最初印记中转化。

为了将此论述(以及"转译")情景化,让我们回到第 2 章提到过的,佛默德(2013)用来处理和进入未知或无思考领域的心理功能整合模型。佛默德确定了心理功能的三个不同功能区或模型,用来描述精神分析工作的范畴和心理变化的可能区间,它们分别对应分化的变动程度、不同主要精神分析模式,以及对分析师来说截然不同的临床意义。

模型 1——理性(理性是次级过程)——俄狄浦斯式的、理解无意识系统。

模型 2——在知识中转化——涵容者－被涵容者、遐思、梦工作、阿尔法功能。

模型 3——在 O 中转化——用于处理最无思考的、最未知的、最未分化的心理功能模型。真正的心理改变发生在激进的体验层面,发生在无表征的和不可知的 O 层面,而对创伤性的未知的认识论探索,发生在模型 2,即在知识或梦思维(dream-thought)中转化,则停留在表征层面。因此,在知识 K 中转化和在 O 中转化的区别在于,前者是对某事物的想法,这事物尚未被思考过,而后者则是产生了一种新体验,只能"被'生成',但是它无法被'知道'"(Bion,1970,p. 26)。"它只能被体验到"(Vermote,2013)。

我认为,佛默德的模型 2,在知识中转化,是对现存范式的扩展,而模型 3,在 O 中转化,带来的则是精神分析工作中正在发生的革命性本体论变革,反映的是对"在体验中存在和成为"原则而不是认识论探索的一种基本承诺;模型 3 把精神分析性治疗领域扩展到受更严重困扰的病人和更困难的治疗情境。

我自己对温尼科特和比昂晚期的思考"在 O 中转化"的演绎(和协同),从临床上强调的是在最原始起源点病人和分析师成为一体的激进的、未分化的体验。比昂认为分析最首要的任务是,分析师成为病人未知且不可知的、终极情感现实－O,并与这一情感现实合而为一。温尼科特认为,在深度治疗性的退行里面，病人和分析师在原初关联性中合而为一（类似于早期母–婴一体状态）；还有，当在分析中抵达病人人格最深的非沟通层面时，客体必须是情感发展和沟通早期阶段的头一个同时也是主观性的客体[⊖]。

另外，对于我的思考方式来说，那未知且不可知的情感现实–O，已经主要与无法思考的崩溃和灾难连接起来了。在讨论这点之前，我会先更全面地探讨晚期比昂和温尼科特的革命性思想，之后简要讲述触发这些观点的"危机"以及这些观点引发的复杂反响。

比昂

从扩展到革命性变革

极具影响力的概念涵容者–被涵容者、遐思，以及阿尔法功能，构成了比昂工作的重要阶段。这些概念成为许多精神分析师著作的基本特征，克莱因学派和非克莱因学派都在使用。我认为（正如我写到过的，Eshel，2004a），对涵容的观点最鼓舞人心的表达，过去是，现在仍然是比昂（1959）在论文《对链接的攻击》（"Attacks on linking"）（1959, pp. 103-104）中开创性的描述，文中，他在梅兰妮·克莱因所概念化的投射性认同的病理本质中，开辟出了正常情感交流的一个新维度。病人将自己的无法忍受的、分裂出去的部分和内部经验投射进分析师的心灵，接着，至关重要的是分析师——就像母亲对待婴儿那样——对这些进行摄入、处理，以及调和，从而让病人能够通过内射性认同将它们安全地重新内射。

> 病人努力摆脱自己对死亡的恐惧，因为这种死亡恐惧的感受太强大了，以至于他的人格无法涵容，于是他把他的恐惧分裂出去，把它们放置在我的体内，这个想法显然是，如果这些恐惧被允许在我体内歇息足够长的时间，就会受到我的心灵的修饰，然后就可以安全地重新内射……

⊖ 温尼科特的著作中术语主观性的客体，用来"描述头一个客体，这个客体还没有被否定为非我现象"（1971a, p.93）。

> 分析性情境在我脑海中建立的是一种见证极早期场景的感觉……我的推断是，为了理解孩子想要的是什么，母亲应该把婴儿的哭声不仅仅当成是要求她在场。从婴儿的角度来看，母亲本应该吸收那个孩子即将死去的恐惧，并且随后可以体验到这一恐惧。正是这个恐惧让孩子无法涵容。他努力将恐惧连同把恐惧安放到他的人格的那部分分裂出去，并将这个恐惧投射进母亲体内。一个具理解能力的母亲，能够体验到婴儿正努力通过投射性认同来应对的这种恐惧感，同时她还能保持平衡的心态。
>
> （1959, pp. 103-104）

因此，可以说，涵容的存在最终仰赖于接受者能够承受得住什么（比昂也生动地描述了这一点，2013，1967年4月14日第二次研讨会）。母亲－分析师的涵容失败变成了婴儿－病人的失败，导致了猛烈的、过度的投射性认同。成功的涵容既可以促进情感成长，又可以促进思考能力的发展（Bion, 1962）。

因此，比昂对涵容和遐思的描述，标志着克莱因学派方法的进化中出现了分水岭，朝向了对真实的、外部的他者的转化性功能的进化。客体——通过遐思和阿尔法功能——可以摄入、体验、修饰，以及涵容那些无法忍受的被投射的部分，客体的可获得性和上述能力都是至关重要的。

桑德勒（1988）为了回应比昂关于涵容的描述，在他对投射性认同这一概念进行综合研究的一篇论文中写到如下文字。

> 再怎么说，关于（比昂的涵容）这一点，也不能理解成就只发生在幻想（fantasy）⊖中，这也不是比昂想要表达的。他在这里描述的是具体的"放入客体内"，他（比昂）说："通过切实的投射性认同，那个坏乳房的撤离发生了。母亲，用她的遐思能力，转化婴儿跟'坏乳房'相连的那些不愉快的感知，从而为婴儿提供了解脱，然后婴儿就能够重新内射经过减轻及修饰过后的情感

⊖ 桑德勒指的是 fantasy，而克莱因学派则指的是 phantasy。

体验，也就是，重新内射……母爱的非感官层面。"

(p. 19)

因此，桑德勒认为比昂的涵容是最极端的阶段——"第三阶段的投射性认同"，之中发生的是"自体部分或内部客体部分的外化直接进入外部客体"（1988，p.18），而克莱因认为投射性认同是进入幻想客体，她的这一构想则是"第一阶段的投射性认同"(p.18)。

以类似的脉络，英国克莱因学派分析师斯皮利厄斯（Spillius，1992）在区分克莱因和比昂关于投射性认同的概念的不同时，创造了术语"唤起性的投射性认同"，用来描述对接受者造成了情感影响的某种投射性认同——与对他人来说并没有真正影响的非唤起性的投射性认同相对（Britton，1998；Spillius，1988）。但桑德勒更进一步，主张将投射性认同的概念与"涵容者"模型区分开：

> 我认为无法接受的是这个过程（涵容）是一种投射性认同的见解，除非这个概念被扩展到极端极限。……"涵容者"模型，我相信，可以与发展理论有效地区分开……以及与投射性认同的概念区分开……而它本来就有自身的价值。
>
> （1988，pp. 24-25）

然而，对于比昂来说这些是扩展。他在《精神分析的元素》（*Elements of Psychoanalysis*，1963）一书中引入了扩展概念，如下所示。

> 精神分析性的元素及其派生对象具有以下维度：
> （1）感官领域的扩展。
> （2）神话领域的扩展。
> （3）激情领域的扩展。
> 一个诠释，只有在它阐明了精神分析性客体，而且这个客体必须，在诠释的那个时间，具备所有这些维度，才能够说是令人满意的。
>
> （1963，p. 11）

比昂继续解释这些扩展：

> 感官领域的扩展……意味着被诠释的必须是一个感官对象。例如，它必须是可见的或可听到的，当然是对分析师而言，对被分析者想必也是。
>
> （p. 11）

> 我的意思是通过神话领域的扩展，给出一个令人满意的解释更为困难。……它们不是对所观察到的事实的陈述，也不是旨在描绘认识的理论构想——它们是（病人的）个人神话的陈述。
>
> （p. 12）

然后他优美地解释了最后一个扩展，激情领域的扩展：

> 我的意思是，这个术语（passion）代表一种强烈而温暖的情感体验，而没有丝毫暴力迹象……因为要使感官活跃，只需一个心灵；passion是两个心灵链接的证据，如果passion到场，就不可能少于两个心灵。
>
> （pp. 12-13）

格罗茨坦（2007）强调，比昂涵容者-被涵容者的概念"代表需要把克莱因学派理论扩展到外部现实"（p. 116），并且他"对克莱因学派的技术进行修改和扩展……是微妙的、深刻的和广泛的"（p. 93）。比昂（早中期的比昂及这一时期他的追随者）工作的主要部分包括将这些观点进一步阐述为一种在知识中转化的理论，他用网络图对此进行了总结，描绘了这个过程的元素和这些元素的关系与变迁（Vermote，2013）。

一种新的存在和成为的涌现

仅仅几年后，比昂就激进地转化了他的精神分析的理论和技术，创造了概念"O"——从他的《转化》（*Transformations*，1965a）一书结尾开始，一直贯穿在他的论文《关于记忆和欲望的笔记》（"Notes on Memory and Desire"）（1967a）和著作《比昂在布宜诺斯艾利斯》（*Bion in Buenos*

Aires),第三次研讨会（2018/1968），以及特别是他的著作《注意与诠释》（*Attention and Interpretation*，1970）中。伴随着这突如其来的激进变化，1967年至1968年间，他从伦敦搬往洛杉矶，在那里度过了他生命中的最后12年。

这是"在精神分析自身的本质上……比昂的生命和思考的一个转化性的时刻"（Grotstein，2013，p. xi）。比昂的概念"O"使得对精神分析的全面修订成为必要；它代表了意识到通过感官来获取知识的局限性（Green，1973；Hinshelwood，2010，引自 Reiner，2012 and Brown，2012），也意识到分析性思考的局限性（Vermote，2011）。比昂关注的不是认识论的探索（知道），而是未知和不可知的终极情感现实－O，关注的是分析师与"病人的现实合而为一"（1970，p. 28）①，以及被过活的、新的体验的首要地位。在这里，比昂神秘莫测的词语获得了其全部意义：

> 精神分析的顶点是O。分析师无法认同这个O；他必须就是它。……没有与O合一从而进化的这一过程，就不可能有精神分析性探索的发现。……诠释是在O的进化中发生的一桩实际事件，是分析师和被分析者所共有的。
>
> （1970，pp. 27，30）

随后，比昂为精神分析的实践工作提供了重要的指导性表达："我相信，K与理解、与知道密切相关。从根本上来说，我认为K对分析师并不是至关重要的，因为分析师感兴趣的并不是知道O，而是成为O"（2018/1968，p.43）；"K仰赖于O→K的进化。与O合一看似可以通过K→O来实现，但事实并非如此"（1970，p. 30）；"在实践中，这句话的意思不是分析师召回了一些相关的记忆，而是在与O合一的过程中，一系列相关的东西会被唤起，这个过程由O→K的转化表示"（p. 33）。

---

① 几年后，我也读过弗朗西斯卡·比昂的描述，她说："比昂在书房一直在深深思考，与这些棘手的问题做斗争，有时他会从书房里出来，脸色看上去很苍白，我只能用'失神'来形容。他一直如此深入地挖掘精神病性的心灵的本质，以至于他已经与病人的体验'合而为一'了，在我意识到这一点之前，我一直挺担忧的。"（1995，p.96）

更进一步来说，"由 O → K 的转化仰赖消除记忆和欲望的 K"（1970，p. 30）。这要求分析师训练自己搁置记忆、欲望甚至理解，以排除任何"对精神分析师直觉这一（他必须与之合而为一的）现实的妨碍"（Bion，1967a, p. 272），进入其中（直觉）⊖。在此基础上，比昂（1970）又增加了"注意""'耐心'和'安全'"（p. 124），并且他将与 O 合而为一的能力称之为"信念行动"（act of faith, p. 32），对 O 的信念。他借用圣十字约翰的用语"属于/抵达灵魂的暗夜"，将其进一步引申为分析性工作中的"抵达 K 的'暗夜'"（Bion, 1965a, p.159），因此也引申出需要一种"在体验中存在"的本体论–直觉性的精神分析性的方法，而不是认识论的方法："直觉方法之所以受阻，是因为所涉及的'信念'与缺乏探询相关，或与没有抵达 K 的'暗夜'相关。"（p.159）只有当分析师允许自己去体验灵魂的"暗夜"时，直觉方法才能发挥作用（p. 159）。

因此，比昂"建议彻底改变分析师的态度……确切地说，精神分析是建立在一种信念行动之上的"（Green, 1973, p. 117）。艾根（2014）称之为"信念工作"（faith-work, p. 123）。

这些独特而又激进的观点是一种深刻的本体论变革，这之前比昂经历了漫长的认识论的奥德赛（odyssey）⊖（Eigen, 2012; Vermote, 2013）。触发他革命性探索和思想的那个"危机"（Kuhn, 1962）是什么呢？在我看来，这与比昂跟精神病性的恐怖进行的挣扎有着深刻连接，不仅仅是与他的精神病性的病人在临床工作的恐怖，也还有近年来有人提出的，与他童年亲身经历的严重性的创伤和第一次世界大战的致命经历的这些恐怖，都有着深刻的连接，这些已经得到越来越多的探讨（Williams, 1985; Souter, 2009; Szykierski, 2010; Brown, 2012）。

在临床上，我几乎能够听到这个即将来临的根本性变革，就潜藏在比

⊖ 进入其中（直觉）：原文为"to be in-tu-it(intuit)"，"in-tu-it"意为"进入其中"，即"去到病人的现实里面"；"intuit"意为"直觉"，就是 in-tu-it，直觉意味着要"去到那里，在其中"。——译者注

⊖ 奥德赛：古希腊著名史诗，叙述奥德秀斯（Odysseus）于特洛伊战争之后，渡海返乡时触怒海神，以致飘流十年，经历种种困苦，终抵故乡的故事。形容艰苦跋涉，漫长而充满风险的历程。——译者注

昂对两名精神病性的病人分析性工作的援疑质理而又沉痛的如下表述中，题为"对分析师的阿尔法功能的攻击：分析师的奥德赛"（The Attack on the Analyst's α-Function: The Analyst's Odyssey，1992）。

"噢，闭嘴，"他（病人）悄悄说，"闭嘴，闭嘴。"

这里我可以给出一堆诠释，过去我就是这么做的。很明显这一点儿也不管用，看上去也没什么必要一再如此。我想知道，这些诠释都产生了什么作用呢？多年的分析性诠释，以及随之付出的耐心和知识，好像已经被他囫囵吞下了，或者我都灌输给他了，显然没有留下丝毫痕迹。他也许就只是一个裂开的洞或嘴，里面什么都没有。……事实上，链接我们彼此的是忍耐、坚韧、耐心、愤怒、同情，以及爱。那么手头上的任务，分析本身，就是一种链接吗？看上去不太可能，因为这样来说，这很可能就不能被称为分析。……

现在换一个病人讨论。分析中倾泻出大量的半截私语、杂乱无章的东西、一个接一个的名号，一些我是了解的，还有一些是我原本应该了解的，还有一些大概不能指望我能了解。他们大部分在做的事，在病人看来是"这还没有发生在他身上""我问他，他确实是认识到了"。这并不是要求诠释，更像是要大声呼喊："救命啊！救命啊！我快淹死了，不是在挥手（I'm drowning, not waving）。"⊖

这都是什么呢？有谁能阻止这大水漫灌吗？当有成千上万这么多的诠释时，该是哪个诠释呢？……超负荷的心灵就这样把它自己放置在分析师的膝盖上，然后说，"喏，都在这了，你来做吧！"……

关键的事情就是，没有什么可以从中产生——没有被选定的事实，没有什么可以让它连贯起来。如果是这样的话，那么也许

⊖ 我想起史蒂维·史密斯（Stevie Smith）那句沉痛的诗句："不是在挥手而是快被水淹死了。"（Not Waving but Drowning，1957）

>关键的事情是一种情感的状况。……
>
>……这是可以被满足的，而且……（在这里中断了）
>
>（1992，pp. 219-221）

最后一句说到一半中断了。

同样，比昂早年亲历的"精神遗弃的恐怖"（Souter, 2009, p. 795），尤其是第一次世界大战的创伤性的恐怖，在那里"他死了，就在1918年8月8日这一天"（Bion, 1982, p. 265），斯齐耶尔斯基（Szykierski, 2010）将这些关联到比昂的那本战争日记《亚眠》（*Amiens*）上，也是以半截话结尾的：

>比昂在《亚眠》（1997年出版，尽管1958年写成）中试图重访他的战争经历，但是为了写他的三本元心理学著作（1962，1963，1965）○，他中止了这个尝试。比昂放弃了《亚眠》的写作，以一句半截话结束了。……它读起来仿佛是比昂准备阐述精神灾难的巨大未知，却无法找到词语表达，然后走上了"心智之旅"，要去找到决定转化的那些元素与因素，这决定了心灵要么从体验中学习，要么就"垮塌"（crack up）了。
>
>（p. 959）

我想提出我的进一步感受，比昂的"心智之旅"和他的涵容与梦-工作-阿尔法（dream-work-alpha）的理论，在涵盖、涵容这种恐怖上失败了，或在将这种恐怖做成梦上失败了，在将其转化为富有情感的体验、记忆或梦思维（佛默德的模型2——在知识中转化）的意义上，这一恐怖无法被做成梦。

因此，"精神灾难的巨大未知""梦-工作-阿尔法的崩溃"（1992, p. 59）和"抵达K的'暗夜'"（1965, p.159），必须进一步发展出"未知与不可知的O"以及"与之合而为一"的激进概念。"'在K中转化'必须被'在

○ 这三本书是：《从体验中学习》（*Learning from Experience*, 1962）；《精神分析的元素》；《转化》。

O 中转化'所取代，K 必须被 F（信念）所取代。"（Bion，1970，p. 46）的确，比昂在其第四本也就是最后一本元心理学著作《注意与诠释》（1970）的开篇就这样说道："灾难性的情绪爆炸……感觉是一种如此巨大的浩瀚无垠，以至于无法被表征，甚至用天文空间也不能表征其无限，因为它根本就无法被表征。"那些人格的残骸、残余物和碎片飘浮在太空中，离爆炸点越来越远，同时它们彼此也越来越远离。在这个巨大的可怕分析空间中，比昂病人的"I scream"（我尖叫）未被遇见，两年半后中止了，变成了"no-I scream"（不——我尖叫）(1970，pp. 12-14）。[一]

比昂（1991）在他戏剧性的且神秘的最后一本书《未来回忆录》（A Memoir of the Future）中，以一种截然不同的方式，进一步表达了他对这种"来自过往"的精神痛苦的这种浩瀚无垠和意义的丧失所做的不屈不挠的抗争。

> 心灵：你在从我这里借用（话语），你是穿过隔膜得到这些话语的吗？
>
> 身体：它们穿透了它。但是意义并没有穿过。你的那些痛苦从何而来？
>
> 心灵：从过去借来的。然而意义并没有穿过这道屏障。有趣的是——无论是从你到我，还是从我到你，意义都没有穿过去。
>
> 身体：我正在向你传达的正是痛苦的这个意义；那些话语穿过了——那些词我还没有传达——但是意义丧失了。
>
> （pp. 433-434）

在我看来，需要有比昂式的信念和合一，从而——即便是阿尔法功能崩溃了，即便是"抵达 K 的'暗夜'"——新的、不一样的体验可以在病人-分析师的精神现实中持续产生，这样的方式超越了灾难性创伤的巨大摧毁性。

"分析师应该为分析性体验中萌生的想法留出成长的空间，即使这个

[一] 比昂一直将"I scream"误以为"ice cream"，所以比昂没有能听到这一声尖叫，未能与这一声尖叫相遇。——译者注

想法的萌芽会取代他和他的理论。"1978年7月3日,比昂(2005,p.49)去世前一年,81岁高龄的他在塔维斯托克研讨会上如是说。我相信,关于分析师就是体验"O"和成为体验"O"的这一深刻变革对比昂至关重要,它来自至深的内在坚定信念。

1990年4月,比昂思想的先驱利昂·格林伯格出席了以色列精神分析学会,介绍了比昂的论文《关于记忆和欲望的笔记》(1967a)。当时我是一名非常年轻的分析师,对这篇论文并不理解(当时这是对该论文的普遍反应),但这些观点深深地吸引了我。因此演讲结束后,我找到格林伯格博士,说我想读一下这篇论文。他的回应非常热情,回到西班牙后,他用特快专递寄给我两份《精神分析论坛》(*The Psychoanalytic Forum*)杂志的复印件,上面刊登着比昂的论文,同时一起刊登的还有来自五位德高望重的精神分析师们(来自芝加哥、洛杉矶、墨西哥、英国和宾夕法尼亚)的评论以及比昂的回应。

第一篇是托马斯·弗兰奇(Thomas French)的评论,简单明了,相当轻蔑,令我大为震惊:

> 我完全无法理解W.R.比昂的论文《关于记忆和欲望的笔记》。比昂博士一开头就提醒我们,记忆经常被欲望所扭曲。这是不言而喻的,但是比昂博士建议我们完全避开记忆和欲望,甚至是到了分析师不记得前面的分析小节的地步。另外,他非常强调"直觉"病人情感体验的进化。
>
> 但是,除非是进化在时间流逝中发生了,否则进化是什么呢?还有情感体验仅仅是一连串的心情(mood)吗?每一个心情都在下一个心情出现前就被遗忘了,并且与任何外部现实都无关?
>
> (1967,p.274)

对于比昂放弃记忆和欲望、过去和未来,从而只与当下的"进化"保持接触的警告,其他讨论者也表示反对和不解。其中一位反对者冈萨雷斯(Gonzales)强调,这显然与比昂在《精神分析的元素》中的论述背道而驰。对此,比昂直接而坦率地做出了回应:

冈萨雷斯博士提请我们注意一个缺陷，我非常清楚这个"缺陷"。我自己的感受是，我的观点已经"进化"了。……我认为他从《精神分析的元素》一书中精确引用的那些表述是被错误框定的，但尽管现在看上去那些构想是错误的，它们也足以引导我得出了现在我认为更好的构想。

（1967a, p. 280）

另一个讨论者赫斯科维茨（Herskovitz）写道："说得好听点吧，比昂博士的论文就是不合逻辑。"（1967, p. 278）只有《精神分析论坛》的编辑林登（Lindon）表达了比较赞许的观点；尽管他发现这篇论文"对我们作为精神分析师所学的一切具有煽动性的虚无主义"（1967, p. 274），但他在陈述中说到，比昂的这些构想对他的某个陷入困境好几个月的精神分析性工作大有帮助。

六年后，格林（1973）在他对比昂《注意与诠释》（1970）写的书评中，也强调了与比昂另一部著作《精神分析的元素》的矛盾之处：

我们也可以想一想，自从《精神分析的元素》出版以来（本书重点主要是在元素上，因为这些元素构成了感官、神话和激情领域的扩展），作者思想的发展是否开始支持某种观点，这种观点越来越远离这些命题，例如，他现在说的"精神分析的中心现象没有感官数据的背景"（1970, p. 57）。

（Green, 1973, p. 118）

比昂警告放弃记忆、欲望和理解，对精神分析性技术以及"努力呈现真正的新事物"（Hinshelwood, 2013）至关重要，在他晚年（Bion, 1965b, 1967a, 2013/1967；参见 Bernat, 2018）和后来在1970年的诸多著作中，可以发现他选用有力的措辞强烈表达出这种警告。具体有这些词语："驱逐"（1965b, p. 17）、"离开"（1965b, p. 13）、"回避"（1967a, p. 272）、"驱除"（1967a, p. 273；1970, p. 57）、"压制"（2013, p. 5）"遗忘"（2013, p. 25）、"移除"（1970, p. 32）、"丢弃"（1970, p. 33）、"否认"

（1970，p. 41）、"避免"（1970，p. 42）、"搁置、压制"（1970，p. 46），还有"剥离"（1970，p. 49）。

后来，我还读到以下文字。

> 1975年在伦敦召开的国际精神分析大会上，即将卸任的主席利奥·兰格尔（Leo Rangell）反对分析师应在没有"记忆和欲望"的情况下进行分析这一提议，他说，如果他要以这种方式进行分析性工作，他会觉得收费就是不合理的。
> （Symington and Symington，1996，p. 166）

鉴于这些严苛的反应，我认为比昂需要有极大的勇气和坚定的信念，才能持续奋斗并进一步阐述他的革命性观点，从而为分析性工作锻造出一种全新的方式。他确实"'勇于扰动'精神分析性思想的'宇宙'并实现了超越"（Grotstein，2007，p. 329），为传统精神分析性思维和技术引入了"也许是迄今为止精神分析中最伟大的范式转移"（p. 12）。"通过比昂的眼睛所看到的精神分析，彻底背离了他之前的所有概念化。"（Symington and Symington，1996，p. xii）

最后，我将以格罗茨坦（2007）对精神分析"仿生革命"的有力论断作为本节的结束语。

> 在伦敦，比昂不负精神分析所望，跨越了精神分析的卢比孔河，发起了一场元心理革命，其反响至今仍在全世界精神分析界回荡。
>
> 我相信，概念"O"将所有现存的精神分析理论（如快乐原则、死本能、偏执分裂位和抑郁位）转化为名副其实的精神分析性的躁狂防御，这种防御抵抗的是那未知的、不可知的、不可言喻的、无从了解的、终极存在（ultimate being）的本体论的体验。
> （pp. 114，121）

温尼科特

处于最具形成性前沿的临床精神分析

> 我呼吁在我们的工作中进行一场革命。让我们重新审视我们的工作。
>
> ——温尼科特,《为维也纳大会撰写的笔记》("DWW's Notes for the Vienna Congress, 1971"; 因为他英年早逝所以从未公开发表过; 转引自 Abram 2013, pp. 1312)

"从本质上来说,温尼科特从成为一名精神分析师的早期开始,他的追求就是解决客体关系之前的人类发展阶段的问题。"艾伯拉姆(Abram, 2008, p. 1189)如是写到。我认为从一开始,包括多年来,温尼科特不懈地探索、体验和实践精神分析的方式,为基于"基本自然过程"(1989b, p. 156)的精神分析带来了革命性的变革。温尼科特关于自体发展和人类主体性的核心观点,从(客体关系之前的)极早期的婴儿心理过程与环境母-婴关联性中进化而来,它们被有力地应用于治疗性的过程与情境。他的精神分析性治疗的根本模式是母-婴、母-子关系。

温尼科特的重要理论贡献已经得到了深刻而全方位的阐述(Abram 2007, 2008, 2013; Caldwell and Joyce, 2011; Dethiville, 2014; Dias, 2016; Eigen, 1981, 2009; Fulgencio, 2007; Girard, 2010; Goldman, 2012; Loparic, 2002, 2010; Ogden, 1986, 2001, 2005b; Phillips, 1988; Spelman, 2013; Spelman and Thomson-Salo, 2015)。在这样的背景下,洛帕里奇(Loparic, 2002, 2010)声称温尼科特关于母婴、二体(two-body)精神分析的理论思想,构成了对弗洛伊德俄狄浦斯式的、三角(triangular)精神分析的库恩式范式变革——随后富尔亨西奥(Fulgencio, 2007)、艾伯拉姆(2008, 2013)、我(Eshel, 2013c)、闽侯(Minhot, 2015)和迪亚斯(Dias, 2016)都提到了这一主张。闽侯(2015)扩展了这个观点,认为是温尼科特思想的深刻变革,其核心方面是关于感受到活力(feeling alive)或感受到真实(feeling real),这些是不被传统精神分析

考虑的，还有一个是从"本能和愿望的语言"扩展到"需要与环境的语言"的转移。

而我，更倾向选择注意和重新审视温尼科特临床思想的革命性视角，这与他的退行理论深刻相关。这从实质上意味着体验性地超越传统临床精神分析的时空限制，转变为在治疗情境和设置中与各种原始过程工作，从而抵达并纠正基本的自体进程和无法思考的早期崩溃——从而扩大精神分析实践的范畴。"没有任何一类疾病是他认为不可能分析的，比如弗洛伊德认为自恋性神经症和精神病就无法分析。"（Little，1985，p. 39）

在我之前的一篇论文中（Eshel，2013c），我详细阐述了温尼科特构成范式转移的独到临床思考，主要借鉴了他对临床精神分析基石的修订，并且我将这一过程冠名为"将温尼科特解读为纳米精神分析"（Nano-Psychoanalysis）。这个标题提到了从纳米科学和纳米技术借用的概念和术语，尤其是物理学家理查德·费曼（Richard Feynman，1959）在他的前瞻性演讲中对纳米技术及其激进潜力的赞誉："底部的空间大得很——进入物理学新领域的邀请。"我意译了这一标题并将其应用于温尼科特和精神分析，作为"进入和发展精神分析新领域的邀请"。的确，温尼科特的精神分析性思想，尤其是他的临床技术理论，强调遭受更严重困扰的病人在治疗中的退行，这与费曼和纳米技术提出的基本原理相同——回到"底部"，回到那些基本的早期状态和过程，回到早期养育技术，从而让形成性的发展过程得以启动。

在我看来，这是一场精神分析性的革命，从温尼科特最初写作时就已经开始了，尽管他试图把他的"在分析情境中退行"的理论，看作把弗洛伊德的工作扩展到了弗洛伊德没有讨论过的领域（Winnicott，1954a，1964a，1969c）。在他生命的最后几年，他确实写道："在我看来，弗洛伊德由于他的分析性的体验，似乎努力用他所知道的事实来掩盖他所不知道的事实。"（Winnicott，1969c，p. 240）但是只有到了他生命最后，他才冒险"呼吁在我们的工作中进行一场革命"（转引自 Abram，2013，pp. 1，312）。

艾伯拉姆（2013），对此也写道：

也许到了现在，行将就木的时候，温尼科特才能清晰说出，他自1945年以来就一直都在做的事情——这是一场精神分析性革命。托马斯·库恩刚刚出版了他的著作《科学革命的结构》(*The Structure of Scientific Revolutions*, 1962)，尽管温尼科特从未提及这本书，但他在这些笔记开头使用这个词表明，他直觉上知道他的构想正在将精神分析推向新事物。

(p. 313)

类似地，米切尔 (Mitchell, 1993) 主张道：

> 温尼科特倾向于介绍他在非神经症性的精神病理学方面极富创新性的贡献，因此不属于传统精神分析的范畴。随着时间的推移，这些贡献在其内容上扩展了，而且这很清楚，温尼科特对分析性过程本身引入一个新颖视角。他开始把退行看作分析的治疗性行动的一个中心特征，而退行与希望息息相关。

(pp. 206-207)

霍姆 (Home, 1966) 在英国精神分析学会的一次演讲中提到以下内容。

> ……精神分析的退行理论，其中有两类退行——自我的退行和本能的退行，而温尼科特 (1954) 提出了他"在分析中的退行"的临床体验，……他发现，"在分析中的退行"不属于上述两类。这意味着，严格来说，就目前为止的精神分析理论而言，这样的退行不可能存在。

(p. 46)

实际上，温尼科特多年来一直在理论和临床上探索、描述"任一程度"的退行到依赖"，并且一直努力与之挣扎着在一起，尤其是在治疗严重困扰病人以及治疗神经症病人的困难情境下 (1949a, 1949b, 1954a, 1954b, 1955～1956, 1963b, 1964a, 1967a, 1988a, 1988b；参见 Little, 1985)。他"坚信"必须允许退行"绝对完整摆荡"(Winnicott, 1954a, p. 279)，甚至退行到最早期的产前阶段，获得重生。因为在分析性过程中，退行携带着希望和一种新的机遇，为的是重新过活并且纠正病人婴儿期的最初母性失败和对需要的适应不足——正如他在晚期著作中补充的那样——以及重新过活与纠正在早期环境失败的那个时间发生的早期创伤性的无法思考的崩溃。根据温尼科特的说法：

> 这所有都能够在精神分析性工作中非常清楚地展现，只要我们能够跟随病人，恰好回到情绪发展中他需要去的地方，经由退行到依赖，就是为了到达冲击（impingements）变得多样而又无法驾驭的局面之前的阶段。
>
> （1949a，pp. 192-193）

在那里，分析师通过提供——本是病人早前就应得到的但是没有获得的——抱持、适应需要，以及提供可靠性所需要的环境要素，分析师在病人的生命中第一次创造出一种促进性环境，从而能够开始发展的新开端。这是"照护疗法"（care-cure；Winnicott，1970），而不是"谈话疗法"（talking cure）。

在当下时态的退行

温尼科特关于退行及其疗愈品质的革命性临床模式是指："除非且直到（被冻结的）环境失败情境"通过分析性的设置和过程"（被解冻和）被纠正，否则自体无法取得新的进展"（1954a，p. 291）。而且，除非且直到深深的创伤性的起源，即无法思考的、尚未被体验到——这样因而是"过去也是将来的"，永不而又永远发生着——的崩溃，与分析师一起，在治疗经历中"在当下第一次"被重新过活并且被体验到（1974，p.179）。这并不是朝向过去的线性返回。在治疗中，退行到依赖和早期心理过程带来了一种在当下实际影响并更改病人的"过去和未来"的激进可能性，具体方式是：

> ……允许过去就是当下。而在移情神经症中，过去进入到咨询室，在这样的工作中，更确切地说，是当下倒入过去，于是现

在就是过去。因此分析师会发现，他自己面对的是病人在设置中的原初过程，这个过程有着最初有效性。

（Winnicott，1955～1956，pp. 297-298）

温尼科特进一步指出：

> 让我补充一点，对弗洛伊德来说，那里有三个人，其中一个被排除在分析室外。如果只涉及两个人，那么在分析性设置下病人的退行已经存在了，并且设置代表的是母亲跟她的技术，病人则是一个婴儿。退行更进一步的状态是，那里只有一个人在场，即病人，这就是真相，即使在另一个意义上，从观察者的角度来说，那里是有两个人。
>
> （1954a，p. 286）

这样能够使我们超越传统临床精神分析和技术的时空局限，去涵盖并影响属于发展的最初阶段和过程，从而让治疗过程在新的精神环境中实现（actualize）[一]一种新的体验性的可能。退行创造了之前不存在也不可能存在的东西。温尼科特写道：

> 以一种特殊的方式，我们可以实际改变病人的过往，因此母性环境不够好的病人能够变成拥有足够好的促进性环境的那个人，个人成长因此能够发生，尽管有点迟了。
>
> （1988a，p. 102）

还有，通过温尼科特的话语，传达和描述了这种创新性的临床-技术思考，这展现了温尼科特对能够为所有病人，尤其是为受严重困扰的病人提供一种矫正过往经验和促进情绪发展的新机遇的精神分析性治疗的深切的信任、希望、探求和渴望。如果分析师愿意回到"（病人）需要去到的……情绪发展的地方"（Winnicott，1949a，p. 192）；愿意响应并适应病

[一] 在这里，"实现"有两层含义："在当下以及在实现的过程中，也就是说，试图让过去没有发生的事情变成现实。"（Pontalis，2003，p.45）

人最基本的需要；愿意努力处理退行的深度、深切的依赖，为每个退行病人提供治疗所需要的"严格"专业化的早期环境供应；以及愿意去应对所涉及的那些恐怖——如果以上这些可以发生的话，就可以实现这种"在分析中得到以前从未有过的某些重要东西的希望"（1986a, p.32）。

特别是温尼科特提到了精神分析性的治疗中需要治疗性退行的群类清单：分裂样、假自体、边缘和精神病性的障碍。这是温尼科特的 1954a 分类中的第三群类，也是最退行的群类。[根据我的临床体验，我把严重性倒错加入这一最退行的群类清单中（Eshel, 2005, 2013a；本书第 7、8 章]。关于精神病性的病人，他写道：

> 退行代表了精神病性的个体的希望，希望环境最初失败的某些方面现在可能被重新过活，这一次环境成功地促进了个体发展和成熟的遗传倾向，而没有失败。
>
> （1959～1964, p.128）

温尼科特非常清楚，精神分析性工作的过程中长期、深度或"全部"退行到依赖所遇到的巨大困难，这同样困扰着与他同时代的另外两人——伦敦的巴林特和巴黎的纳赫特。巴林特（1968，关于基本错误的精神病理学）、纳赫特（1963），以及纳赫特和维德曼（Nacht and Viderman, 1960）也探讨了治疗性退行在精神分析性情境中的地位，但得出的临床理论结论相当节制和谨慎（Eshel, 2013c）。在 20 世纪 90 年代之后的 20 年中，人们对治疗更严重困扰病人的这种工作方式出现了一些批判性反思，其效用性与必要性受到了质疑（Spurling, 2008；Tyson and Tyson, 1990）和批评（Segal, 2006）。但是温尼科特的临床思想坚持认为，这种退行对病人、分析师和临床精神分析都具有根本的转化性意义。因此，他强调，在这种暴风雨般的、原初而贫瘠的状态下，分析师必须具备响应依赖和管理退行病人的经验。在提到他"时刻铭记在心"的一个严重退行的分析案例时，他写道：

> 我不由自主地与在这次分析开始前的我有所不同。……这一次经验让我以一种特别的方式检验了精神分析，并教给我海量东西

> 对这个案例的治疗和管理，需要我作为一个人类，作为一名分析师，作为一位儿科医生所拥有的一切。我不得不在这次痛苦的治疗过程中个人成长，我本乐意避免这样的痛苦。尤其是每当出现困难时，我都不得不学着去检查我自己的技术，而结果总是会证明在许多相当有阻力的时期，原因都出在反移情现象上，而这就需要分析师进一步地进行自我分析。……
>
> 主要的事情是在这个案例中，如同其他许多在我实践中引领我到此的案例，我需要去重新检查我的技术，即使是适应更平常的案例。
>
> （Winnicott，1954a，p. 280）

在其他地方，温尼科特用截然不同的口吻，通过婴儿来阐述这一点：

> 我要指出的仍是极早期阶段。当人们面对本应是一个婴儿特有的无助的时候，当然是有什么事情发生了。把一个婴儿放在你的家门前是一件挺可怕的事情，因为你对婴儿的无助产生的反应会改变你的生活，也许会打断你做好的计划。这是相当显而易见的，但是需要从依赖的角度进行重述。……我们几乎都可以说，这些处在照看婴儿位置的人们在关联到婴儿的无助的时候，可以说跟婴儿一样无助。或许这可能是一场关于无助的战斗。
>
> （1988b，pp. 102-103）

因此，温尼科特的临床退行理论，因邀请病人回到并进入到最根本的、最基本的和最早期的状态，从而实现新的发展过程（在温尼科特的理论看来，这极大仰赖母－婴自然的过程㊀），为拓宽精神分析性实践的范围提供了一种活生生的体验性可能。在我看来，他的思考展现了处于最具形成性前沿的临床精神分析。

㊀ 在我看来，温尼科特引入了从人类婴儿最早期演变而来的、最激进的理论与临床－技术的精神分析思考。然而，临床精神分析朝向原初形式的转移，不必只局限于母婴的自然过程和状态，可以从瑟尔斯（Searles，1961，1986）以及博泰拉夫妇（Botella and Botella，2005）的著作中读到这点。

案例

比昂（1992）懊恼地写道：

> 这里我可以给出一堆诠释，过去我就是这么做的。很明显这一点儿也不管用，看上去也没什么必要一再如此。我想知道，这些诠释都产生了什么作用呢？多年的分析性诠释，以及随之付出的耐心和知识，好像已经被他囫囵吞下了，或者我都灌输给他了，显然没有留下丝毫痕迹。
>
> （pp. 219-220；本章前文引述过，p.245）

从分析师的认识论立场，到更基本和更神秘的体验同在（experiencing-with）、成为，以及与病人无法思考的精神现实合而为一的这一激进转变，很难通过简短的临床示例来阐述。为此，我将首先展示比昂在认识论时期所做的基于克莱因学派的诠释（在上面引用的段落中他提到了这点）。我选择引用他 1957 年 10 月在英国精神分析学会上发表的题为《对链接的攻击》（1959）的演讲中的临床范例（vi）。这个临床范例还可以让我介绍利特尔（1985）所描述的，温尼科特在治疗中处理类似的症状与巨大恐惧的截然不同的方式。温尼科特强调，"移情中的退行"是他与退行病人工作时对治疗进行理解、体验、重新过活、抱持和诠释的另一种方式——这一方式已经成为他自 1949 年和 20 世纪 50 年代初以来诠释模式的特点。然后我结合比昂在洛杉矶研讨会（2013）上的范例，阐述他备受争议的论文《关于记忆和欲望的笔记》（1967a）——在本章前面讨论过的——中提出的临床思考中转化的临界点。最后，我将介绍一个我自己的临床范例。

比昂和温尼科特：对链接的攻击或深度退行到重生

在 1957 年 10 月 20 日的演讲中，比昂（1959）描述了六个临床范例，表明在边缘型精神病人身上，可以看到某些症状是对链接的破坏性攻击，其实这是很重要的，他还讨论了他对病人"旨在破坏让两个客体链接在一起的任何东西的行为"所给出的诠释（p. 308）。

我将重点关注临床案例六，如下所述。

> 这一节治疗在沉默中进行了一半，然后病人宣布有一块铁掉在地板上了。之后在沉默中他做了一连串痉挛性动作，仿佛他感受到他的身体受到来自体内的攻击。我说他无法跟我建立链接，因为他害怕他的内部正在发生的东西。他确认了这一点，说他感受到他正在被谋杀。他不知道如果没有分析他会做什么，因为分析让他感觉好一些。我说，他对他自己和我在一起的工作能够让他感觉好一些感到非常嫉妒，以至于他把我们俩当作一块没有生命的铁片和没有生命的地板放进他体内，因此这两者凑到一起不是为了给他生命，而是要谋杀他。他变得非常焦虑，说他没法继续下去了。我说他之所以感到不能继续下去，是因为他要么是死了，要么就是活着，并且他如此嫉妒，以至于不得不停止有益的分析。（分析中的）焦虑明显缓和下来，但是剩下的时间被孤立的事实陈述所占据，似乎又要试图维持与外部现实的联系，以此否认他的幻想。
>
> （1959，pp. 309-310）

利特尔（1985）在她的《温尼科特在精神病性焦虑所主导的领域中的工作的个人记录》("Winnicott working in areas where psychotic anxieties predominate") 中，描述了温尼科特对分析中类似的症状与巨大恐惧所采取的截然不同的治疗方式。她和温尼科特的分析从1949年一直持续到1955年，这段引用的是在分析的早期的记录，估计是在1950年左右。她写道：

> 整个小节我一次次地痉挛，这让我感到恐怖。我一次次感到我整个身体的那种张力的袭来，达到高潮，然后消退，仅仅几秒钟后又袭来。我抓住他的手紧紧握着，直到痉挛过去。最后他说，他认为我正在重新过活出生体验；他抱着我的头，过了几分钟，他说出生后婴儿马上就会头痛，会有一阵沉重的感觉。这

一切似乎都很合适，因为这是一种关系的诞生，通过我的自发运动，他接受了这一点。这些痉挛再也没有出现过，也很少再有那种程度的恐惧。

(p. 20)

在这节分析中，对痉挛症状和恐怖进行理解、体验、重新过活、抱持和诠释的方式，的确是截然不同的。温尼科特认为，在退行到依赖的过程中，病人并不是在防御性地反应，

而是因为提供了一个允许依赖的新环境而发生了退行……如果在为依赖提供了可靠照护……（以及一个）新机遇的某个新环境中病人发生了崩溃，这是另一回事。

(1967a, p. 197)

在（这些）案例中，我发现，病人需要在移情中经历退行到依赖的阶段，这些阶段给了对需要的适应能发挥全面影响的体验，这实际上是建立在分析师（母亲）有能力认同病人（她的婴儿）的基础上的。在这种体验的过程中，有着与分析师（母亲）充分足量的融合，能够让病人去活着，去关联，而不需要投射性认同和内射性认同的机制。

(1971, p. 160)

因此，温尼科特强调在治疗体验中的退行，这种退行"抵达了病人需要的极限"，甚至抵达了最早期阶段，抵达了重生，直到，"在退行的底部，出现了真实自体启动的新机会"（1949b, pp. 249, 252）。

思考一下，在与温尼科特的分析中，"恐怖的痉挛"（Little, 1985, p. 20）可以成为一种重生，而比昂（1959）则将其诠释为一种（内在的）谋杀，一种对链接的破坏性攻击，在这种攻击中，病人"把我们俩当作一块没有生命的铁片和没有生命的地板放进他体内，因此这两者凑到一起不是为了给他生命，而是要谋杀他"（p. 310）。这难道不令人愕然，甚至是非常吓人吗？

比昂的不同方式：存在和关联，1967 年

在比昂以演讲形式发表《对链接的攻击》（1959）十年后，在他的《第二思想》（Second Thoughts，1967b）一书中他重新发表了这篇论文。然而，备受争议的论文《关于记忆和欲望的笔记》（1967a）也在那一年发表在《精神分析论坛》上，如前所述，这篇论文引入了一种全然不同的分析性的工作模式——在分析性的过程中，分析师与病人的精神现实合而为一。这要求分析师搁置记忆、欲望甚至理解，以排除任何"对精神分析师直觉这一（他必须与之合而为一的）现实的妨碍"（Bion，1967a，p. 272）——分析师被要求变得更为直觉⊖。在这一关键年份的那些临床示例，在比昂死后，即这一年的 46 年之后，比昂这方面的著作（2013）才得以面世，其中也包括他 1967 年 4 月的四次洛杉矶研讨会内容。这（2013 年）之前，另有一个来自 1967 年 3 月（4 月 20 日比昂在洛杉矶讲演）的临床示例，发表在《深思》（Cogitations，1992）一书的"崇敬与敬畏"（Reverence and Awe）的条目下。这些也是关于精神病性的病人和受严重困扰病人的案例，但是在绝大多数案例中，比昂都传达了一种截然不同的理解和诠释的"成为"和"没有成为"（not-becoming）的模式，从根本上挑战了分析师全知（all-knowing）的强势位置，这个位置的分析师在他的早期案例中可以见到。看上去他已经离那个全然了解和强硬破译一切的比昂很远了。

在第三次洛杉矶研讨会上，他谈到了他在某位精神病性的病人的治疗过程中的"实际体验"，这个病人告诉了他一个可怕的梦，梦中他和他的孩子们正被冲下拦河坝：

> 我没有什么好对他诠释的。对此我不知道说什么。但是这使我在大量的想法中有了集中点，因为你会觉得（正如我感受到的那样），那就像一盘东西只是被递到我面前，而我未能理解，也

⊖ 有趣的是，比昂确实在他的《第二思想》（1967b）一书结尾处添加的长篇"评论"中提到了这一变化，他在评论中写到，精神分析性工作的"体验"和精神分析性阅读的"体验"都很重要，还写道："一种对体验的……防御性的替代品。"——我曾在别处称之为"K 下的转化"，与"在 O 下的转化"进行对比（1967b，p.156）。

无法去贡献什么……就我而言，这简直是失去了一次机遇；我确信这非常重要。

（2013，pp. 56-57；参见 Eshel，2017b）

那时，比昂（1992）在谈到他 1967 年 3 月的临床范例时强有力地写道：

在倾听病人的同时，分析师也应详细留意病人沟通中最能唤起那些与迫害和抑郁相对应的感受的那些方面……通过对精神病性的病人或边缘病人的分析，我坚定了这一信念。我认为这样的病人永远不会接受诠释，无论这种诠释有多正确，除非他感受到分析师已经穿过了这场情感危机，这是给出诠释的行动部分。

（1992，p. 291）

此外，那年在洛杉矶，比昂还说：

……特别是，如果我们要处理的病人并不太像经典精神分析中所说的那种病人时，那么我们不仅要治疗这些病人，还必须发明我们治疗他们的方法。

（2013，p. 66）

因此后来，比昂带着新的、不一样的想法，甚至接近温尼科特的一些诠释术语，重新考量他的病人（以下内容来自第三次洛杉矶研讨会）。

我在这里指的是病人的联想，他说做了一个梦，梦到自己被冲下拦河坝。回到那一点，如果我今天有那种联想，我会尝试更多从这是曾经有过的一个体验的角度来诠释；他所描述的根本不是一个梦。实际上这就是他从他胎儿期的心理状态中浮现出的恐惧；通过与我交谈，用成年人的语言让这一事实得以公之于众，他在实际分析中做了与此对应的事，用生理术语来说，可以说是一种重生——你从一种心理状态跃入另一种心理状态，你冒着被捕获的风险……

……这是一次实验，在这个实验中，如果他胆敢作为一个有沟通能力和交谈能力的人出现在公众面前的话，他就会被冲走、被淹死、被清理掉……我认为，你尽可能贴近地去描述的这一实际体验——对这种体验的描述——有其自身的有效性，我以为，这是一种事后智慧。

（2013，p.67）

案例：来自幽灵出没的疯狂地牢的声音

现在我想用我自己的临床案例，论证我对与病人无法思考的精神现实合而为一进行理解的方式——也包括对一位精神病性的病人的治疗。这个治疗发生在比昂1967a的论文发表十年后，我身为一名临床心理学家进行治疗工作的最早期，那个时候我对比昂和温尼科特的这些著作还不熟悉。然而，比昂和温尼科特都认为，最真切的学习方式是从体验中学习（learning from experience，Bion），从我的临床体验（my clinical experience，Winnicott）中学习；而我一直置身于临床体验中深深耕耘着。

由于特殊情况，尼尔被指派给我做强化心理治疗，那个时候我在州立精神病院工作。他大概30来岁，是大屠杀幸存者唯一的儿子，他在开放式病房已经住院有些年了，诊断为"未能明确诊断的精神分裂症"。尼尔极端封闭，与世隔绝，在医院不跟任何人接触——跟病友和医院工作人员也都不接触。由于他的智力功能并没有受损，思维似乎也合乎逻辑，他担任了医院简讯的编辑。实际上，如果不是他突发和严重临时起意的自杀危及了他自己和周围的环境的话，他可能已经被准许出院了。在每次他尝试自杀之后，都会被转到封闭病房，在那里待上一两周。然而，由于他的智力状态没有受损，没有必要把他长时间关在那里，因此他会被转回开放式病房，直到他再次意外出现严重的自杀企图，通常是在夜深人静、安全系数最低的时候。

在跟我开始治疗前，他的自杀企图非常严重。他用一根绳子把自己吊在床的上方，把床垫点燃来烧死自己。他在最后一刻从绳子上被解救下来，火被扑灭了；但是，许多病人不得不惊慌失措地从烟雾弥漫的病房中撤离，尤其困难的是，大多数病人因服用安眠药物很难被叫醒。尼尔再次被转到封闭病房，但是很清楚的是，事情不能这样下去了，如果找不到解决办法的话，他可能不得不被送到提供给慢性病人的封闭式精神病院。

因此，经过最后的努力，医院院长和首席心理学家提出了一个方案，如果有人能够设法跟尼尔建立治疗性的接触，与他交谈，这样也许有可能制止他未来的自杀企图。但是尼尔如此与世隔绝，病房的心理学家们看不到跟他建立治疗性关系的任何可能，由于我在医院正是跟严重案例工作，所以他们要求我来接这个案例。

于是尼尔跟我开始治疗。我们每周见三次面。治疗极其困难。尼尔来参加治疗，但几乎不开口；他相当脱离，刀枪不入，回避目光接触，退缩在他自己世界的某个角落里；不过当我问他问题时，他能作答。

无论什么季节，每次治疗结束时，我都会擦去额头的汗珠。然而，随着时间的推移，一种隐藏着的接触感慢慢开始被感受到，尽管是在心灵最深处隐匿着——看不见，无法进行任何探询。九个月后，尼尔出乎意料地告诉了我他最大的秘密。他说他并不想自杀，他不想死，但是特工部门正派人来抓捕他，要对他严刑逼供，然后在无法忍受的折磨中把他处死。因此，当看到他们到来时，他宁愿杀了他自己，也不想被抓捕，被严刑逼供，然后被他们处死。

当尼尔说完，我知道他已经告诉我他最深、最珍贵的秘密，那是他精神现实的内部密室。那一刻，我完全沉浸在这个房间内充满恐惧和急迫的尖叫声里，我发现自己在说："尼尔，下次他们来的时候，来找我，我会保护你的。"尼尔全神贯注地盯着我看。这是我第一次看到他的眼睛，那是一双异常浅蓝的眼睛，几乎像水一样，好像它们不是为视力而设计的。很难知道他在想什么。

停顿了很长时间，他问道："你愿意吗？""是的。"我回答。然后他问："如果你和另一个病人在一起呢？""那就敲我的门，我会出来保护你。"我回答。"好吧。"他说。

之后尼尔再也没有尝试过自杀。医院工作人员对此惊叹不已。我和他持续工作了好几年；这个巨大变化使他能够出院，跟他父母住在一起。

现在我在用当时还不知道的术语把这些写出来，我认为这个片段说明了我与病人精神现实的恐惧正合而为一。我已经完全与他的恐惧、与他对被拯救的深切需要同在，因而这让他能够去冒险接受我保护他的承诺，而没有质疑我这样一个年轻女心理学家，身材纤瘦，更准确地说，看上去还有点面色苍白和柔弱，如何能够保护他免受恐怖的特工部门暗杀团伙的袭击。我也要指出的是，他并没有问我，如果他们在凌晨三点出现在医院——通常是他尝试自杀的时间——与此同时是我在家的时间，我如何能够保护他。他只要求当他打电话给我时，他完全可以找到我，而且我不会让他在"灵魂的暗夜"中孤军奋战。

我已经叙述了什么是去到病人内心最深处的、疯狂的精神现实里面，置身于这一现实里面，让我能够在尼尔，一个精神病性的病人的世界里面去体验和存在。正如艾根（2004）所言："我渐渐清楚地了解到，在深深的疯狂上强加再多的防御也无法取得胜利。必须在疯狂本身的那个层面发生一些事情。"（p. 171）我和尼尔的治疗之后许多年里，我逐渐意识到，在最封闭、与世隔绝、阻隔、死亡、空虚、铤而走险和绝望的精神地带——精神崩溃、疯狂、湮灭和灾难的地带——中的转化，只有在分析师/治疗师愿意并能够置身于病人的经验世界里面（be-within）（以及同在其中），愿意且能够待在精神分析性过程的强烈影响里面，并且随之形成病人–分析师深层的内在相连或者"同在"，心与心的同在（psyche-with-psyche）时才有可能实现（Eshel, 2004a, 2005, 2006, 2010, 2012, 2013b, 2016a, 2016b, 2017b, 2017c；本书第 1～9 章）。这种内在相连，当分析师把自己完全置身于病人的情感现实里面时就形成了合一，这一内在相连非常困难，要求非常高，这是一场与潜在灾难不屈的持续挣扎，就是为了抵达一种全新而形成性的深度体验，这超越了认识论探索 –K。"分析师之所以理解了那一现实，是因为他已经在他的存在深处成为它。"（Symington and Symington, 1996, p. 166）

我想进一步指出，在这些令人绝望的、令人窒息的、无助的和自体–空虚（self-emptiness）的状态下，病人无法意识到为什么被深深地困在了灾难性的层面，无法意识到是什么被深深地困在了灾难性的层面，相反，病人需要通过有人和他们一起置身于这些灾难性的精神现实里面，感受到一缕最后的希望、激进的希望的透入。只有这样才有可能保持活力，而那里原本是希望已经湮灭甚至已经被谋杀的地方。

结语

将比昂和温尼科特的晚期著作解读为"量子精神分析"

复习了晚期比昂和温尼科特精神分析性思想主要的激进临床观点，也介绍了一些临床示例，我现在想提出我自己对这些观点的润色，以及它们所带来的精神分析革命性变革的意义和影响。

为此，我将再次提到佛默德（Vermote，2013）的整合模型，也将再次提到在第 2 章我提出的分析性一体频谱。为处理精神分析性工作中的未知佛默德（2013）心理功能整合模型，确定了心理功能的三个不同功能区或模型，每个功能区或模型对应分化的变动程度、不同精神分析模式和对分析师不同的临床含义：模型 1——理性；模型 2——在 K 中转化；模型 3——在 O 中转化，处理最无思考、最未知的、最未分化的心理功能模型。本章前面，我用库恩的术语讨论过，佛默德的模型 2 建构了现存精神分析范式的扩展，而模型 3 则引入了革命性的范式转移。

沿着这样的框架，我已经提出，根据不同的未知或无思考状态和在分析性工作中病人 – 分析师成为一体的变动程度，更进一步分类——分析性一体频谱。

（1）压抑的无意识——由原本可以被压抑的精神材料组成，其中"梦的诠释是通往心智无意识活动知识的康庄大道"（Freud，1900，p. 608）；也就是说，这个层面的工作是为了在分析中恢复被压抑的材料所进行的认识论探索（佛默德，模型 1——理性模型）。

（2）非压抑的未知 / 无意识，属于非神经症病人的和非神经症的心智状态，由不可被压抑的，但是被解离的、被分裂出去的，并且可能变成无表征的精神材料组成（佛默德，模型 2 和模型 3；Bergstein，2014，"非压抑无意识"；Levine, Reed, and Scarfone, 2013，"无表征状态"；Eshel,

2017a）。因此，其范围从精神创伤性的解离的和未知的非压抑领域，水平Ⅰ，到更深的非压抑且无表征的领域，水平Ⅱ，属于最未知和不可知的、无法思考的精神现实，属于人类生命最深的创伤性的和非沟通层面的议题。

这一最深水平很贴合温尼科特和比昂晚期的著作对早期崩溃和精神灾难的描述。他们使用的早期崩溃的"无法思考的事态"（温尼科特的术语）和"灾难性的情绪爆炸"（比昂的术语）的有力表达，捕捉到了非压抑的未知的两个水平之间的强度以及强度差异。这种强度与当时创伤的程度有关，与当时没有被抱持和被涵容的这一失败有关，同时也与创伤发生得多早有关，因为早期创伤打断了个体生命之初形成的人格。根据温尼科特（1967a）的观点，"无法思考的"或"精神病性的"焦虑的各种体验，可以"根据"早期环境失败中"从灾难中幸存下来的整合量"加以分类（p. 198）。

因此，水平Ⅰ的"创伤性的"未知停留在部分表征或弱表征水平，通过分析性表征可以被转化（佛默德，在 K 中转化），而水平Ⅱ处于最深不可测和无法思考的创伤水平，尤其是属于精神灾难、早期崩溃和疯狂的巨大未知领域。用比昂的话来说，这一最深水平，属于"一种无名恐惧"（Bion，1962b）、"不存在（non-existent）的领域"（Bion，1970，p. 20）、"一种梦－工作－阿尔法的崩溃"（1992，p. 59）、"彻底的解离"（2013，p.68）、"彻底的无意义"（1965a，p.101），以及"属于／抵达灵魂的暗夜"，这是分析性工作中"抵达 K 的'暗夜'"（1965b，p. 159）——"它脱出了频谱端"（2013，p. 63；参见 p. 60）。

温尼科特认为，最深的水平Ⅱ是极度痛苦的、无法思考的早期崩溃或疯狂，它已经发生过了，但因为它是如此可怕而无法被体验到（Winnicott，1974，1965a），因此是"未过活的"（Ogden，2014）和"无法成梦的"（undreamt, Ogden，2005c）；这是 $x+y+z$ 程度上的母亲剥夺，婴儿在其中已经历了生命连续性的打断（Winnicott，1971）；甚至这个人存在之前就发生了"湮灭"（Little，1985）。这也是"a-void（一个空白）——以 avoid（避免）'不存在领域'的那个 void（空白）或虚无"（Emanuel，2001）；这里我要补充洛佩兹－科沃（Lopez-Corvo）描述的

"早期的或前概念的创伤"，意思是因精神创伤而在心智中留下的"活化石"，这些创伤发生在心智还不存在可以去消化和涵容这种精神事实冲击的能力的时候，还有，且非常重要的是，这个时候母亲的阿尔法功能也失败了（2014，pp.xxvii，44）。

有趣的是，温尼科特和比昂甚至都使用相似的词语，描述早期崩溃和灾难的这一无表征的未知区域。温尼科特写道："……要忆起尚未发生的某些重要事情是不可能的，过去的这件事情尚未发生，因为它发生的时候，病人并不在那里接受它的发生。"（1974，p.105）比昂如此描述："有些事是无意识的和未知的，因为它还没有发生。"（1970，p.35）

在非压抑无意识中进行分析性工作，需要在多样变动程度的病人－和－分析师的一体状态中存在，并在一体中转化，从病人和分析师二为一体（水平Ⅰ），到与病人彻底未知的、非压抑的和无表征的精神现实合一（水平Ⅱ）。极度解离的、大规模创伤性的未知的水平，超出了以恢复被压抑材料为目标的认识论的弗洛伊德式探索；这一水平甚至超出了二为一体，即为了更进一步的认识论探索——在 K 中转化——所需要的分析师遐思、梦思维和涵容的能力。更确切地说，在最具创伤性的未知深处，病人的情感现实主要是无法思考的、未被体验到的，因而是非压抑的，这就需要超越表征和分析性思考层面的限制，进入本体体验论的分析性工作，即成为病人的精神现实，同在其中，与病人内心最深处的情感现实合而为一。它的关键意义在于"在那里""病人同分析师同在""心与心同在"，从根本上提供了一起去经受那毁灭性的体验的一种可能性，这种毁灭性的体验是病人不可能独自在那里，也不可能独自去体验到的。正如前面所指出的，无法思考的事情是无法被思考的，只能与分析师在一起重新过活和穿越。

因此，"真正的心理改变"（Vermote，2013）发生在最原始的起源点"病人－和－分析师成为一体"的这一激进的本体论的体验层面。比昂认为，这是分析师与病人未知的和不可知的、终极的现实－O 合而为一首要条件。比昂用强有力的神秘陈述，表达出了最本质存在的这种激进而深刻的重要性，他说 O "由诸如终极现实、绝对真理、无限、物自身等术语来表示……它可以被'生成'，但是它无法'被知道'……分析师无法认同这个 O；他必须就是它"（Bion，1970，pp. 26-27）。温尼科特认为：在深度治疗性退行内的原初关联性中病人与分析师成为一体，类似于早期母婴一体状态，并且客体是那个头一个同时也是主观性的客体，这个时候抵达了病人人格最深的非沟通层面；这为矫正过往经验以及促进情绪发展和真正沟通提供了至关重要的新机遇（Winnicott，1954a，1963c），这是赋予生命的工作。

因此这对精神分析的实践工作极其重要。因为只有达到成为病人未知的和不可知的终极情感现实并与这一现实合而为一的这一巨大强度，才能抵达内心最深处终极创伤的被湮灭 - 正在湮灭的状态，才能在灾难核心深处，在无法思考的崩溃和疯狂的深处，创造出一种新的体验。

我认为，比昂晚期和温尼科特的激进临床思想为传统临床精神分析带来了一场革命性变革，现在我想进一步阐述我所持的这个观点的价值。存在的基本统一性，是比昂晚期和温尼科特在考虑如何对病人原始的、未知的精神现实进行工作的革命性观点的核心——让我不由得想起 20 世纪物理学的量子力学革命；因为随着量子革命的到来，我们发展进入了一种或然的、纠缠的领域，这个领域是统一的而不是分割的，是深层的内在相连的而不是分离的㊀，它在原初的、深深的、视觉不可见的水平上运作。格罗茨坦（2007）用激进的措辞强调了这一点，他指出比昂晚期在其 O 的概念中：

> ……转而谈到海森堡（Heisenberg）㊁的不确定性（uncertainty）㊂
> 概念……比昂从精神分析性的精确性，到坦然接受不确定性的变
> 革，最终实现了他的精神分析元理论，这可以说是精神分析史上

㊀ 量子物理学的先驱之一和 1945 年诺贝尔物理学奖获得者沃尔夫冈·泡利，在其经典著作《量子力学》中描述道："（对长期寻求的波粒二象性问题的）这一解决方案，是以摈弃客观处理物理现象的可能性为代价的，亦即，摈弃对自然的经典时空和因果的描述，这种描述本质上取决于我们将观察者和被观察者截然分离的能力。"（1958，p.1）

㊁ 沃纳·卡尔·海森堡（Werner Karl Heisenberg），德国物理学家，量子力学主要创始人。——译者注

㊂ 我最近了解到，在 20 世纪 70 年代，比昂经常谈到不确定性原理（Reiner，2015，私下交流）。

最深远的范式转移，也是迄今为止最合适预测相对主义、或然论以及不确定性之新时代的范式转移……

比昂的元心理学革命……突破了弗洛伊德和克莱因实证主义的（本能驱力为缘起）平面世界，并引入了内部和外部宇宙的不确定性、无限性、相对主义和神圣性（numinousness）作为其继承。

(pp. 16, 114)

这一观点与布拉斯（Blass）的关切（"Psychoanalytical Controversies"，2011，2012）形成鲜明对比，布拉斯的关切是，比昂晚期尤其是温尼科特的临床创新，能否在实际上与精神分析的传统概念和实践共存，或者他们的临床创新是否"超越了精神分析的极限"（2012，p. 1441）。但是，精神分析有极限吗？抵达人类精神痛苦的精神分析性探索有极限吗？临床精神分析是否应该回避温尼科特和晚期比昂的革命性思想所提供的更为激进的可能性呢？

现代物理学中，不同的范式——经典物理学和量子力学——确实共存（Kuhn，1962）。经典物理学基于的是线性因果关系、决定论和观察者与被观察者之间截然分离等假设；而量子力学则将观察者与被观察者的不确定性和不可分割性、观察过程的关键形成性的效应，以及在根本粒子水平上构成我们所感知的分离世界基本组织的无间断完整性等神秘原理引入科学思维（Bohm，1980；Godwin，1991；Sucharov，1992；Field，1996；Mayer，1996；Kulka，1997；Botella and Botella，2005；Eshel，2002，2005，2006，2010，2013a，b；本书第2章；Gargiulo，2016；Suchet，2017）。物理学家戴维·博姆（1980）将"远程系统量子互连"和"隐含序"（或"折叠"序）描述为一种更深、更基本的现实序，与人类通常感知的"澄明或展开"的序形成鲜明对比。我认为，量子物理学的基本主张在"分析性一体"中找到了类量子的精神分析性的对应物，而"分析性一体"植根于温尼科特和比昂晚期著作中的革命性思想；精神分析中基本的、统一的对应物，可以描述为精神分析的"隐含序"。

因此，我敢说，比昂晚期和温尼科特的革命性的理论和临床技术上的思考，特别是他们对临床精神分析基石的修订，给经典精神分析所带来的深刻变革，就如同量子物理学之于经典物理学[○]。因此，我把它们称为"量子精神分析"〔更确切地说，温尼科特的理论和临床上的思考——纳米精神分析，具有量子效应（Eshel，2013c）〕，它可以与经典精神分析共存，就像经典物理与量子物理学共存一样。

关于"量子精神分析"的最后说明

在物理学量子革命的背景下，有趣的是注意到量子理论与经典物理学旧范式的同化和共存的实践意义。

库恩（1962）讲述说，在海森堡的矩阵力学论文为新量子理论指明方向后，物理学家沃尔夫冈·泡利（Wolfgang Pauli）写道："海森堡的力学类型再次给了我生命中的希望和快乐。当然，这并没有解开这个谜，但我相信，我们有可能再次向前迈进。"（Kuhn 引自 Pauli，1962，p. 84）

但是，当库恩（1962）在论述将量子理论融入经典物理学的实践方面时，所采用的方式要比他论述新理论出现时远为务实得多：

> 从牛顿力学到量子力学的变迁，引发了许多关于物理学的性质和标准的争论，其中一些争论还在继续……
>
> 范式的变革怎么可能只影响一个小的亚群体？……
>
> 举个例子，考虑一下由所有物理科学家组成的庞大和多样化的群体。这个群体的每个成员都接受过量子力学定律的教育，并且他们中的大多数人都在研究或教学的某点运用过这些定律。但他们从这些定律中学来的运用并不相同，因此量子力学实践的变革对他们的影响也不尽相同……量子力学对他们每个人的意义，取决于他上过什么课程，读过什么课文，研究过哪些期刊。由此可见，尽管量子力学定律的变革对所有这些群体来说都是革命性的，但只反映在量子力学的一种或另一种范式应用上的变革，只对某一特定专业分支的成员而言才需要是革命性的。对于其他专

○ 对我所认为的类量子精神分析对应物所作的进一步解释，见 Eshel，2002b，2010。

业人员和从事其他物理科学的人员来说,这种变革根本就不需要是革命性的。

(pp. 48-50)

我相信"量子精神分析"(Eshel,2013c,2017a;Gargiulo,2016;Suchet,2017)的新范式应用也是如此。

对我而言,晚期比昂和温尼科特的著作中的革命性思想,无论是在理论还是在实践上都具有深远的意义;他们构成了病人-分析师的"量子内在相连"和"合一"诞生的那道彩虹边缘,从而供应了一种形成性的母体和一种转化模式,这是关系在困扰的更深层所无法提供的。这种本体论的体验,搁置了认识论的和关系论的话语,即使只是短暂瞬间,也会生成一种新可能性的体验和语言,特别在崩溃、毁灭、核心死亡和空虚的状态里面——脱谱——的情况下。在我看来,这正是精神分析的核心所在,我还想补充一句,这也正是精神分析的奇妙所在。

因此,我想以《神曲》中但丁史诗般旅程的最后几行来结束。

> 我对于我所看到的新形象也是这样。我想要知道那个人像如何同那个圆圈吻合,它如何在那里有它的位置;但是我自身的翅膀飞不了这样高:忽然我的心被一道闪光照亮,在这道闪光中它的愿望得以实现。
>
> (Paradiso,Canto 33,pp. 136-141)

对我来说,这就是温尼科特和晚期比昂的激进思想所赋予的那道闪光,那个灵感。

致　　谢

　　首先，对这本书的完成，我要特别感谢唐纳·斯特恩博士。他第一次建议我写书还是在2004年，当时他是《当代精神分析》（*Contemporary Psychoanalysis*）的编辑，那年该期刊发表了我的两篇论文。那时对我来说去写一本书为时尚早，不过这个心愿的种子已经播下了。这些年来，他一直鼓励我去做这件事，直到我觉得我可以从写文章转向构思一本书。因此，现在我很高兴他把我这本书编辑到"新主题丛书"中出版。

　　我深深感谢我多年来的病人，他们是我真正的搭档，以未知的方式，穿过了那些无法忍受和思考的精神现实，穿过了恐惧、死亡、痛苦、绝望的体验，同时也穿过了热望、奉献、信念和挣扎。希望在这本书中，我能够传达出这些体验对我产生的冲击有多深刻，是多么影响深远。我和这些体验在一起，学习到了深耕精神分析核心领域的真正含义。

　　我还要感谢多年来在以下项目和组织中的众多学生、被督和候选人：以色列精神分析研究院的精神分析培训，以色列精神分析学会高级心理治疗师精神分析性心理治疗项目；特拉维夫大学萨克勒医学院心理治疗项目；以色列温尼科特中心；巴伊兰大学心理学系"马巴蒂姆"；我的周三读书小组；以及近年我在特拉维夫大学萨克勒医学院创建（2016年）并负责的心理治疗高级研究项目"独立精神分析：根本性突破"。与他们在一起，我们过去和现在都有机会学习、探索、思考、讨论和交流关于分析性工作（尤其是温尼科特的思想）更基本和体验形式的理论临床思想和问题。

　　非常感谢《Sihot-对话：以色列心理治疗杂志》（*Sihot-Dialogue, Israel*

Journal of Psychotherapy）为我过去 23 年来写作上的进化提供了一个温馨的空间。

我很高兴有机会感谢在我早期分析性工作中，支持我进行个人化分析性思考和工作方式的约兰达·甘佩尔（Yolanda Gampel）和拉阿南·库尔卡（Raanan Kulka）；从一开始就慷慨鼓励我分析性写作的已故之人詹姆斯·格罗茨坦（James Grotstein）；我的长期同辈阅读小组成员——约西·塔米尔（Yossi Tamir）、尼利·扎伊德曼（Nili Zaidman）、娜玛·凯南（Naama Keinan）、伊兰·特雷维斯（Ilan Treves）和阿胡瓦·巴坎（Ahuva Barkan），感谢我们在过去 25 年的会面，这是一种真正的学习经历，也是一种亲切的体验；感谢埃里卡·穆斯塔基（Errica Moustaki）与我建立的跨越耶路撒冷、特拉维夫和伦敦的长期而引人深思的友谊。

我要感谢伊兰·阿米尔（Ilan Amir）和埃米特·法克勒（Amit Fachler）所提供的关于心灵感应梦的宝贵的丰富材料；感谢米契尔·海曼（Michal Heiman）向我介绍了凯茜·卡鲁斯（Cathy Caruth）关于创伤的写作；感谢莎伦·哈斯（Sharon Hass）跟我分享了她对但丁的非凡领悟——所有这些都极大地丰富了我的理解，并为我的写作增色不少。

我要特别感谢查瓦·卡塞尔（Chava Cassel）、帕特里夏·马拉（Patricia Marra）和利斯克·布鲁姆（Lieske Bloom）多年来一直用英语编辑我的作品。用一种不是我内心语言的语言写作是很困难的。因此，非常需要他们在这样的编辑中投入关怀和思考。也特别感谢克里斯托弗·斯普林（Kristopher Spring）在获得版权许可方面所提供的帮助。

最后，我非常感谢我的丈夫乌兹多年来的真爱和深情同在，感谢我们的女儿李（Lee）和儿子马坦（Matan），感谢他们在我生命中暖心的在场。

参考文献

Abram, J. (2007) *The Language of Winnicott: A Dictionary of Winnicott's Use of Words*. Second edition. London: Karnac Books.

Abram, J. (2008) Donald Woods Winnicott (1896–1971): A brief introduction. *International Journal of Psychoanalysis*, 89:1189–1217.

Abram, J. (2013) Introduction and Notes for the Vienna Congress 1971: A consideration of Winnicott's theory of aggression and an interpretation of the clinical implication (2012). In J. Abram (ed.), *Donald Winnicott Today* (pp. 1–25, 302–330). London & New York: Routledge/The New Library of Psychoanalysis.

Akhtar, S. (2009) *Comprehensive Dictionary of Psychoanalysis*. London: Karnac.

Alexander, R. (1981) On the analyst's "sleep" during the psychoanalytic session. In J.S. Grotstein (ed.), *Do I Dare Disturb the Universe: A Memorial to Wilfred R. Bion* (pp. 46–57). London: Maresfield.

Alvarez, A. (2012) *The Thinking Heart: Three Levels of Psychoanalytic Therapy with Disturbed Children*. London & New York: Routledge.

Amichai, Y. (1962) God full of mercy. In B. & B. Harshav (trans.), *Shirim [Poems], 1948–1962*. Jerusalem, Israel: Schocken, 1977.

Amir, D. (2012) The inner witness. *International Journal of Psychoanalysis*, 93:879–896.

Amir, I. (2000) Telepathic dreams in psychotherapy. Paper presented at the Conference of the Israel Psychoanalytic Institute, May 27.

Ansky, S. (1914) The Dybbuk, or between two worlds: A dramatic legend in four acts. In D.G. Roskies (ed.), G. Werman (trans.), *The Dybbuk and Other Writings*. New Haven, CT/London: Yale University Press, 2002.

Anzieu, D. (1989) *The Skin Ego*. New Haven/London: Yale University Press.

Arendt, H. (1965) *On Revolution*. London: Penguin.

Aron, L. (1996) *A Meeting of Minds: Mutuality in Psychoanalysis*. Hillsdale, NJ: The Analytic Press.

Aron, L. & Harris, A. (1993) Sandor Ferenczi: Discovery and rediscovery. In L. Aron & A. Harris (eds.), *The Legacy of Sandor Ferenczi* (pp. 1–35). Hillsdale, NJ: The Analytic Press.

Bach, S. (2011) Chimeras: Immunity, interpenetration, and the true self. *Psychoanalytic Review*, 98:39–56.

Baird, K., & Kracen, A.C. (2006) Vicarious traumatization and secondary traumatic stress: A research synthesis. *Counselling Psychology Quarterly*, 19:181–188.

Balint, M. (1955) Notes on parapsychology and parapsychological healing. *International Journal of Psycho-Analysis*, 36:31–35.

Balint, M. (1968) *The Basic Fault: Therapeutic Aspects of Regression.* London: Tavistock/Routledge.

Balter, L., Lothane, Z. & Spencer, J.H. (1980) On the analyzing instrument. *Psychoanalytic Quarterly*, 49:474–504.

Banai, E. (1996) 'Please hurry.' [Audio] On *Soon*. All Rights Reserved to Ehud Banai and ACUM.

Baranger, M. & W. (2009) *The Work of Confluence: Listening and Interpreting in the Psychoanalytic Field.* H. Breyter & D. Alcorn (trans.). London: Karnac.

Bass, A. (2001) It takes one to know one; or, whose unconscious is it anyway? *Psychoanalytic Dialogues*, 11:683–702.

Benjamin, J. (1988). *The Bonds of Love.* New York: Pantheon Books.

Benyamini, I. & Zivoni, I. (eds.) (2002) Introduction. In *Slave, Enjoyment, Master: On Sadism and Masochism in Psychoanalysis and in Cultural Studies* (pp. 9–14). Tel-Aviv: Resling Publishing.

Bergstein, A. (2008) On the capacity to bear the patient's love. *Sihot—Dialogue, Israel Journal of Psychotherapy*, 22:118–125.

Bergstein, A. (2014) Beyond the spectrum: Fear of breakdown, catastrophic change and the unrepressed unconscious. *Rivista di Psicoanalisi*, 60:847–868.

Berman, E. (1998) Arthur Penn's *Night Moves*: A film which interprets us. *International Journal of Psychoanalysis*, 79:175–178.

Berman, E. (2004) *Impossible Training: A Relational View of Psychoanalytic Education.* Hillsdale, NJ: The Analytic Press.

Berman, E. & Rolnik, E.J. (2002) In E.J. Rolnik (trans.), Introduction and Epilogue in E.J. Rolnik (trans.), *Sigmund Freud, Psychoanalytic Treatment: Essays, 1890–1938* (pp. 7–47, 244–278). Tel-Aviv: Am Oved Publishers.

Bernat, I. (2018) Negation as a method for psychoanalytic discoveries: Bion's turning-point in "Notes on memory and desire" and beyond. *Sihot—Dialogue, Israel Journal of Psychotherapy*, 33:11–22.

Bernstein, A. (2001) The fear of compassion. *Modern Psychoanalysis*, 26:209–219.

Bion, F. (1995) The days of our years. In C. Mawson (ed.), *The Complete Works of W. R. Bion, Vol. XV* (pp. 91–111). London: Karnac, 2014.

Bion W.R. (1959) Attacks on linking. *Int. J. Psychoanal.*, 40:308–315. Also in *Second Thoughts* (pp. 93–109). London: Maresfield Library/Karnac, 1967.

Bion, W.R. (1962a) A theory of thinking. In *Second Thoughts* (pp. 110–119). London: Maresfield Library/Karnac, 1967.

Bion, W.R. (1962b) *Learning from Experience*. London: Maresfield Library/Karnac.

Bion, W.R. (1963) *Elements of Psychoanalysis*. London: Maresfield Library/Karnac.

Bion W.R. (1965a) *Transformations*. London: Maresfield Library/Karnac.

Bion, W.R. (1965b) Memory and desire. In C. Mawson (ed.), *The Complete Works of W.R. Bion*. Vol. VI. London: Karnac Books, 2014.

Bion, W.R. (1967a) Notes on memory and desire. *The Psychoanalytic Forum*, 2:272–273.

Bion, W.R. (1967b) *Second Thoughts*. London: Maresfield.

Bion W.R. (1970) *Attention and Interpretation*. London: Maresfield Library/Karnac.

Bion, W.R. (1975). *Bion's Brazilian Lectures, 2:* Rio/Sao Paulo, 1974. Rio de Janeiro, Brazil: Image Editora.

Bion, W.R. (1982) *The Long Week-End, 1897–1919: Part of a Life*. Abingdon, UK: Fleetwood Press.

Bion, W.R. (1985) *All My Sins Remembered: Another Part of a Life & The Other Side of Genius: Family Letters*. F. Bion (ed.). London: Karnac, 1991.

Bion, W.R. (1987) Clinical Seminars. In *Clinical Seminars and Other Works* (pp. 1–240). London: Karnac.

Bion, W.R. (1991) *A Memoir of the Future*. London: Karnac.

Bion W.R. (1992) *Cogitations*. London: Karnac.

Bion, W.R. (2005a) *The Italian Seminars*. P. Slotkin (trans.). London: Karnac.

Bion, W.R. (2005b) *The Tavistock Seminars*. London: Karnac.

Bion, W.R. (2013/1967) *Los Angeles Seminars and Supervisions*. J. Aguayo & B. Malin (eds.). London: Karnac.

Bion, W.R. (2018/1968). *Bion in Buenos Aires: Seminars, Case Presentation and Supervision*. Joseph Aguayo, Lia Pistiner de Cortinas, & Agnes Regeczkey (eds.). London: Karnac.

Blass, R.B. (2011) Introduction to On the value of "late Bion" to analytic theory and practice. *International Journal of Psychoanalysis*, 92:1081–1088.

Blass, R.B. (2012) On Winnicott's clinical innovations in the analysis of adults: Introduction to a controversy. *International Journal of Psychoanalysis*, 92:1439–1448.

Bohm, D. (1980) *Wholeness and the Implicate Order*. London: Routledge/Kegan Paul.

Bollas, C. (1987) *The Shadow of the Object: Psychoanalysis of the Unthought Known*. New York: Columbia University Press.

Bollas, C. (1990) Regression in the countertransference. In L.B. Boyer & P.L. Giovacchini (eds.), *Master Clinicians on Treating the Regressed Patient* (pp. 339–352). Northvale, NJ: Aronson.

Bollas, C. (1995) *Cracking Up: The Work of Unconscious Experience*. London: Routledge.

Bollas, C. (1999) *The Mystery of Things*. London & New York: Routledge.

Bollas, C. (2011) Introduction. In J. Sklar, *Landscapes of the Dark: History, Trauma, Psychoanalysis* (pp. xv–xxiii). London: Karnac.

Boris, H.N. (1987) Tolerating nothing. *Contemporary Psychoanalysis*, 23:351–366.

Botella, C. & Botella, S. (2005) *The Work of Psychic Figurability: Mental States without Representation*. Hove and New York: Brunner-Routledge/The New Library of Psychoanalysis.

Boyer, L.B. (1979) Countertransference with severely regressed patients. In L. Epstein & A. H. Feiner (eds.), *Countertransference* (pp. 347–374). Northvale, NJ/London: Aronson.

Brabant, E., Falzeder, E., & Giampieri-Deutsch P. (eds.) (1993) In P.T. Hoffer (trans.), *The Correspondence of Sigmund Freud and Sandor Ferenczi, Vol 1: 1908–1914*. Cambridge, MA: Harvard University Press.

Branfman, T.G. & Bunker, H.A. (1952) Three "extrasensory perception" dreams. *Psychoanalytic Quarterly*, 21:190–195.

Brenman Pick, I. (1988) Working through in the counter-transference. In E. Bott Spillius (ed.), *Melanie Klein Today, Vol. 2, Mainly Practice* (pp. 34–47). London: Routledge.

Brenner, I. (1994) The dissociative character: A reconsideration of "multiple personality." *Journal of the American Psychoanalytic Association*, 42:819–846.

Brenner, I. (2001) Intersubjectivity and beyond. In *Dissociation of Trauma: Theory, Phenomenology, and Technique* (pp. 177–200). Madison, CT: International University Press.

Britten, T. & Lyle, G. (1984) What's love got to do with it? [Audio recorded by Tina Turner.] On *Private Dancer*. England: Capitol Records.

Britton, R. (1998) *Belief and Imagination: Explorations in Psychoanalysis*. London & New York: Routledge.

Bromberg, P.M. (1998) *Standing in the Spaces: Essays on Clinical Process, Trauma, and Dissociation*. Hillsdale, NJ: Analytic Press.

Bromberg, P.M. (2006) *Awakening the Dreamer: Clinical Journeys*. Mahwah, NJ: Analytic Press.

Bromberg, P.M. (2011) *The Shadow of the Tsunami and the Growth of the Relational Mind*. New York: Routledge.

Brown, D.G. (1977) Drowsiness in the countertransference. *International Review of Psychoanalysis*, 4:481–492.

Brown, L.J. (2012) Bion's discovery of Alpha Function: Thinking under fire on the battlefield and in the consulting room. *International Journal of Psychoanalysis*, 93:1191–1214.

Brown, L.J. (2013) Bion at a threshold: Discussion of papers by Britton, Cassorla, Ferro & Foresti, & Zimmer. *Psychoanalytic Quarterly*, 82:413–433.

Brunswick, D. (1957) A comment on E. Servadio's A presumptively telepathic-precognitive dream during analysis. *International Journal of Psycho-Analysis*, 38:56.

Burlingham, D. (1935) Child analysis and the mother. *Psychoanalytic Quarterly*, 4:69–92.

Caldwell, L. & Joyce, A. (eds.) (2011) *Reading Winnicott*. London & New York: Routledge/The New Library of Psychoanalysis.

Carson, A. (1995) The truth about God. In *Glass, Irony and God*. New York: A New Directions Book.

Caruth, C. (1995) Introduction. In C. Caruth (ed.), *Trauma: Explorations in Memory* (pp. 3–12). Baltimore, MD: Johns Hopkins University Press.

Caruth C. (1996) *Unclaimed Experience: Trauma, Narrative, and History*. Baltimore, MD & London: The Johns Hopkins University Press.

Coen, S.J. (2000) Why we need to write openly about our clinical cases. *Journal of the American Psychoanalytic Association*, 48:449–470.

Cohen, L. (1967) Suzanne. On *Songs of Leonard Cohen*. [Audio] Sony/ATV Music Publishing LLC.

Crastnopol, M. (1997) Incognito or not? The patient's subjective experience of the analyst's private life. *Psychoanalytic Dialogues*, 7:257–280.

Dante Alighieri (1320) *Inferno*. In *Divine Comedy*. Trans. C. H. Sisson. Oxford: Oxford University Press/Oxford World's Classics, 2008.

Davies, J.M. (1996) Linking the pre-analytic with the postclassical: Integration, dissociation, and the multiplicity of unconscious processes. *Contemporary Psychoanalysis*, 32:553–576.

Davies, J.M. & Frawley, M.G. (1991) Dissociative processes and transference-countertransference paradigms in the psychoanalytically oriented treatment of adult survivors of childhood sexual abuse. *Psychoanalytic Dialogues*, 2:5–36.

Davies, J.M. & Frawley, M.G. (1992) Reply to Gabbard, Shengold, and Grotstein. *Psychoanalytic Dialogues*, 2:77–96.

Davies, J.M., & Frawley, M.G. (1994) *Treating the Adult Survivor of Childhood Sexual Abuse: A Psychoanalytic Perspective*. New York: Basic Books.

Davoine, F. & Gaudillière, J-M. (2004) *History Beyond Trauma*. S. Fairfield (trans.). New York: Other Press.

Dean, E.S. (1957) Drowsiness as a symptom of countertransference. *Psychoanalytic Quarterly*, 26:246–247.

De Masi, F. (2003) *The Sadomasochistic Perversion: The Entity and the Theories*. London: Karnac.

de M'Uzan, M. (1973) A case of masochistic perversion and an outline of a theory. *International Journal of Psycho-Analysis*, 54:455–467.

de M'Uzan, M. (1984/2003) Slaves of quantity. *Psychoanalytic Quarterly*, 72:711–725.

de M'Uzan, M. (2006) Invitation to frequent the shadows. *European Psychoanalytical Federation Bulletin*, 60:14–28.

de Peyer, J. (2016). Uncanny communication and the porous mind. *Psychoanalytic Dialogues*, 26:156–174.

Derrida, J. (1988) Telepathy. N. Royle (trans.), *Oxford Literary Review*, 10:3–41.

Dethiville, L. (2014) *Donald W. Winnicott: A New Approach*. S.G. L'evy (trans.). London: Karnac.

Devereux, G. (ed.) (1953) *Psychoanalysis and the Occult*. New York: International University Press.

Dias, E.O. (2016) *Winnicott's Theory of the Maturational Processes*. London: Karnac.

Dickes, R. (1965) The defence function of an altered state of consciousness: A hypnoid state. *Journal of the American Psychoanalytic Association*, 13:356–403.

Dickes, R. & Papernik, D.S. (1977) Defensive alternations of consciousness: Hypnoid states, sleep and the dream. *Journal of the American Psychoanalytic Association*, 25:635–654.

Dimen, M. (2001) Perversion is us? Eight notes. *Psychoanalytic Dialogues*, 11:825–860.

Dupont, M.A. (1984) On primary communication. *International Review of Psycho-Analysis*, 11:303–311.

Eaton, J.F. (2013) Discussion of Eshel's Tustin's "diabolon" and "metabolon" revisited: Further clinical explorations. The 18th Annual Frances Tustin Memorial Lecture, Los Angeles, California, November 16, 2013.

Eaton, J.L. (2011) *A Fruitful Harvest: Essays after Bion*. Seattle, WA: The Alliance Press.

Ehrenwald, H.J. (1942) Telepathy in dreams. *British Journal of Medical Psychology*, 19:313–323.

Ehrenwald, H.J. (1944) Telepathy in the psychoanalytic situation. *British Journal of Medical Psychology*, 20:51–62.

Ehrenwald, H.J. (1950a) Psychotherapy and the telepathic hypothesis. *American Journal of Psychotherapy*, 4:51–79.

Ehrenwald, H.J. (1950b) Presumptively telepathic incidents during analysis. *Psychoanalytic Quarterly*, 24:726–743.

Ehrenwald, H.J. (1956) Telepathy: Concepts, criteria and consequences. *Psychoanalytic Quarterly*, 30:425–444.
Ehrenwald, H.J. (1957) The telepathy hypothesis and doctrinal compliance in psychotherapy. *American Journal of Psychotherapy*, 11:359–379.
Ehrenwald, H.J. (1960) Schizophrenia, neurotic compliance, and the psi hypothesis. *Psychoanalytic Review*, 47:43–54.
Ehrenwald, H.J. (1971) Mother–child symbiosis: Cradle of ESP. *Psychoanalytic Review*, 58:455–466.
Ehrenwald, H.J. (1972) A neurophysiological model of psi phenomenon. *The Journal of Nervous and Mental Disease*, 54:406–418.
Eigen, M. (1981) The area of faith in Winnicott, Lacan, and Bion. *International Journal of Psychoanalysis*, 62:413–433.
Eigen, M. (1985) Towards Bion's starting point: Between catastrophe and faith. *International Journal of Psychoanalysis*, 66:321–330.
Eigen, M. (1993) *The Electrified Tightrope*. A. Phillips (ed.). Northvale, NJ/London: Jason Aronson.
Eigen, M. (1996) *Psychic Deadness*. Northvale, NJ: Aronson.
Eigen, M. (1999) *Toxic Nourishment*. London: Karnac.
Eigen, M. (2001) *Damaged Bonds*. London & New York: Karnac.
Eigen, M. (2002) *Rage*. Middletown, CT: Wesleyan University Press.
Eigen, M. (2004) *The Sensitive Self*. Middletown, CT: Wesleyan University Press.
Eigen, M. (2005) Interview with Micha Odenheimer. *Another Country (Eretz Acheret)*, 26:36–42.
Eigen, M. (2006) The annihilated self. *Psychoanalytic Review*, 93:25–38.
Eigen, M. (2009) *Flames from the Unconscious: Trauma, Madness, and Faith*. London: Karnac.
Eigen, M. (2010) *Eigen in Seoul: Volume 1: Madness and Murder*. London: Karnac.
Eigen, M. (2012) *Kabbalah and Psychoanalysis*. London: Karnac.
Eigen, M. (2014) *Faith*. London: Karnac.
Eisenbud, J. (1946) Telepathy and problems of psychoanalysis. *Psychoanalytic Quarterly*, 15:32–87.
Eisenbud, J. (1947) The dreams of two patients in analysis interpreted as a telepathicrève à deux. *Psychoanalytic Quarterly*, 16:39–60.
Eisenbud, J. (1948) Analysis of a presumptively telepathic dream. *Psychoanalytic Quarterly*, 22:103–135.
Eliot, T.S. (1940) Four Quartets, East Coker. In *Collected Poems: 1909–1962* (pp. 196–204). London: Faber and Faber, 1974.
Eliot T.S. (1942) Four Quartets, Little Gidding. In *Collected Poems: 1909–1962* (pp. 214–223). London: Faber and Faber, 1974.

Ellis, A. (1947) Telepathy and psychoanalysis: A critique of recent "findings" (with discussions by J. Eisenbud, G. Pederson-Krag, and N. Fodor). *Psychoanalytic Quarterly*, 21:607–659.

Ellis, A. (1949) Re-analysis of an alleged telepathic dream. *Psychoanalytic Quarterly*, 23:116–126.

Emanuel, R. (2001) A-void—An exploration of defences against sensing nothingness. *International Journal of Psychoanalysis*, 82:1069–1084.

Eshel, O. (1987) The silent patient (diploma thesis, Tel Aviv University, Sackler Faculty of Medicine). *Moshe Wulff Award*, 1987.

Eshel, O. (1996) Story-telling in the analytic situation. *Sihot—Dialogue, Israel Journal of Psychotherapy*, 10:182–193.

Eshel, O. (1998a) "Black Holes," deadness and existing analytically. *International Journal of Psychoanalysis*, 79:1115–1130.

Eshel, O. (1998b) Meeting acting out, acting in and enactment in psychoanalytic treatment, or: Going into the eye of the storm. *Sihot—Dialogue, Israel Journal of Psychotherapy*, 13:4–16.

Eshel, O. (2001) Whose sleep is it, anyway? Or "Night Moves." *International Journal of Psychoanalysis*, 82:545–562.

Eshel, O. (2002a) Let it be and become me: Notes on containing, identification, and the possibility of being [Hebrew]. *Sihot—Dialogue, Israel Journal of Psychotherapy*, 16:137–147.

Eshel, O. (2002b) My use of concepts from modern physics in psychoanalysis. In J. Raphael-Leff (ed.), *Between Sessions and Beyond the Couch* (pp. 173–176). University of Essex, Colchester UK: CPS Psychoanalytic Publications.

Eshel, O. (2004a). Let it be and become me: Notes on containing, identification, and the possibility of being. *Contemporary Psychoanalysis*, 40:323–351.

Eshel, O. (2004b) From the "Green Woman" to "Scheherazade": The becoming of a fundamentally new experience in psychoanalytic treatment. *Contemporary Psychoanalysis*, 40:527–556.

Eshel, O. (2005) Pentheus rather than Oedipus: On perversion, survival and analytic "presencing." *International Journal of Psychoanalysis*, 86:1071–1097.

Eshel, O. (2006) Where are you, my beloved? On absence, loss, and the enigma of telepathic dreams. *International Journal of Psychoanalysis*, 87:1603–1627.

Eshel, O. (2007a) Do I dare be an analyst of a severely perverse patient? On being there ("presencing"), daring (passion), and caring (compassion). Manuscript prepared for a panel on perversion, IPA Berlin.

Eshel, O. (2007b) Facing three gates—The psyche's yearning for a new opportunity for becoming: Thoughts following Margaret Little and Winnicott. *Sihot—Dialogue, Israel Journal of Psychotherapy*, 22:1–31.

Eshel, O. (2009) To be "included" in the silence: On the silent patient and the analyst's "presencing." *Sihot—Dialogue, Israel Journal of Psychotherapy*, 23:221–235.

Eshel, O. (2010) Patient-analyst Interconnectedness: Personal notes on close encounters of a new dimension. *Psychoanalytic Inquiry*, 30:146–154.

Eshel, O. (2012a) In the dark depths "Beyond the pleasure principle": On facing the unbearable traumatic experience in psychoanalytic work. *Sihot—Dialogue, Israel Journal of Psychotherapy*, 27:5–15.

Eshel, O. (2012b) A beam of "chimeric" darkness: Presence, interconnectedness and transformation in the psychoanalytic treatment of a patient convicted of sex offences. *Psychoanalytic Review*, 99:149–178.

Eshel, O. (2013a) Patient–analyst "withness": On analytic "presencing," passion, and compassion in states of breakdown, despair, and deadness. *Psychoanalytic Quarterly*, 82:925–963.

Eshel, O. (2013b) Tustin's "diabolon" and "metabolon" revisited: Further clinical explorations. The Frances Tustin Memorial Prize, the 18th Annual Frances Tustin Memorial Lectureship in Los Angeles, California.

Eshel, O. (2013c) Reading Winnicott into nano-psychoanalysis: "There's plenty of room at the bottom." *Psychoanalytic Inquiry*, 33:36–49.

Eshel, O. (2014) On Intersubjectivity and beyond. *Sihot—Dialogue, Israel Journal of Psychotherapy*, 28:260–269.

Eshel, O. (2015a) The "hearing heart" and the "voice" of breakdown. In L. Aron & L. Henik (eds.), *Answering a Question with a Question: Contemporary Psychoanalysis and Jewish Thought, Vol. II: A Tradition of Inquiry* (pp. 133–152). Boston, MA: Academic Studies Press.

Eshel, O. (2015b) From extension to paradigm shift in clinical psychoanalysis: The revolutionary influence of Winnicott. Presentation at the 1st Congress of the International Winnicott Association (IWA), Sao Paulo, Brazil, May.

Eshel, O. (2015c) From extension to paradigm shift in clinical psychoanalysis: The revolutionary influence of Bion. Presentation at the International Psychoanalytic Summer Institute (PSI), Tuscany, Italy, August.

Eshel, O. (2016a) The "voice" of breakdown: On facing the unbearable traumatic experience in psychoanalytic work. *Contemporary Psychoanalysis*, 52:76–110.

Eshel, O. (2016b) Into the depths of a "black hole" and deadness. In A. Reiner (ed.), *Of Things Invisible to Mortal Sight: Celebrating the Work of James S. Grotstein* (pp. 39–68). London: Karnac, 2017.

Eshel, O. (2016c) In search of the absent analyst: Commentary on janine de peyer's "uncanny communication." *Psychoanalytic Dialogues*, 26:185–197.

Eshel, O. (2016d) Psychoanalysis in trauma: On trauma and its traumatic history in psychoanalysis. *Psychoanalytic Review*, 103:619–642.

Eshel O. (2017a) From extension to revolutionary change in clinical psychoanalysis: The radical influence of Bion and Winnicott. *Psychoanalytic Quarterly*, 86:753–794.

Eshel, O. (2017b) The vanished last scream. *Sihot—Dialogue, Israel Journal of Psychotherapy*, 31:116–125.

Eshel, O. (2017c) Beyond sexuality, beyond perversion: The annihilated last scream. *Studies in Gender and Sexuality*, 18:154–166.

Ettinger, B.L. (2006a) Fascinance: The woman-to-woman (girl-to-m/other) matrixial feminine difference. In G. Pollock (ed.), *Psychoanalysis and the Image* (pp. 60–93). Oxford: Blackwell.

Ettinger, B.L. (2006b) *The Matrixial Borderspace*. Minneapolis, MN: University of Minnesota Press.

Ettinger, B.L. (2010) (M)Other re-spect: Maternal subjectivity, the ready-made mother-monster and the ethics of respecting. *Studies in the Maternal*. Retrieved from: www.mamsic.bbk.ac.uk/mother_respect.html.

Fairbairn, W.R.D. (1952) *Psycho-analytic Studies of the Personality*. London: Routledge & Kegan Paul.

Falzeder, E. (1994) My grand-patient, my chief tormentor: A hitherto unnoticed case of Freud's and the consequences. *Psychoanalytic Quarterly*, 63:297–331.

Farrell, D. (1983) Freud's "thought-transference," repression, and the future of psychoanalysis. *International Journal of Psycho-Analysis*, 64:71–81.

Federn, P. (1952) *Ego Psychology and the Psychoses*. New York: Basic Books.

Feiner, A.H. (1993) Compassion and standards. *Contemporary Psychoanalysis*, 29:180–188.

Ferenczi, S. (1926) On the technique of psychoanalysis. In *Further Contributions to the Theory and Technique of Psycho-Analysis* (pp. 132–177). New York: Brunner-Mazel.

Ferenczi, S. (1932) *The Clinical Diary of Sandor Ferenczi*. J. Dupont (ed.), M. Balint & N.Z. Jackson (trans.). Cambridge, MA & London: Harvard University Press, 1988.

Ferenczi, S. (1933) Confusion of tongues between adults and the child: The language of tenderness and passion. In M. Balint (ed.), *Final Contributions to the Problems and Methods of Psycho-Analysis* (pp. 156–167). London: Karnac Books, 1980.

Ferro, A. (1999) *The Bi-Personal Field*. New York: Routledge.

Ferro, A. (2005) Some reflections on interpretation. *EPF Bulletin, Psychoanalysis in Europe*, 59:44–45.

Ferro, A. (2009) Who saw it? The spectre of the oneiric. *EPF Bulletin, Psychoanalysis in Europe*, 63:63–74.

Ferro, A. (2010) Book review essay: *The Work of Confluence*, by Madeline and Willy Baranger. *International Journal of Psychoanalysis*, 91:415–429.

Ferro, A. & Basile, R. (2009) The universe of the field and its inhabitants. In A. Ferro and R. Basile (eds.), *The Analytic Field: A Clinical Concept* (pp. 5–29). London: Karnac for EFPP.

Field, N. (1996) *Breakdown and Breakthrough: Psychotherapy in a New Dimension*. New York: Routledge.

Fiorini, L.G. (2011) Psychoanalytic ideas and applications series. In A. Green, *Illusions and Disillusions of Psychoanalytic Work* (pp. ix–x). London: Karnac.

Fodor, N. (1947) Telepathy in analysis: A discussion of five dreams. *Psychoanalytic Quarterly*, 21:171–189.

French, T.M. (1967) Discussant: Notes on memory and desire. *The Psychoanalytic Forum*, 2:274.

Freud, S. (1890) Psychical (or mental) treatment. *SE* 7:283–230 (1905).

Freud, S. (1895) (with J. Breuer). Studies on hysteria. *SE* 2:1–306.

Freud, S. (1896) The aetiology of hysteria. *SE* 3:189–221.

Freud, S. (1897) Letter to Wilhelm Fliess. *SE* 1:173–280.

Freud, S. (1900a) The interpretation of dreams (part 2). *SE* 5:339–621

Freud, S. (1900b) A premonitory dream fulfilled (appendix A). *SE* 5:623–625.

Freud, S. (1905) Three essays on the theory of sexuality. *SE* 7:125–245.

Freud, S. (1910) "Wild" psycho-analysis. *SE* 11:291–227.

Freud, S. (1912) Recommendations to physicians practising psycho-analysis. *SE* 12:109–120.

Freud, S. (1915a) Observations on transference-love. *SE* 12:159–171.

Freud, S. (1915b) The unconscious. *SE* 14:159–216.

Freud, S. (1917) Mourning and melancholia. *SE* 14:238–253.

Freud, S. (1919a) "A child is being beaten": A contribution to the study of the origin of sexual perversions. *SE* 17:177–204.

Freud, S. (1919b) The "uncanny." *SE* 17:217–253.

Freud, S. (1920) Beyond the pleasure principle. *SE* 18:1–64.

Freud, S. (1921) [1941] Psycho-analysis and telepathy. *SE* 18:177–193.

Freud, S. (1922) Dreams and telepathy. *SE* 18:197–220.

Freud, S. (1924) The economic problem of masochism. *SE* 19:157–170.

Freud, S. (1925) Some additional notes upon dream-interpretation as a whole. *SE* 19:127–138.

Freud, S. (1927) Fetishism. *SE* 21:149–157.

Freud, S. (1931) Female sexuality. *SE* 21:223–243.

Freud, S. (1933) Lecture XXX: Dreams and occultism. In New introductory lectures on psychoanalysis, *SE* 22:31–56.

Freud, S. (1937a) Analysis terminable and interminable. *SE* 23:216–253.

Freud, S. (1937b) Constructions in analysis. *SE* 23:255–269.

Freud, S. (1938) Splitting of the ego in the process of defence. *SE* 23:273–278.

Fulgencio, L. (2007) Winnicott's rejection of the basic concepts of Freud's metapsychology. *International Journal of Psychoanalysis*, 88:443–461.

Gampel, Y. (1996) The interminable uncanniness. In L. Rangell & R. Moses Hrushovski (eds.), *Psychoanalysis at the Political Border: Essays in Honor of Rafael Moses* (pp. 85–132). Madison, CT: International University Press.

Gargiulo, G.J. (2016) *Quantum Psychoanalysis: Essays on Physics, Mind, and Analysis Today*. New York: IPBooks.

Gartner, R.B. (2014) Trauma and countertrauma, resilience and counterresilience. *Contemporary Psychoanalysis*, 50:609–626.

Gay, P. (1988) *Freud: A Life for Our Time*. New York: Norton.

Ghent, E. (1990) Masochism, submission, surrender: Masochism as a perversion of surrender. In S.A. Mitchell & L. Aron (eds.), *Relational Psychoanalysis: The Emergence of a Tradition* (pp. 211–242). Hillsdale, NJ & London: The Analytic Press.

Gillespie, W.H. (1953) Extrasensory elements in dream interpretation. In *Life, Sex and Death: Selected Writings of William H. Gillespie* (pp. 151–161.) London: Routledge (New Library of Psychoanalysis,Vol. 23).

Gillespie, W.H. (1995) *Life, Sex and Death: Selected Writings of William H. Gillespie*. New York: Routledge.

Girard, M. (2010) Winnicott's foundation for the basic concepts of Freud's Metapsychology? *International Journal of Psychoanalysis*, 91:305–324.

Glasser, M. (1986) Identification and its vicissitudes as observed in the perversions. *International Journal of Psychoanalysis*, 67:9–16.

Glatzer, H.T. & Evans, W.N. (1977) On Guntrip's analysis with Fairbairn and Winnicott. *International Journal of Psychoanalytic Psychotherapy*, 6:81–98.

Glover, E. (1933) The relation of perversion formation to the development of reality sense. *International Journal of Psychoanalysis*, 14:486–503.

Godwin R.W. (1991) Wilfred Bion and David Bohm: Toward a quantum metapsychology. *Psychoanalytic Contemporary Thought*, 14(4):625–654.

Goldberg, A. (1975) A fresh look at perverse behaviour. *International Journal of Psychoanalysis*, 56:335–342.

Goldberg, A. (1999) *Being of Two Minds: The Vertical Split in Psychoanalysis and Psychotherapy*. Hillsdale, NJ & London: The Analytic Press.

Goldman, D. (2012) Vital sparks and the form of things unknown. In J. Abram (ed.), *Donald Winnicott Today* (pp. 331–357). New York: Routledge.

Govrin, A. (2016) *Conservative and Radical Perspectives on Psychoanalytic Knowledge: The Fascinated and the Disenchanted*. New York: Routledge/The Relational Perspectives Book Series.

Gonzalez, F. (2010) Nothing comes from nothing: Failed births, dead babies. In J.V. Buren & S. Alhanati (eds.), *Primitive Mental States* (pp. 122–134). New York: Routledge.

Grand, S. (2000) *The Reproduction of Evil*. Hillsdale, NJ: Analytic Press.

Green, A. (1973) On negative capability—A critical review of W.R. Bion's "Attention and Interpretation." *International Journal of Psychoanalysis*, 54:115–119.

Green, A. (1986) The dead mother. In *On Private Madness* (pp. 142–173). London: The Hogarth Press & The Institute of Psychoanalysis.

Green, A. (2010) Sources and vicissitudes of *being* in D.W. Winnicott's work. *Psychoanalytic Quarterly*, 79:11–35.

Green, A. (2011) *Illusions and Disillusions of Psychoanalytic Work*. London: Karnac.

Gribbin, J. (1992) *In Search of the Edge of Time: Black Holes, White Holes, Wormholes*. London: Penguin.

Grinberg, L. (1962) On a specific aspect of countertransference due to the patient's projective identification. *International Journal of Psychoanalysis*, 43:436–440.

Grinberg, L. (1991) Countertransference and projective counter-identification in non-verbal communication. *European Psychoanalytic Federation Bulletin*, 36:11–24.

Grinberg, L. (1997) Is the transference feared by the psychoanalyst? *International Journal of Psychoanalysis*, 78:1–14.

Grotstein, J.S. (1986) The psychology of powerlessness: disorders of self-regulation as a newer paradigm for psychopathology. *Psychoanalytic Inquiry*, 6:93–118.

Grotstein, J.S. (1989) A revised psychoanalytic conception of schizophrenia. *Psychoanalytic Psychology*, 6:253–275.

Grotstein, J.S. (1990a) "Black hole" as the basic psychotic experience: some newer psychoanalytic and neuroscience perspectives on psychosis. *Journal of the American Academy of Psychoanalysis*, 18:29–46.

Grotstein, J.S. (1990b) Nothingness, meaninglessness, chaos and "black hole" I. *Contemporary Psychoanalysis*, 26:257–291.

Grotstein, J.S. (1990c) Nothingness, meaninglessness, chaos and "black hole" II. *Contemporary Psychoanalysis*, 26:377–407.

Grotstein, J.S. (1993) Boundary difficulties in borderline patients. In L.B. Boyer & P.L. Giovacchini (eds.), *Master Clinicians on Treating the Regressed Patient, Vol. II* (pp. 107–142). Northvale, NJ: Aronson.

Grotstein, J.S. (2000) *Who Is the Dreamer Who Dreams the Dream? A Study of Psychic Presences*. Hillsdale, NJ & London: Analytic Press.

Grotstein, J.S. (2007) *A Beam of Intense Darkness: Wilfred Bion's Legacy to Psychoanalysis*. London: Karnac.

Grotstein, J.S. (2009) Dreaming as a "curtain of illusion": Revisiting the "Royal Road" with Bion as our guide. *International Journal of Psychoanalysis*, 90:733–752.

Grotstein, J.S. (2010) "Orphans of O": The negative therapeutic reaction and the longing for the childhood that never was. In J.V. Buren & S. Alhanati (eds.), *Primitive Mental States* (pp. 8–30). London & New York: Routledge.

Grotstein, J.S. (2013) Foreword. In J. Aguayo & B. Malin (eds.), Wilfred Bion: Los Angeles Seminars and Supervisions (p. xi). London: Karnac.

Guntrip, H. (1968) *Schizoid Phenomena, Object Relations and the Self*. London: The Hogarth Press.

Guntrip, H. (1975) My experience of analysis with Fairbairn and Winnicott: (How complete a result does psychoanalytic therapy achieve?) *International Review of Psychoanalysis*, 2:145–156.

Harding, C. (ed.) (2001) *Sexuality: Psychoanalytic Perspectives*. Hove, East Sussex: Brunner-Routledge.

Hawking, S. (1988) *A Brief History of Time: From the Big Bang to Black Holes*. London: Bantam.

Hawking, S. (1993) *Black Holes and Baby Universes, and Other Essays*. London: Bantam.

Haynal, A. (1998) *The Technique at Issue: Controversies in Psychoanalysis from Freud and Ferenczi to Michael Balint*. London: Karnac.

Hazan, Y. (2008) Thoughts on listening. Lecture at the Israel Psychoanalytic Society, October, Jerusalem, Israel.

Herman, J.L. (1992) *Trauma and Recovery*. New York: Basic Books.

Hermann, I. (1976/1936) Clinging-going-in-search—A contrasting pair of instincts and their relation to sadism and masochism. *Psychoanalytic Quarterly*, 12, 45:5–36.

Hernandez, M. (1998) Winnicott's "Fear of breakdown": On and beyond trauma. *Diacritics*, 28:134–143.

Herskovitz, H.H. (1967) Discussant: Notes on memory and desire. *The Psychoanalytic Forum*, 2:278–279.

Hinshelwood, R.D. (2010) Making sense: Bion's nomadic journey. Unpublished paper presented at PCC Bion Conference, Los Angeles.

Hinshelwood, R.D. (2013) Endorsement. In J. Aguayo & B. Malin (eds.), *Wilfred Bion: Los Angeles Seminars and Supervisions*. London: Karnac.

Hinshelwood, R.D. (2018 (2018)) Forward. In J. Aguayo, L. Pistiner de Cortinas, & A. Regeczkey (eds.), *Bion in Buenos Aires: Seminars, Case Presentation and Supervision* (pp. xviii–xx). London: Karnac.

Hitschmann, E. (1924) Telepathy and psycho-analysis. *International Journal of Psycho-Analysis*, 5:425–439.

Hitschmann, E. (1953) Telepathy during psychoanalysis. In G. Devereux (ed.), *Psychoanalysis and the Occult* (pp. 128–132). New York: International University Press.

Home, H.J. (1966) The concept of mind. *International Journal of Psychoanalysis*, 47:42–49.

Homer (800 BCE) The Odyssey. In S. Butler (trans.), The Project Gutenberg eBook of *The Odyssey*.

Howell, E. (2005) *The Dissociative Mind*. New York: Routledge.

Hughes, J.M. (1989) *Reshaping the Psychoanalytic Domain: The Work of Melanie Klein, W.R.D. Fairbairn, and D.W. Winnicott*. Berkeley, CA: University of California Press.

Ithier, B. (2016) The arms of the chimeras. *International Journal of Psycho-Analysis*, 97:451–478.

Jones, E. (1957) *The Life and Work of Sigmund Freud, Vol. 3: The Last Phase*. New York: Basic Books.

Kantrowitz, J.L. (2001) The analysis of preconscious phenomena and its communication. *Psychoanalytic Inquiry*, 21:24–39.

Kaplan, L.J. (1993) *Female Perversions*. London: Penguin.

Kelman, H. (1987) On resonant cognition. *International Review of Psychoanalysis*, 14:111–123.

Khan, M.M.R. (1963) The concept of cumulative trauma. In *The Privacy of the Self* (pp. 42–58). London: The Hogarth Press, 1986.

Khan, M.M.R. (1964) Ego-distortion, cumulative trauma and the role of reconstruction in the analytic situation. In *The Privacy of the Self* (pp. 59–68). London: The Hogarth Press, 1986.

Khan, M.M.R. (1971) To hear with eyes: Clinical notes on body as subject and object. In *The Privacy of the Self* (pp. 234–250). London: The Hogarth Press, 1986.

Khan, M.M.R. (1972) The use and abuse of dream in psychic experience. In *The Privacy of the Self* (pp. 306–315). London: The Hogarth Press.

Khan, M.M.R. (1979) *Alienation in Perversion*. London: The Hogarth Press and the Institute of Psychoanalysis.

Kohut, H. (1972) Lecture 1 (January 7, 1972) Perversions. In P. Tolpin & M. Tolpin (eds.), *The Chicago Institute Lectures* (pp. 1–11). Hillsdale, NJ & London: The Analytic Press, 1996.

Kohut, H. (1977) *The Restoration of the Self*. New York: International Universities Press.

Kohut, H. (1978) Reflections on advances in self-psychology. In P. Orenstein (ed.), *The Search for the Self* (Vol. 13, pp. 261–357). Madison, CT: International Universities Press.

Kohut, H. (1984) *How Does Analysis Cure?* A. Goldberg & P. Stepansky (eds.). Chicago: University of Chicago Press.

Kristof, N.D. (July 7, 1999) Alien abduction? Science calls it sleep paralysis. *The New York Times*, 6.

Kuhn, T.S. (1962) *The Structure of Scientific Revolutions*. Chicago & London: The University of Chicago Press.

Kulka, R. (1997) Quantum selfhood: Commentary on paper by Beebe, Lachman, and Jaffe. *Psychoanalytic Dialogues*, 7:183–187.

Kulka, R. (2008a) From civilization and its discontents to culture of compassion: Optimistic contemplation on Freud's pessimism. In G. Shefler (ed.), *Freud: Civilization and Psychoanalysis* [Hebrew] (pp. 98–121). Or-Yehuda, Israel: Kinneret, Zmora-Bitan, Dvir & Magnes Press.

Kulka, R. (2008b) Irony and compassion: The cessation of duality. Lecture, Israel Association for Self Psychology and the Study of Subjectivity.

Lamott, A. (1994) *Bird by Bird: Some Instructions on Writing and Life*. New York: Anchor Books, Doubleday.

Laplanche, J. (1999) Masochism and the general theory of seduction. In *Essays on Otherness* (pp. 197–213). London & New York: Routledge.

Lazar, R. (2003) Knowing hatred. *International Journal of Psychoanalysis*, 84:405–425.

Lazar, S.G. (2001) Knowing, influencing, and healing: Paranormal phenomena and implications for psychoanalysis and psychotherapy. *Psychoanalytic Inquiry*, 21:113–131.

Levenson, E. (1972) *The Fallacy of Understanding*. Hillsdale, NJ: Analytic Press, 2005.

Levine, H.B. (1990a) Clinical issues in the analysis of adults who were sexually abused as children. In H. B. Levine (ed.), *Adult Analysis and Childhood Sexual Abuse* (pp. 197–218). Hillsdale, NJ: The Analytic Press.

Levine, H.B. (1990b) Introduction. In H. B. Levine (ed.), *Adult Analysis and Childhood Sexual Abuse* (pp. 3–19). Hillsdale, NJ: The Analytic Press.

Levine, H.B. (1997) Difficulties in maintaining an analytic stance in the treatment of adults who were sexually abused as children. *Psychoanalytic Inquiry*, 17:312–328.

Levine, H.B. (2014) Psychoanalysis and trauma. *Psychoanalytic Inquiry*, 34:214–224.

Levine, H., Reed, G.S. & Scarfone, D. (eds.) (2013) *Unrepresented States and the Construction of Meaning: Clinical and Theoretical Contribution*. London: Karnac.

Lichtenberg, J., Lachmann, F. & Fosshage J. (1992) *Self and Motivational Systems: Toward a Theory of Psychoanalytic Technique*. Hillsdale, NJ/London: Analytic Press.

Lifton, R.J. (1976) From analysis to formation: Towards a shift in psychological paradigm. *Journal of American Academy of Psychoanalysis*, 4:63–94.

Lindner, R. (1976) *The Fifty-Minute Hour: A Collection of True Psychoanalytic Tales*. New York: Bantam Books.

Lindon, J.A. (1967) Discussant: Notes on memory and desire. *The Psychoanalytic Forum*, 2:274–275.

Little, M. (1981) Transference in borderline states. In *Transference Neurosis and Transference Psychosis* (pp. 135–153). Northvale, NJ: Jason Aronson.

Little, M. (1985) Winnicott working in areas where psychotic anxieties predominate. *Free Associations*, 3:9–42.

Little, M. (1986) On basic unity (primary total undifferentiatedness). In G. Kohon (ed.), *The British School Of Psychoanalysis: The Independent Tradition* (pp. 136–153). London: Free Association.

Löfgren, L.B. (1968) Recent publications on parapsychology. *Journal of American Psychoanalytic Association*, 16:146–178.

Loparic, Z. (2002) Winnicott's paradigm outlined. Retrieved from: www.centrowinnicott.com.br

Loparic, Z. (2010) From Freud to Winnicott: Aspects of a paradigm change. In J. Abram (ed.), *Donald Winnicott Today* (pp. 113–156). New York: Routledge, 2013.

Lopez-Corvo, R.E. (2014) *Traumatised and Non-Traumatised States of the Personality: A Clinical Understanding Using Bion's Approach*. London: Karnac.

Major, R. & Miller, P. (1981) Empathy, antipathy and telepathy in the analytic process. *Psychoanalytic Inquiry*, 1:449–470.

Marcus, D.M. (1997) On knowing what one knows. *Psychoanalytic Quarterly*, 66:219–241.

Marcus, D.M. (1999) Personal communication.

Markillie, R. (1996) Some personal recollections and impressions of Harry Guntrip. *International Journal of Psychoanalysis*, 77:763–771.

Maroda, K. (1994) *The Power of Countertransference: Innovation in Analytic Technique*. Northvale, NJ & London: Aronson.

Matte Blanco, I. (1975) *The Unconscious as Infinite Sets: An Essay in Bi-logic*. London: Maresfield Library.

Mayer, E.L. (1996a) Changes in science and changing ideas about knowledge and authority in psychoanalysis. *Psychoanalytic Quarterly*, 65:158–200.

Mayer, E.L. (1996b) Subjectivity and intersubjectivity of clinical facts. *International Journal of Psycho-analysis*, 77:709–737.

Mayer, E.L. (2001) On "Telepathic dreams?" An unpublished paper by Robert J. Stoller. *Journal of American Psychoanalytic Association*, 49:629–657.

McCann, I.L. & Pearlman, L.A. (1990) Vicarious traumatization: A framework for understanding the psychological effects of working with victims. *Journal of Traumatic Stress*, 3:131–150.

McDougall, J. (1995) *The Many Faces of Eros*. London: Free Association Books.

McLaughlin, J.T. (1975) The sleepy analyst: Some observations on states of consciousness in the analyst at work. *Journal of the American Psychoanalytic Association*, 23:363–382.

McLuhan, M. (1994) *Understanding Media: The Extensions of Man*. Cambridge, MA: MIT Press.

Meerloo, A.M. (1949) Telepathy as a form of archaic communication. *Psychoanalytic Quarterly*, 23:691–704.

Melville, H. (1851) *Moby Dick*. New York: Norton, 1967.

Minhot, L. (2015) Over the shoulders of a giant. Presentation at the International Winnicott Association (IWA) Conference, Sao Paulo, Brazil, May 15.

Mitchell, S.A. (1993) *Hope and Dread in Psychoanalysis*. New York: Basic Books.

Mitchell, S.A. (1998) The emergence of features of the analyst's life. *Psychoanalytic Dialogues*, 8:187–194.

Mitrani, J.L. (1995) Towards an understanding of unmentalized experience. *Psychoanalytic Quarterly*, 64:68–112.

Mitrani, J.L. (2001) "Taking the transference:" Some technical implications in three papers by Bion. *International Journal of Psychoanalysis*, 82:1085–1104.

Mitrani, J.L. (2015) *Psychoanalytic Technique and Theory: Taking the Transference*. London: Karnac.

Modell, A.H. (1986) *Psychoanalysis in a New Context*. New York: International Universities Press.

Modell, A.H. (1990) *Other Times, Other Realities*. Cambridge, MA: Harvard University Press.

Modell, A.H. (1993) *The Private Self*. Cambridge, MA and London: Harvard University Press.

Modell, A.H. (2005) Emotional memory, metaphor and meaning. *Psychoanalytic Inquiry*, 25:555–568.

Modell, A.H. (2006) *Imagination and the Meaningful Brain*. Cambridge, MA: MIT Press.

Modell, A.H. (2009) Metaphor—The bridge between feelings and knowledge. *Psychoanalytic Inquiry*, 29:6–17.

Mollon, P. (1997) Who am I speaking to? The challenge of dissociative states. Unpublished paper, presented at the conference "Mind traps: Disclaimers of reality," Tavistock Society of Psychotherapists, 20 September, 1997, London.

Nacht, S. (1963) The non-verbal relationship in psycho-analytic treatment. *International Journal of Psychoanalysis*, 44:333–339.

Nacht, S. (1965) Criteria and technique for the termination of analysis. *International Journal of Psychoanalysis*, 46:107–116.

Nacht, S. & Viderman, S. (1960) The pre-object universe in the transference situation. *International Journal of Psychoanalysis*, 41:385–388.

Nietzsche, F. (1886) *Beyond Good and Evil*. W. Kaufmann (trans.). New York: Random House, 1968.

Ofarim, Y. (1998) Personal communication.

Ogden T.H. (1986) *The Matrix of the Mind*. Northvale, NJ & London: Jason Aronson.

Ogden, T.H. (1994) *Subjects of Analysis*. London: Karnac.

Ogden, T.H. (1995) Analyzing forms of aliveness and deadness in the transference-countertransference. *International Journal of Psychoanalysis*, 76: 695–709.

Ogden, T.H. (1996). The perverse subject of analysis. *Journal of the American Psychoanalytic Association*, 44:1121–1146.

Ogden, T.H. (1997) *Reverie and Interpretation: Sensing Something Human*. London: Karnac.

Ogden, T.H. (2001a) Reading Winnicott. In *Conversations at the Frontier of Dreaming* (pp. 203–235). London & New York: Karnac.

Ogden, T.H. (2001b) Re-minding the body. In *Conversations at the Frontiers of Dreaming* (pp. 153–174). London: Karnac.

Ogden, T.H. (2004) This art of psychoanalysis: Dreaming undreamt dreams and interrupted cries. *International Journal of Psychoanalysis*, 85:857–877.

Ogden T.H. (2005a) Reading Bion. In *This Art of Psychoanalysis: Dreaming Undreamt Dreams and Interrupted Cries* (pp. 77–92). London & New York: Routledge.

Ogden, T.H. (2005b) On holding and containing, being and dreaming. In *This Art of Psychoanalysis: Dreaming Undreamt Dreams and Interrupted Cries* (pp. 93–108). London & New York: Routledge.

Ogden, T.H. (2009) Bion's four principles of mental functioning. In *Rediscovering Psychoanalysis: Thinking and Dreaming, Learning and Forgetting* (pp. 90–113). London & New York: Routledge.

Ogden, T.H. (2014) Fear of breakdown and the unlived life. *International Journal of Psychoanalysis*, 95:205–223.

Orange, D.M. (2006) For whom the bell tolls: Context, complexity and compassion in psychoanalysis. *International Journal of Psychoanalytic Self-Psychology*, 1:5–21.

Ornstein, P.H. & Ornstein, A. (1985) Clinical understanding and explaining: The empathic vantage point. In A. Goldberg (ed.), *Progress in Self-Psychology* (pp. 43–61). Northvale, NJ: Guilford Press.

Oz, A. (1972) *My Michael*. N. de Lange (trans.). London: Chatto & Windus.

Pacheco, M.A. (1980) Neurotic and psychotic transference and projective identification. *International Review of Psychoanalysis*, 7:157–164.

Padel, J. (1996) The case of Harry Guntrip. *International Journal of Psychoanalysis*, 77:755–761.

Pajaczkowska, C. (2000) *Perversion*. Cambridge, UK: Icon Book/Ideas in Psychoanalysis.

Pauli, W. (1958) *General Principles of Quantum Mechanics*. Translated from German by P. Achuthan and K. Venkatesan. Berlin and New York: Springer-Verlag,1980.

Pederson-Krag, G. (1947) Telepathy and repression. *Psychoanalytic Quarterly*, 16:61–68.

Penn, A. (Director) & Sherman, R. (Producer) (1975) *Night Moves* [Film]. United States: Warner Bros.

Phillips, A. (1988) *Winnicott*. London: Fontana Press.

Phillips, A. (1997) Adam Phillips. In A. Molino (ed.), *Freely Associated* (pp. 127–164). London & New York: Free Association Books.

Plath, S. (1962) Poppies in October, in *Ariel*. London: Faber and Faber, 2001.

Pontalis, J.-B. (2003) *Windows*. A. Quinney (trans.). Lincoln, NE & London: University of Nebraska Press.

Quinodoz, D. (1996) An adopted analysand's transference of a "hole-object." *International Journal of Psychoanalysis*, 77:323–336.

Quinodoz, D. (2002) Termination of a fe/male transsexual patient's analysis: An example of general validity. *International Journal of Psychoanalysis*, 83:783–798.

Quinodoz, J-M. (2008) Listening to Hanna Segal. D. Alcorn (trans.). London/ New York: Routledge/The New Library of Psychoanalysis.

Racker, H. (1968) *Transference and Countertransference*. London: Maresfield Reprints.

Reiner, A. (2012) *Bion and Being: Passion and the Creative Mind*. London: Karnac.

Reiner, A. (2017) Ferenczi's "Astra" and Bion's "O": A Clinical Perspective. In A. Reiner (ed.), *Of Things Invisible to Mortal Sight: Celebrating the Work of James S. Grotstein* (pp. 131–148). London: Karnac.

Reis, B. (2009a) Performative and enactive features of psychoanalytic witnessing: The Transference as the scene of address. *International Journal of Psychoanalysis*, 90:1359–1372.

Reis, B. (2009b) We: Commentary on papers by Trevarthen, Ammaniti & Trentini, and Gallese. *Psychoanalytic Dialogues*, 19:565–579.

Renik, O. (1991) One kind of negative therapeutic response. *Journal of the American Psychoanalytic Association*, 39:87–105.

Rittenberg, S.M. (1987) On charm. *International Journal of Psychoanalysis*, 68:389–396.

Rodman, R.F. (ed.) (1987) To Wilfred R. Bion. In *The Spontaneous Gesture: Selected Letters of D.W. Winnicott*. Cambridge, MA: Harvard University Press.

Róheim, G. (1932) Telepathy in a dream. *Psychoanalytic Quarterly*, 1:277–291.

Rolnik, E. J. (2002) On the stigmata of psychoanalysis: Presentation at Tel-Aviv University, June 2002.

Roudinesco, E. (2001) *Why Psychoanalysis?* R. Bowlby (trans.). New York: Columbia University Press.

Rowling, J. K. (2007) *Harry Potter and the Deathly Hallows* (Harry Potter 7). London: Bloomsbury.

Royle, N. (1991) *Telepathy and Literature: Essays on the Leading Mind*. Oxford: Blackwell.

Sandler, J. (1988) The concept of projective identification. In J. Sandler (ed.), *Projection, Identification, Projective Identification* (pp. 13–26). London: Karnac Books.

Saul, L.J. (1938) Telepathic sensitiveness as a neurotic symptom. *Psychoanalytic Quarterly*, 7:329–335.

Schwarz, B.E. (1969) Synchronicity and telepathy. *Psychoanalytic Review*, 56:44–56.

Scott, W.C. (1975) Remembering sleep and dreams. *International Review of Psychoanalysis*, 2:253–354.

Searles, H.F. (1959) Oedipal love in the countertransference. In *Collected Papers on Schizophrenia and Related Subjects* (pp. 284–303). London: Maresfield Library.

Searles, H.F. (1961) Phases of patient–therapist interaction in the psychotherapy of chronic schizophrenia. In *Collected Papers on Schizophrenia and Related Subjects* (pp. 521–559). New York: International University Press, 1986.

Searles, H.F. (1965) *Collected Papers on Schizophrenia and Related Subjects*. London: Maresfield.

Searles, H.F. (1979) *Countertransference and Related Subjects*. New York: International University Press.

Searles, H.F. (1986) Introduction. In *Collected Papers on Schizophrenia and Related Subjects* (pp. 19–38). New York: International Universities Press.

Segal, H. (2006) Reflections on truth, tradition, and the psychoanalytic tradition of truth. *American Imago*, 63:283–292.

Servadio, E. (1955) A presumptively telepathic-precognitive dream during analysis. *International Journal of Psycho-Analysis*, 36:27–30.

Servadio, E. (1956) Transference and thought-transference. *International Journal of Psycho-Analysis*, 37:392–395.

Servadio, E. (1957) Reply to Dr. Brunswick's comment. *International Journal of Psycho-Analysis*, 38:57.

Shainberg, D. (1976) Telepathy in psychoanalysis: An instance. *American Journal of Psychotherapy*, 30:463–472.

Shengold, L. (1989) *Soul Murder: The Effects of Child Abuse and Deprivation*. New Haven, CT: Yale University Press.

Simpson, R.B. (2003) Introduction to Michel de M'Uzan's "Slaves of quantity." *Psychoanalytic Quarterly*, 72:699–709.

Simonov K. (1941) Wait for me and I'll come back! *Pravda*, January, 1942, A. Shlonsky (trans.), 1943.

Slavin, J. (2002) The innocence of sexuality. *Psychoanalytic Quarterly*, 71:51–80.

Slavin, J. & Pollock, L. (1996) Mommy, you're beautiful: Is there a place for the concept of reparenting in psychoanalytic treatment? Paper presented at the Spring Meeting Division of Psychoanalysis (39), American Psychological Association, New York.

Smith, H.F. (2010) Being and the death drive: The quality of Green's thinking. *Psychoanalytic Quarterly*, 79:1–10.

Sobol, J. (1982) *Soul of a Jew: Weininger's Last Night* [Hebrew]. Tel Aviv, Israel: Or-Am.

Socarides, C.W. (1959) Meaning and content of a pedophiliac perversion. *Journal of the American Psychoanalytic Association*, 7:84–94.

Socarides, C.W. (1974) The demonified mother: a study of voyeurism and sexual sadism. *International Review of Psycho-Analysis*, 1:187–195.

Souter, K.M. (2009) The war memoirs: Some origins of the thought of W.R. Bion. *International Journal of Psychoanalysis*, 90:795–808.

Spelman, M.B. (2013) *The Evolution of Winnicott's Thinking: Examining the Growth of Psychoanalytic Thought Over Three Generations*. London: Karnac.

Spelman, M.B. & Thomson-Salo, F. (eds.) (2015) *The Winnicott Tradition: Lines of Development—Evolution of Theory and Practice over the Decades*. London: Karnac.

Spensley, S. (1995) *Frances Tustin*. London: Routledge.

Spiegelman, J.M. (2003) Developments in the concept of synchronicity in the analytic relationship and in theory. In N. Totton (ed.), *Psychoanalysis and the Paranormal: Lands of Darkness* (pp. 143–160). London: Karnac.

Spillius, E.B. (1988) Introduction: Projective identification. In E.B Spillius (ed.), *Melanie Klein Today, Vol. 1: Mainly Theory* (pp. 81–86). London & New York: Tavistock/Routledge.

Spillius, E.B. (1992) Clinical experiences of projective identification. In R. Anderson (ed.), *Clinical Lectures on Klein and Bion* (pp. 59–73). London & New York: Tavistock/Routledge.

Spurling, L.S. (2008) Is there still a place for the concept of "Therapeutic Regression" in psychoanalysis? *International Journal of Psychoanalysis*, 89:523–540.

Stanton, M. (1990) *Sandor Ferenczi: Reconsidering Active Intervention*. London: Free Association Books.

Stark, M. (1999) *Modes of Therapeutic Action: Enhancement of Knowledge, Provision of Experience, and Engagement in Relationship*. Northvale, NJ & London: Jason Aronson.

Stav, A. (2007) The Comedy: Introduction. In Dante Alighieri, *The Divine Comedy: Inferno*. A. Stav (trans.). Tel Aviv: Hakkibutz Hameuchad.

Stein, R. (2003) Why perversion? Paper presented on the IARPP Online Colloquium, November 2003.

Stern, D.B. (1997) *Unformulated Experience: From Dissociation to Imagination in Psychoanalysis*. New York: Routledge.

Stern, D.B. (2002) Language and the nonverbal as a unity: Discussion of 'Where is the Action in the "Talking Cure"?' *Contemporary Psychoanalysis*, 38:515–25.

Stern, D.B. (2003) The fusion of horizons: Dissociation, enactment, and understanding. *Psychoanalytic Dialogues*, 13:843–875.

Stern, D.B. (2004) The eye sees itself: dissociation, enactment, and the achievement of conflict. *Contemporary Psychoanalysis*, 40:197–237.

Stern, D.B. (2009) Shall the twain meet? Dissociation, metaphor, and co-occurrence. *Psychoanalytic Inquiry*, 29:79–90.

Stern, D.B. (2010) *Partners in Thought: Working with Unformulated Experience, Dissociation, and Enactment*. New York: Routledge.

Stern, D.B. (2012) Witnessing across time: Accessing the present from the past and the past from the present. *Psychoanalytic Quarterly*, 81:53–81.

Stern, D.N. (1985) *The Interpersonal World of the Infant*. New York: Basic Books.

Stern, D.N. (1995) *The Motherhood Constellation*. New York: Basic Books.

Stern, D.N. (2004) *The Present Moment in Psychotherapy and Everyday Life*. New York: Norton.

Stern, D.N., Sander, L.W., Nahum, J.P., Harrison, A.M., Lyons-Ruth, K., Morgan, A.C., Bruschweilerstern, N., & Tronick, E.Z. (1998) Non-interpretive mechanisms in psychoanalytic therapy: the "something more" than interpretation. *International Journal of Psychoanalysis*, 79:903–921.

Stevens, A. (1994) Jung. In *Freud and Jung: A Dual Introduction*. New York: Barnes & Noble.

Stewart, H. (1992) Interpretation and other agents for psychic change. In *Psychic Experience and Problems of Technique* (pp. 127–140). London: Routledge.

Stoller, R.J. (1974) Hostility and mystery in perversion. *International Journal of Psychoanalysis*, 55:425–434.

Stoller, R.J. (1975) *Perversion: The Erotic Form of Hatred*. New York: Pantheon Books.

Stoller, R.J. (1991) *Pain and Passion: A Psychoanalyst Explores the World of S & M*. New York & London: Plenum Press.

Stolorow, R.D. (1975a) Addendum to a partial analysis of a perversion involving bugs: an illustration of the narcissistic function of perverse activity. *International Journal Psychoanalysis*, 56:361–364.

Stolorow, R.D. (1975b) The narcissistic function of masochism (and sadism). *International Journal of Psychoanalysis*, 56:441–448.

Stolorow, R., Atwood, G. & Branchaft, B. (1994) Masochism and its treatment. In R. Stolorow, G. Atwood & B. Brandchaft (eds.), *The Intersubjective Perspective* (pp. 121–126). Northvale, NJ & London: Jason Aronson.

Strachey, J. (1955a) Editor's note. In Psycho-analysis and telepathy, *SE* 18:175–176.

Strachey, J. (1955b) Editor's note. In Dreams and telepathy, *SE* 18:196.

Strachey, J. (1961) Editor's note. In Some additional notes on dream-interpretation as a whole, *SE* 19:125–126.

Strachey, J. (1964) Editor's note. In New introductory lectures on psycho-analysis, *SE* 22:3–4, 47–48.

Strean, H.S. & Nelson, M.C. (1962) A further clinical illustration of the paranormal triangle hypothesis. *Psychoanalytic Review*, 49:61–73.

Sucharov, M.S. (1992) Quantum physics and self–psychology: Towards a new epistemology. *Progressive Self Psychology*, 8:199–211.

Suchet, M. (2017) Surrender, transformation, and transcendence. *Psychoanalytic Dialogues*, 26:747–760.

Sullivan, H.S. (1954) *The Interpersonal Theory of Psychiatry*. New York: Norton.

Symington J. & Symington N. (1996) *The Clinical Thinking of Wilfred Bion*. New York: Routledge.

Symington, N. (1986) The analyst's act of freedom as agent of therapeutic change. In G. Kohon (ed.), *The British School of Psychoanalysis: The Independent Tradition* (pp. 253–270). London: Free Association.

Symington, N. (1996) *The Making of a Psychotherapist*. London: Karnac.

Szykierski, D. (2010) The traumatic roots of containment: The evolution of Bion's metapsychology. *Psychoanalytic Quarterly*, 79:935–68.

Szymborska, W. (1983) Autotomy. In: *Postwar Polish Poetry*. 3rd edition, ed. and trans. C. Milosz (pp. 115–116). Berkeley, CA: University of California Press.

Tennes, M. (2007) Beyond intersubjectivity: The transpersonal dimension of the psychoanalytic encounter. *Contemporary Psychoanalysis*, 43:505–525.

Terr, L.C. (1985) Remembered images and trauma—A psychology of the supernatural. *Psychoanalytic Study of the Child*, 40:493–533.

Thomas, D. (1933) And death shall have no dominion. In *The Poems of Dylan Thomas*. New York: New Directions, 2003.

Torok, M. (1986) Afterword: What is occult in occultism? Between Sigmund Freud and Sergei Pankeiev wolf man. In N. Rand (trans.), N. Abraham & M. Torok (eds.), *The Wolf Man's Magic Word: A Cryptonomy* (pp. 84–106). Minneapolis, MN: University Minnesota Press.

Turner T. (1984). What's love got to do with it? Britten, T. & Lyle, G. [Audio recorded by Tina Turner.] On *Private Dancer*. England: Capitol Records.

Tustin, F. (1972) *Autism and Childhood Psychosis*. London: The Hogarth Press.
Tustin, F. (1986) *Autistic Barriers in Neurotic Patients*. London: Tavistock.
Tustin, F. (1990) *The Protective Shell in Children and Adults*. London: Karnac Books.
Tustin, F. (1991) Revised understandings of psychogenic autism. *International Journal of Psychoanalysis*, 72:585–591.
Tustin, F. (1992/1981) *Autistic States in Children*. Revised edition. London: Routledge.
Tustin, F. (1994) The perpetuation of an error. *Journal of Child Psychotherapy*, 20:3–23.
Tyson, P. & Tyson, R.L. (1963) *Psychoanalytic Theories of Development: An Integration*. New Haven, CT: Yale University Press.
Ullman, M. (2003) Dream telepathy: Experimental and clinical findings. In N. Totten (ed.), *Psychoanalysis and the Paranormal: Lands of Darkness* (pp. 15–46). London: Karnac.
Verhaeghe, P. (1999) *Love in a Time of Loneliness*. London: Rebus Press.
Vermote, R. (2011) On the value of "late Bion" to analytic theory and practice. *International Journal of Psychoanalysis*, 92:1089–1092.
Vermote, R. (2013) The undifferentiated zone of psychic functioning: An integrative approach and clinical implications. Presentation at the European Psychoanalytical Federation (EPF) Conference, Basel, March 24. See also: Vermote, R. The undifferentiated zone of psychic functioning. European Psychoanalytical Federation, *Psychoanalysis in Europe Bulletin*, 2013, 67:16–27.
Weiner, J. (1995) *The Beach of the Finch: A Story of Evolution in Our Time*. New York: Vintage Books.
Welldon, E.V. (1998) *Mother, Madonna, Whore: The Idealization and Denigration of Motherhood*. London: Free Association Books.
Welldon, E.V. (2002) Sadomasochism. Cambridge, UK: Icon Books/Ideas in Psychoanalysis.
Whan, M. (2003) Mercurius, archetype, and 'transpsychic reality': C.G. Jung's parapsychology of spirit(s). In N. Totten (ed.), *Psychoanalysis and the Paranormal: Lands of Darkness* (pp. 105–127). London: Karnac.
Widlöcher, D. (2004) The third in mind. *Psychoanalytic Quarterly*, 73:197–213.
Winnicott, C. (1974) Editorial note. Fear of breakdown, D.W. Winnicott. *International Review of Psychoanalysis*, 1:102.
Winnicott, C. (1980) Fear of breakdown: A clinical example. *International Journal of Psychoanalysis*, 61:351–357.
Winnicott, D.W. (1935) The manic defence. In *Through Pediatrics to Psycho-Analysis: Collected Papers* (pp. 129–144). London: Karnac Books and The Institute of Psychoanalysis, 1992.

Winnicott, D.W. (1945) Primitive emotional development. In *Through Pediatrics to Psycho-Analysis: Collected Papers* (pp. 145–156). London: Karnac, 1992.

Winnicott, D.W. (1949a) Birth memories, birth trauma and anxiety. In *Through Pediatrics to Psycho-Analysis: Collected Papers* (pp. 174–193). London: Karnack Books, 1992.

Winnicott, D.W. (1949b) Mind and its relation to the psyche-soma. In *Through Pediatrics to Psycho-Analysis: Collected Papers* (pp. 243–254). London: Karnack Books, 1992.

Winnicott, D.W. (1954a). Metapsychological and clinical aspects of regression within the psycho-analytical set-up. In *Through Pediatrics to Psycho-Analysis: Collected Papers* (pp. 278–294). London: Karnac, 1992.

Winnicott, D.W. (1954b). Withdrawal and regression. In *Through Pediatrics to Psycho-Analysis: Collected Papers* (pp. 255–261). London: Karnac, 1992.

Winnicott, D.W. (1954–5) The depression position in normal emotional development. In *Through Pediatrics to Psycho-Analysis: Collected Papers* (pp. 262–277). London: Karnack Books, 1992.

Winnicott, D.W. (1955–6) Clinical varieties of transference. In *Through Paediatrics to Psycho-Analysis: Collected Papers* (pp. 295–299). London: Karnack Books, 1992.

Winnicott, D.W. (1959–1964). Classification: Is there a psycho-analytic contribution to psychiatric classification? In *The Maturational Processes and the Facilitating Environment* (pp. 124–139). London: The Hogarth Press and the Intitute of Psycho-Analysis, 1965.

Winnicott, D.W. (1962) The aims of psycho-analytical treatment. In *The Maturational Processes and the Facilitating Environment* (pp. 166–170). London: The Hogarth Press and the Intitute of Psycho-analysis, 1979.

Winnicott, D.W. (1963a) Psychiatric disorders in terms of infantile maturational processes. In *The Maturational Processes and the Facilitating Environment* (pp. 230–241). London: The Hogarth Press and the Institute of Psycho-Analysis, 1979.

Winnicott, D.W. (1963b) Dependence in infant-care, in child-care, and in the psycho-analytic setting. In *The Maturational Processes and the Facilitating Environment* (pp. 249–259). London: The Hogarth Press and the Institute of Psycho-Analysis, 1979.

Winnicott, D.W. (1963c). Communicating and not communicating leading to a study of certain opposites. In: *The Maturational Processes and the Facilitating Environment* (pp. 179–192). London: The Hogarth Press and the Intitute of Psycho-Analysis, 1979.

Winnicott, D.W. (1964a) The importance of the setting in meeting regression in psycho-Analysis. In C. Winnicott, R. Shepherd, & M. Davis (eds.), *Psycho-Analytic Explorations* (pp. 96–102). London: Karnac Books, 1989.

Winnicott, D. W. (1964b). The baby as a going concern. In: *The Child, the Family, and the Outside World* (pp. 25–29). Harmondsworth: Penguin Books.

Winnicott, D.W. (1965a) The psychology of madness: A contribution from psychoanalysis. In C. Winnicott R. Shepherd, M. Davis (eds.), *Psycho-Analytic Explorations* (pp. 119–129). London: Karnac Books, 1989.

Winnicott, D.W. (1965b) The concept of trauma in relation to the development of the individual within the family. In C. Winnicott, R. Shepherd, M. Davis (eds.), *Psycho-Analytic Explorations* (pp. 130–148). Cambridge, MA: Harvard, 1989.

Winnicott, D.W. (1967a). The concept of clinical regression compared with that of defence organization. In C. Winnicott, R. Shepherd, & M. Davis (eds.), *Psycho-Analytic Explorations* (pp. 193–199). London: Karnac Books, 1989.

Winnicott, D.W. (1967b) Delinquency as a sign of hope. In C. Winnicott, R. Shepherd & M. Davis (eds.), *Home Is Where We Start From* (pp. 90–100). London: Penguin Books, 1986.

Winnicott, D.W. (1968?) Thinking and symbol-formation. In C. Winnicott, R. Shepherd, & M. Davis (eds.), *Psycho-Analytic Explorations* (pp. 213–216). London: Karnac Books, 1989.

Winnicott, D.W. (1969a) Additional note on psycho-somatic disorder. In C. Winnicott, R. Shepherd, M. Davis (eds.), *Psycho-Analytic Explorations* (pp. 115–118). Cambridge, MA: Harvard University Press, 1989.

Winnicott, D.W. (1969b) The mother–infant experience of mutuality. In C. Winnicott, R. Shepherd, & M. Davis (eds.), *Psycho-Analytic Explorations* (pp. 251–261). London: Karnac Books, 1989.

Winnicott, D.W. (1969c) The use of an object in the context of Moses and Monotheism. In C. Winnicott, R. Shepherd, & M. Davis (eds.), *Psycho-Analytic Explorations* (pp. 240–246). London: Karnac Books, 1989.

Winnicott, D.W. (1971a) *Playing and Reality*. Harmondsworth, Middlesex: Penguin.

Winnicott, D.W. (1971b) *Therapeutic Consultations in Child Psychiatry*. London: The Hogarth Press.

Winnicott, D.W. (1974) Fear of breakdown. *International Review of Psycho-Analysis*, 1:103–107.

Winnicott, D.W. (1986a) *Holding and Interpretation: Fragment of an Analysis*. London: Karnac Books and the Institute of Psycho-Analysis.

Winnicott, D.W. (1986b) Sum, I am. In C. Winnicott, R. Shepherd, & M. Davis (eds.), *Home Is Where We Start From* (pp. 55–64). Penguin Books.

Winnicott, D.W. (1988a) *Babies and their Mothers*. London: Free Association Books.

Winnicott, D.W. (1988b) *Human Nature*. London: Free Association Books.

Winnicott, D.W. (1989) *The Family and Individual Development*. London & New York: Routledge.

Wolf, N.S., Gales M.E., Shane, E., & Shane, M. (2001) The developmental trajectory from amodal perception to empathy and communication: The role of mirror neurons in this process. *Psychoanalytic Inquiry*, 21:94–112.

Wolfenstein, E.V. (1985) Three principles of mental functioning in psychoanalytic.

Woolf, V. (1976) Sketch of the past. In *Moments of Being: Autobiographical Writings* (pp. 78–160). London: Pimlico, 2002.

Young-Eisendrath, P. (2001) When the fruit ripens: Alleviating suffering and increasing compassion as goals of clinical psychoanalysis. *Psychoanalytic Quarterly*, 70:265–285.

Zulueta de, F. (2012) Making sense of the symptoms and behavior of survivors of child abuse who suffer from complex PTSD and borderline personality disorders. AIMS (UK) Clinical Workshop Series, Tavistock, London, March.